"十四五"职业教育国家规划教材

"十三五"职业教育国家规划教材

职业院校工业机器人技术专业新形态教材

工业机器人三维建模

（微课视频版）

第 2 版

主　编　吴　芬　张一心
副主编　王　赟　朱红娟
参　编　王晓峰　李春瑞

机械工业出版社

本书是职业院校工业机器人技术专业新形态教材之一，主要内容包括工业机器人与机械CAD简介、典型零件建模、工业机器人本体设计、典型装配体设计及运动仿真、工程图创建。本书注重SolidWorks 2023软件知识和工业机器人及相关设备零部件实例相结合，由浅入深、循序渐进地讲解从基础零件建模到复杂部件装配、典型零件与装配体生成工程图等知识，实例紧密联系工业机器人应用系统设备，具有较强的专业性和实用性。本书配套资源丰富，配有电子课件、微课视频、源文件和建模拓展资料等。

本书既可作为职业院校工业机器人相关专业的教材，也可供具有一定SolidWorks软件应用技能的人员参考，还可作为职业技能培训用书。

图书在版编目（CIP）数据

工业机器人三维建模：微课视频版 / 吴芬，张一心主编. -- 2版. -- 北京：机械工业出版社，2025.3.
(职业院校工业机器人技术专业新形态教材). -- ISBN 978-7-111-78059-5

Ⅰ. TP242.2

中国国家版本馆CIP数据核字第2025W9A702号

机械工业出版社（北京市百万庄大街22号　邮政编码100037）
策划编辑：王振国　　　　　责任编辑：王振国　关晓飞
责任校对：贾海霞　刘雅娜　封面设计：张　静
责任印制：张　博
北京机工印刷厂有限公司印刷
2025年6月第2版第1次印刷
184mm×260mm・15.5印张・412千字
标准书号：ISBN 978-7-111-78059-5
定价：49.80元

电话服务　　　　　　　　　网络服务
客服电话：010-88361066　　机　工　官　网：www.cmpbook.com
　　　　　010-88379833　　机　工　官　博：weibo.com/cmp1952
　　　　　010-68326294　　金　书　网：www.golden-book.com
封底无防伪标均为盗版　机工教育服务网：www.cmpedu.com

关于"十四五"职业教育
国家规划教材的出版说明

  为贯彻落实《中共中央关于认真学习宣传贯彻党的二十大精神的决定》《习近平新时代中国特色社会主义思想进课程教材指南》《职业院校教材管理办法》等文件精神,机械工业出版社与教材编写团队一道,认真执行思政内容进教材、进课堂、进头脑要求,尊重教育规律,遵循学科特点,对教材内容进行了更新,着力落实以下要求:

  1. 提升教材铸魂育人功能,培育、践行社会主义核心价值观,教育引导学生树立共产主义远大理想和中国特色社会主义共同理想,坚定"四个自信",厚植爱国主义情怀,把爱国情、强国志、报国行自觉融入建设社会主义现代化强国、实现中华民族伟大复兴的奋斗之中。同时,弘扬中华优秀传统文化,深入开展宪法法治教育。

  2. 注重科学思维方法训练和科学伦理教育,培养学生探索未知、追求真理、勇攀科学高峰的责任感和使命感;强化学生工程伦理教育,培养学生精益求精的大国工匠精神,激发学生科技报国的家国情怀和使命担当。加快构建中国特色哲学社会科学学科体系、学术体系、话语体系。帮助学生了解相关专业和行业领域的国家战略、法律法规和相关政策,引导学生深入社会实践、关注现实问题,培育学生经世济民、诚信服务、德法兼修的职业素养。

  3. 教育引导学生深刻理解并自觉实践各行业的职业精神、职业规范,增强职业责任感,培养遵纪守法、爱岗敬业、无私奉献、诚实守信、公道办事、开拓创新的职业品格和行为习惯。

  在此基础上,及时更新教材知识内容,体现产业发展的新技术、新工艺、新规范、新标准。加强教材数字化建设,丰富配套资源,形成可听、可视、可练、可互动的融媒体教材。

  教材建设需要各方的共同努力,也欢迎相关教材使用院校的师生及时反馈意见和建议,我们将认真组织力量进行研究,在后续重印及再版时吸纳改进,不断推动高质量教材出版。

机械工业出版社

前言

党的二十大报告提出，教育、科技、人才是全面建设社会主义现代化国家的基础性、战略性支撑。本书的编写旨在贯彻落实国家科教兴国战略，践行职业院校和技工院校培养新时代大国工匠的历史使命。

为落实《国家中长期教育改革和发展规划纲要（2010—2020年）》和教育部、人社部关于职业教育教材建设的有关文件精神，推动我国职业教育机械行业相关专业工学结合教育教学改革创新，培养行业企业急需的复合型技能人才，机械工业职业技能鉴定指导中心职教分中心、机械工业出版社组织相关职业院校、企业及行业专家共同编写了"职业院校工业机器人技术专业新形态规划教材"，本书是该系列教材之一。

制造业高质量发展是我国经济高质量发展的重中之重。CAD软件作为制造业软件的核心工具之一，已经渗透到制造型企业研发设计和生产经营管理等众多环节。智能制造对CAD软件产业的发展提出了更高的要求和期待。制造型企业信息化系统主要有：ERP、PLM、CRM、SCM、MES、HCM等。企业对CAD软件的应用已从单纯提升设计效率上升到注重设计效率与企业信息化管理兼顾的更高层次。

在设计软件应用领域，三维建模已逐渐取代二维绘图成为机械设计师的主要设计工具。企业对掌握三维建模技巧和机电工程专业知识人才的需求越来越大。SolidWorks软件是当前设计制造领域流行的一款三维设计软件，其应用涉及汽车制造、机器人、数控机床、通用机械、航空航天、生物医药及高性能医疗器械、电气工程等众多领域。

本书自 2018 年 1 月出版后，深受广大师生厚爱，累计印刷 10 余次，销售 2 万多册。本次修订在保留原书精华的基础上，主要修改完善了以下内容：增加了培育学生爱国主义精神、职业道德和工匠精神思政元素的课前导读；对标国家现行标准，对接职业岗位任务和职业能力要求，明确任务目标和技能训练内容；SolidWorks 软件更新为 2023 版本；为增强教材实用性和针对性，教材编写过程邀请企业专家和技师学院双师型教师共同编写。

本书以 SolidWorks 2023 软件为载体，以 5 自由度工业机器人机械本体设计为主线，共设计了 5 个部分内容和多个教学任务。全书采用"图解"风格，多图表少文字，主要内容包括草图绘制、零件建模、装配体设计、运动仿真、工程图创建等。全书由浅入深、循序渐进地讲解了 SolidWorks 软件从基础零件建模到复杂部件装配、典型零件与装配体生成工程图、机械零部件运动仿真等知识。教学实例有千斤顶、工业机器人、齿轮组等，具有较强的专业性和实用性。通过本书的学习与训练，读者将对机械设计、工业机器人机械结构等专业知识有更清晰的了解，对 SolidWorks 软件操作技能有较好的掌握与提高。

本书配套资源丰富，扫描书中二维码可以观看相应微课视频。登录 www.cmpedu.com，可下载本书配套电子课件、源文件、建模拓展资料等。

本书由南京机电职业技术学院吴芬、南京德特信息技术有限公司张一心任主编，吴芬负责全书统稿，并承担项目 2 中任务 3 和 4，项目 3 中任务 2 和 6，项目 4 中任务 1 和 2，项目

5 中任务 1~3 的编写工作。张一心承担项目 1 中任务 1 和 2，项目 3 中任务 1，项目 4 中任务 3 的编写工作，朱红娟承担项目 2 中任务 1 和 2 的编写工作，嘉兴技师学院王赟承担项目 3 中任务 3 的编写工作，丽水技师学院李春瑞承担项目 3 中任务 4 的编写工作，南京机电职业技术学院王晓峰承担项目 3 中任务 5 的编写工作。

由于时间仓促，书中难免存在疏漏和不足之处，恳请读者和专家批评指正。

编　者

二维码索引

页码	素材名称	二维码	页码	素材名称	二维码
13	简单零件建模		48	铰杠建模	
19	中等零件建模		52	基座 J1-1 零件设计	
25	复杂零件建模		65	基座 J1-2A 零件建模过程	
36	底座零件建模		80	基座 J1-2B 零件建模过程	
39	螺套建模		91	基座 J1-2 零件建模过程	
42	螺旋杆建模		94	大臂 J2 零件设计	
45	顶垫建模		104	小臂 J3 零件设计	

（续）

页码	素材名称	二维码	页码	素材名称	二维码
118	手腕 J5-A 零件建模过程		162	基座装配体设计（1）	
133	手腕 J5-B 零件建模过程		162	基座装配体设计（2）	
135	手腕 J5 零件建模过程		218	中等零件工程图创建	
138	手腕法兰 J6 零件设计		227	底座零件工程图创建	
149	千斤顶装配过程		232	千斤顶爆炸工程图创建	
157	千斤顶爆炸视图				

目　录

前言
二维码索引
项目1　工业机器人与机械 CAD
　　　简介 ……………………………………… 1
　任务1　SolidWorks 2023 软件安装与
　　　　启动 …………………………………… 2
　　一、软件安装及系统配置 ………………… 2
　　二、启动与退出 SolidWorks ……………… 5
　任务2　SolidWorks 2023 简介 ……………… 6
　　一、基本概念和术语 ……………………… 6
　　二、打开 SolidWorks 文件 ………………… 9
　　三、修改 SolidWorks 文件 ……………… 10
　　四、保存 SolidWorks 文件 ……………… 10
　　五、SolidWorks 窗口 …………………… 11
　　六、CommandManager …………………… 12
　　七、鼠标的使用 ………………………… 12
项目2　典型零件建模 ……………………… 13
　任务1　简单零件建模 …………………… 13
　　一、零件建模分析 ……………………… 13
　　二、零件建模过程 ……………………… 14
　任务2　中等零件建模 …………………… 19
　　一、零件建模分析 ……………………… 19
　　二、零件建模过程 ……………………… 20
　任务3　复杂零件建模 …………………… 25
　　一、零件建模分析 ……………………… 25
　　二、零件建模过程 ……………………… 26
　任务4　千斤顶零件建模 ………………… 35
　　一、底座零件建模 ……………………… 36
　　二、螺套建模 …………………………… 39
　　三、螺旋杆建模 ………………………… 42
　　四、顶垫建模 …………………………… 45
　　五、铰杠建模 …………………………… 48
　练习与提高 ………………………………… 50
项目3　工业机器人本体设计 …………… 52
　任务1　基座 J1-1 零件设计 ……………… 52
　　一、任务引入 …………………………… 52
　　二、基座 J1-1 零件建模过程 …………… 53
　任务2　基座 J1-2 零件设计 ……………… 64
　　一、任务引入 …………………………… 64
　　二、基座 J1-2A 零件建模过程 ………… 65
　　三、基座 J1-2B 零件建模过程 ………… 80
　　四、基座 J1-2 零件建模过程 …………… 91
　任务3　大臂 J2 零件设计 ………………… 94
　　一、任务引入 …………………………… 94
　　二、大臂 J2-A 零件建模过程 …………… 94
　任务4　小臂 J3 零件设计 ……………… 104
　　一、任务引入 ………………………… 104
　　二、小臂 J3-A 零件建模过程 ………… 105
　任务5　手腕 J5 零件设计 ……………… 117
　　一、任务引入 ………………………… 117
　　二、手腕 J5-A 零件建模过程 ………… 118
　　三、手腕 J5-B 零件建模过程 ………… 133
　　四、手腕 J5 零件建模过程 …………… 135
　任务6　手腕法兰 J6 零件设计 ………… 138
　　一、任务引入 ………………………… 138
　　二、手腕法兰 J6 零件建模过程 ……… 139
项目4　典型装配体设计及运动仿真 … 148
　任务1　千斤顶装配体设计 ……………… 148
　　一、任务引入 ………………………… 148
　　二、千斤顶装配过程 ………………… 149
　　三、千斤顶爆炸视图 ………………… 157
　任务2　基座装配体设计 ………………… 162
　　一、任务引入 ………………………… 162
　　二、基座装配过程 …………………… 164
　任务3　齿轮组运动仿真 ………………… 203
　　一、干涉检查 ………………………… 203
　　二、碰撞检查 ………………………… 205
　　三、物理动力学模拟 ………………… 206
　　四、简单的运动模拟 ………………… 206
　练习与提高 ……………………………… 209
项目5　工程图创建 ……………………… 218

任务1　中等零件工程图创建 ………… 218
　一、零件工程图分析 ………… 218
　二、工程图创建过程 ………… 218
任务2　底座零件工程图创建 ………… 227
　一、零件工程图分析 ………… 227
　二、工程图创建过程 ………… 228
　三、工程图尺寸标注 ………… 230
任务3　千斤顶爆炸工程图创建 ………… 232
　一、装配体工程图分析 ………… 232
　二、装配体工程图创建过程 ………… 233
练习与提高 ………… 237

参考文献 ………… 238

项目 1

工业机器人与机械CAD简介

根据国家标准，工业机器人被定义为："自动控制的、可重复编程、多用途的操作机，并可对三个或三个以上轴进行编程。它可以是固定式或移动式。在工业自动化领域使用。"其中操作机被定义为："用来抓取和（或）移动物体、由一些相互铰接或相对滑动的构件组成的多自由度机器。操作机可由操作员、可编程控制器或某些逻辑系统（如凸轮装置，线路）来控制。操作机不包括末端执行器。"所以，工业机器人可以认为是一种模拟手臂、手腕和手功能的机械电子装置，它可以把任一物体或工具按空间位置姿态的要求进行移动，从而完成某一生产的作业要求。目前，工业机器人主要应用在汽车制造、机械制造、电子器件、集成电路、塑料加工等较大规模的生产企业。

工业机器人设计的关键在于能够准确、高效地实现各种动作和任务，而机械CAD能够很好地满足这些要求，所以机械CAD在工业机器人设计中具有重要的应用价值。当前，主流的机械设计类软件有计算机辅助设计（Computer Aided Design，CAD）、计算机辅助制造（Computer Aided Manufacturing，CAM）、计算机辅助工程（Computer Aided Engineering，CAE）、计算机辅助工艺规划（Computer Aided Process Planning，CAPP）、数控编程（Numerical Control Programming，NCP）、计算机辅助生产管理（Computer Aided Production Management，CAPM）、生产活动控制（Production Activity Control，PAC）等，其中CAPP和NCP属于CAM的范畴。

CAD是CAE、CAM和PDM（Product Data Management，产品数据管理）的基础。在CAE中，无论是单个零件，还是整机的有限元分析及机构的运动分析，都需要CAD为其造型、装配。在CAM中，则需要CAD进行曲面设计、复杂零件造型和模具设计。而PDM则更需要CAD产品装配后的关系及所有零件的明细（材料、件数、重量等）。在CAD中，对零件及部件所做的任何改变，都会在CAE、CAM和PDM中有所反应。

目前市场上常用的三维CAD软件有Creo、SolidWorks、NX等，各软件各有侧重的应用领域。通常认为，Creo更擅长工艺产品造型设计，在曲面设计上有较大优势；SolidWorks更擅长机械结构设计；NX在模具设计中有较多应用。各院校开设三维CAD课程，也是根据专业进行选择，工业设计等专业多选择Creo软件进行教学；机电一体化、工业机器人等专业多选择SolidWorks软件；模具设计与制造、数控技术等专业以及三维CAD课程多选择NX软件。

国产三维设计软件虽然起步较晚，但发展迅猛。例如，中望3D是集曲面造型、实体建模、模具设计、装配、钣金、工程图、2~5轴加工等功能模块于一体的，内容覆盖产品设计开发全流程的三维CAD/CAM独立软件。除了中望3D，国内还有浩辰3D、CAXA 3D等软件。近年来，部分院校也开设了国产三维设计软件课程，或者在课程教学中将中望3D等软件和其他主流三维设计软件并行使用。优秀的设计软件不仅可以提升产品设计效率，更是企业和国家竞争力的重要支撑。

任务 1　SolidWorks 2023 软件安装与启动

任务目标：
了解 SolidWorks 2023 的安装配置要求。
熟悉 SolidWorks 2023 的启动方式。
熟悉 SolidWorks 2023 的退出方式。

技能训练：
练习 SolidWorks 2023 的软件安装。
练习 SolidWorks 2023 的启动与退出。
练习 SolidWorks 2023 的新建文件等操作。

一、软件安装及系统配置

用户在安装 SolidWorks 2023 之前，最好将历史版本 SolidWorks 环境下生成的文件，包括零件、装配体和工程图文件进行备份，因为低版本 SolidWorks 无法打开高版本 SolidWorks 保存过的文件。

1. 系统需求

操作系统：仅限 64 位系统，支持 Windows 10、Windows 11。

硬盘空间：16GB 或更大的硬盘空间。

显卡：推荐经过 SoildWorks 认证的显卡和驱动程序。

处理器：Inter 或 AMD，支持 64 位操作系统，频率为 3.3GHz 或更高。

安装介质：DVD 驱动器或 Internet 连接（用户可以使用 Internet 下载安装文件和更新补丁包，无需 DVD 驱动器）。

2. 软件配置

Microsoft Edge：系统自带。

Microsoft Office：2016 版、2019 版或 2021 版。

Microsoft SQL Server：SQL Server 2019 CU4（必需）。

更多有关系统要求，请访问 SolidWorks 网站（网址为 https://www.solidworks.com/zh-hans/support/system-requirements）。

3. 安装 SolidWorks 2023

1）将 SolidWorks 2023 光盘插入计算机光驱中，或将两张 DVD 中的安装文件复制到本地硬盘相应文件夹中，双击安装程序，将弹出图 1-1 所示的安装主程序界面。

2）选择"单机安装（此计算机上）"，单击"下一步"，填入安装文件附带的序列号（可以是一个或多个），如图 1-2 所示。

3）序列号填写完毕后，单击"下一步"，SolidWorks 安装程序会自动连接序列号服务器对序列号的合法性进行检查。

4）如果用户的计算机不能连接到 Internet，也可以跳过该步（单击"取消"），如图 1-3 所示。

5）勾选"我接受 SOLIDWORKS 条款"，然后单击"现在安装"，如图 1-4 所示。该页面中，可以通过单击右侧"更改"，修改程序安装位置和 Toolbox 安装位置。

当需要指定端口号和服务器位置时，请输入"25734@本地主机"。

6）程序安装需要的时间从几分钟到十几分钟不等，视计算机的配置而定。安装界面如图 1-5 所示。

7）程序安装结束后，弹出安装完成界面。单击"完成"，SolidWorks 安装管理程序将会退出，并自动打开介绍 SolidWorks 2023 新增功能的 PDF 文件。

图 1-1　安装主程序界面

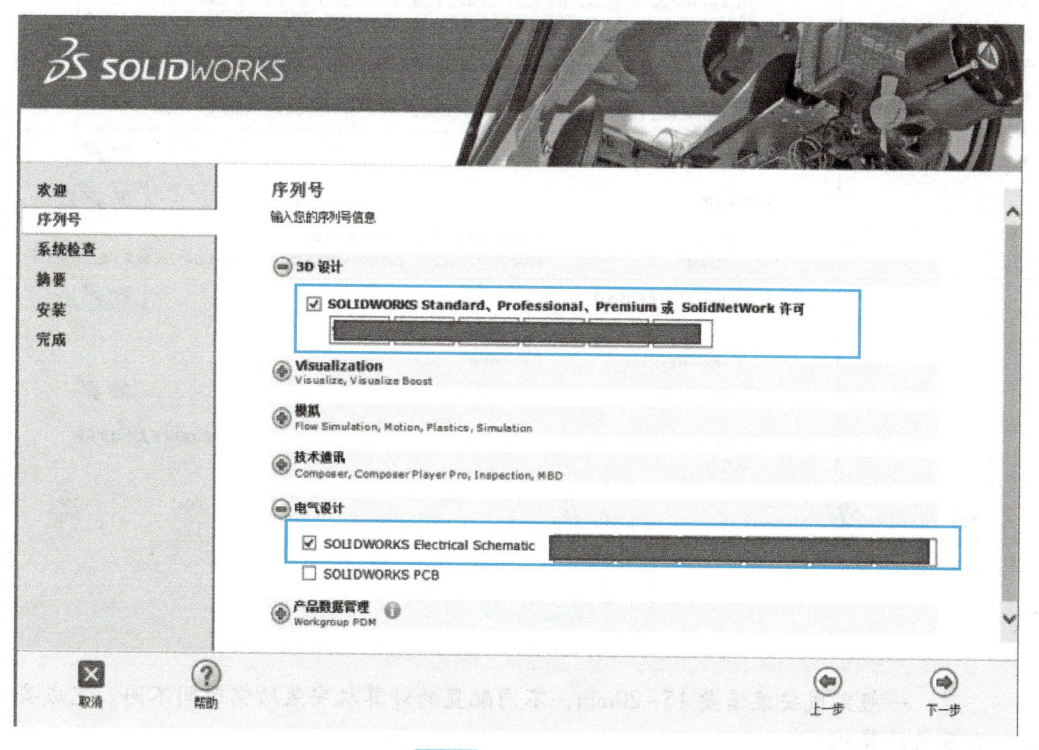

图 1-2　序列号填写

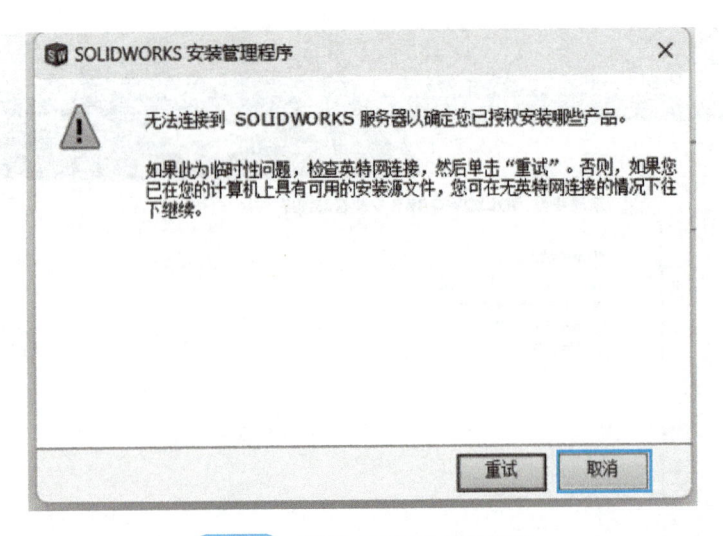

图 1-3　取消序列号合法性检查

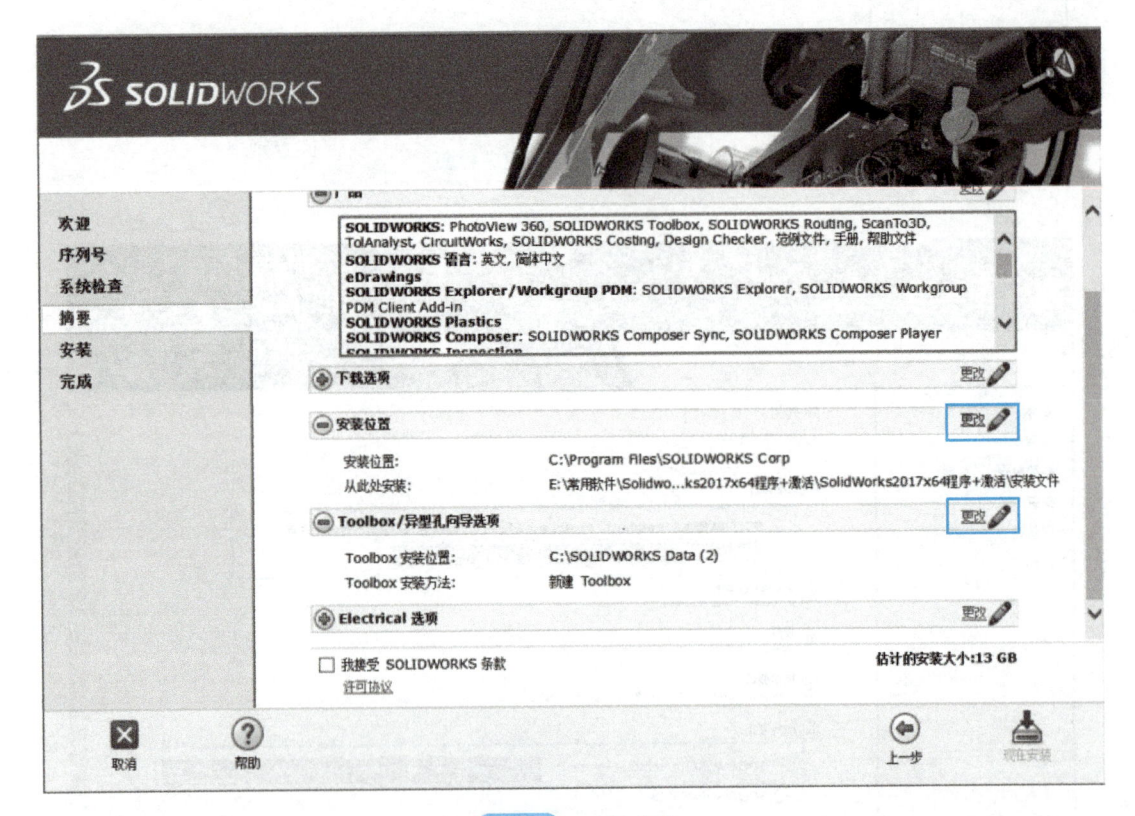

图 1-4　确认安装

注意：一般完成安装需要 15~20min，不同配置的计算机安装所需时间不同。完成安装后，需重启计算机。

图 1-5　安装界面

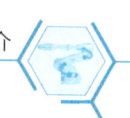

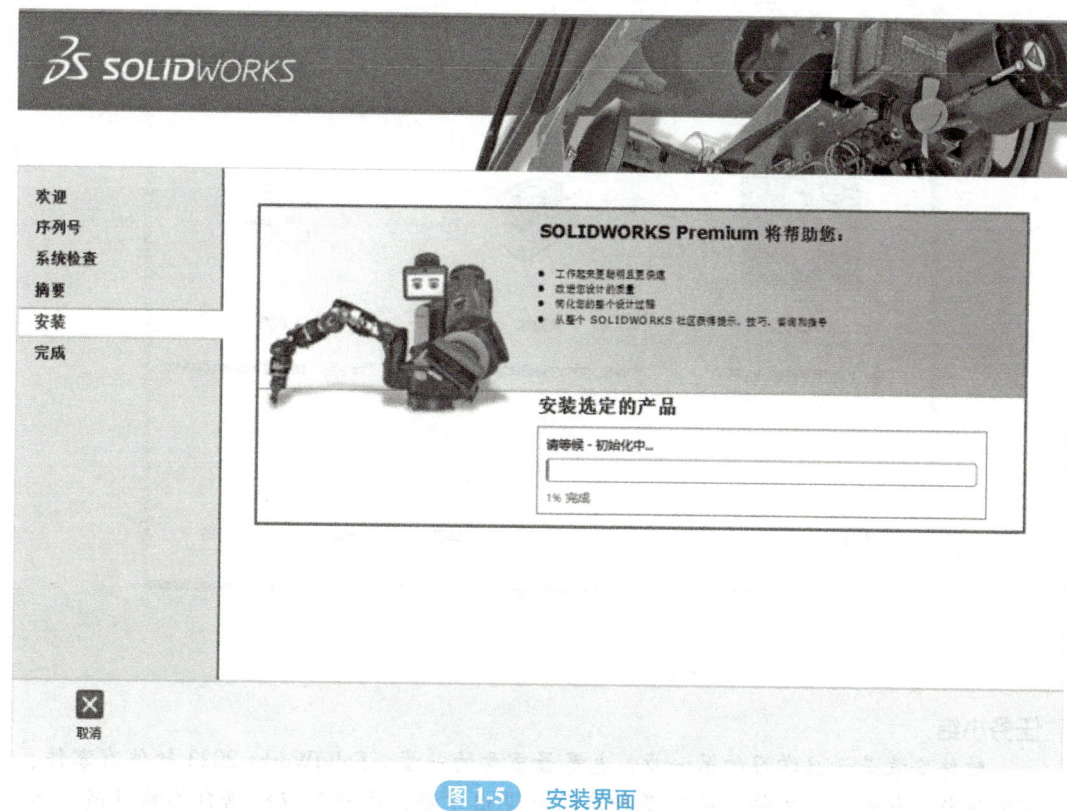

二、启动与退出 SolidWorks

1. 启动 SolidWorks 2023

单击"开始"图标，依次单击"所有程序"→"SOLIDWORKS 2023"文件夹→"SOLID-WORKS 2023"，或者双击软件安装时默认在桌面生成的快捷方式，如图 1-6 所示。

a) 程序　　　　　　b) 快捷方式

图 1-6　启动 SolidWorks 2023

2. 新建文件

在 SolidWorks 2023 窗口中，单击菜单栏中的"新建"，会弹出"新建 SOLIDWORKS 文件"对话框，如图 1-7 所示。

选择零件、装配体和工程图其中一个图标，单击"确定"，进入相应的绘制界面。

3. 退出 SolidWorks 2023

单击"文件"，选择"退出"，或者单击 SolidWorks 软件右上角的"×"符号。

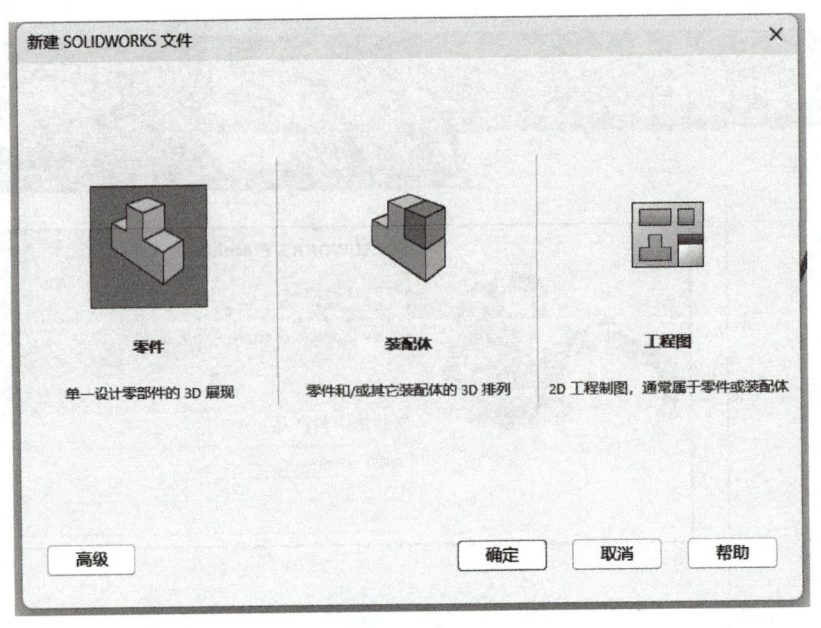

图1-7 新建文件

任务小结

软件安装是开启学习的第一步，也是最重要的一步。SolidWorks 2023 软件有零件、装配体与工程图三类文件，还有多种启动与退出方法，用户可以根据自己的习惯，选择常用的一种。

任务2　SolidWorks 2023 简介

任务目标：
了解 SolidWorks 2023 的窗口组成。
熟悉 SolidWorks 2023 的基本概念、常用术语等。
了解 CommandManager。

技能训练：
练习 SolidWorks 2023 文件的打开、修改、保存等。
练习 SolidWorks 2023 窗口的调整。
练习鼠标的使用。

SolidWorks 是一个基于特征、参数化、实体建模的设计工具，该软件采用 Windows 图形界面，易于学习和使用。设计师可以使用 SolidWorks 快速地按照其设计思路绘制草图，创建全相关的三维实体模型，以及制作详细的工程图。

一、基本概念和术语

（一）基本概念

1. 原点

原点一般显示为两个蓝色箭头，代表模型的(0, 0, 0)坐标。当进入草图状态时，草图原点显示为红色，代表草图的(0, 0, 0)坐标。设计人员可以为模型原点添加尺寸和集合关系，但是草图原点不能更改。

2. 基准面

基准面主要用于确定草图绘制和特征创建的参考平面。通过基准面，可以轻松创建对称

零件和特征，简化设计过程。

3. 轴

轴是用于生成模型、特征或阵列的直线。读者可以使用多种方法来生成轴，比如使用两个交叉的基准面生成轴。另外，SolidWorks 软件默认在圆柱体、圆柱孔和圆锥面的中心生成临时轴。

4. 平面

平面是平的构造几何体。平面主要用于从草图中生成有边界的平面和创建参考平面。在 SolidWorks 中创建平面时，用户需要先选择一个或多个边界实体，然后再定义平面的位置和方向。

5. 边线

边线是两个或更多个面相交并且连接在一起的位置。在绘制草图和标注尺寸时经常使用边线来约束模型。

6. 顶点

顶点是两条或更多条边线相交时的点。

三维视图的几个基本概念如图 1-8 所示。

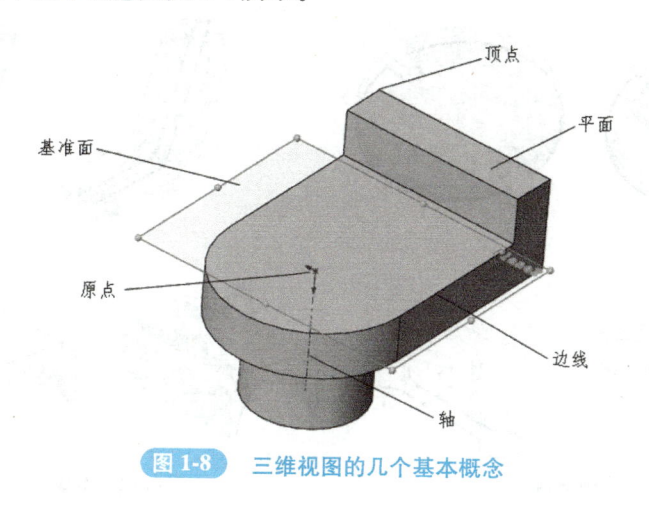

图 1-8 三维视图的几个基本概念

（二）常用术语

1. 草图

SolidWorks 软件中，草图是指由直线、圆弧等图形元素构成的基本形状。

通常，草图有三种状态，分别是欠定义、完全定义和过定义，如图 1-9 所示。

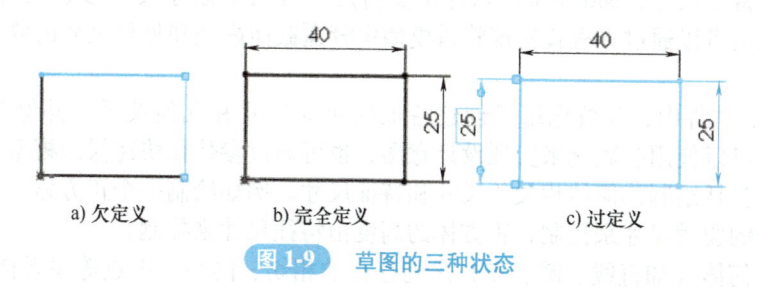

a) 欠定义　　b) 完全定义　　c) 过定义

图 1-9 草图的三种状态

欠定义：代表草图约束不完全，如图 1-9a 所示。矩形中有两条线是蓝色（见图 1-9a 中变色部分），其余两条线为黑色，但是黑色线的端点为蓝色。虽然没有标注任何尺寸，但是黑色线的方向已经定义为垂直和水平,所以线显示为黑色;由于无尺寸定义线长,所以线的端点为蓝色。

完全定义:代表草图已经正确约束,即已经定义合适的几何关系和尺寸,如图 1-9b 所示。

过定义:代表草图中有过度约束(封闭尺寸链),如图 1-9c 所示。由于 SolidWorks 使用参数化来约束模型和草图,过定义会导致草图计算错误,所以该草图会显示为红色(见图 1-9c 中变色部分)。

2. 特征

SolidWorks 软件中,零件模型是由单独的元素构成的,这些元素统称为特征。特征分为草图特征和应用特征。草图特征是指基于二维草图的特征,通常该草图可以通过拉伸、旋转等命令转换为实体模型。应用特征是指直接创建于实体模型上的特征(没有草图),如圆角、倒角等。

通常零件在进行第一个特征拉伸时,应根据模型特点选择最佳轮廓,如图 1-10 所示。图 1-10a 为零件模型,图 1-10b 为草图轮廓(基体特征)。基体特征的选择原则是尽量反映出模型的大部分外形和特点。

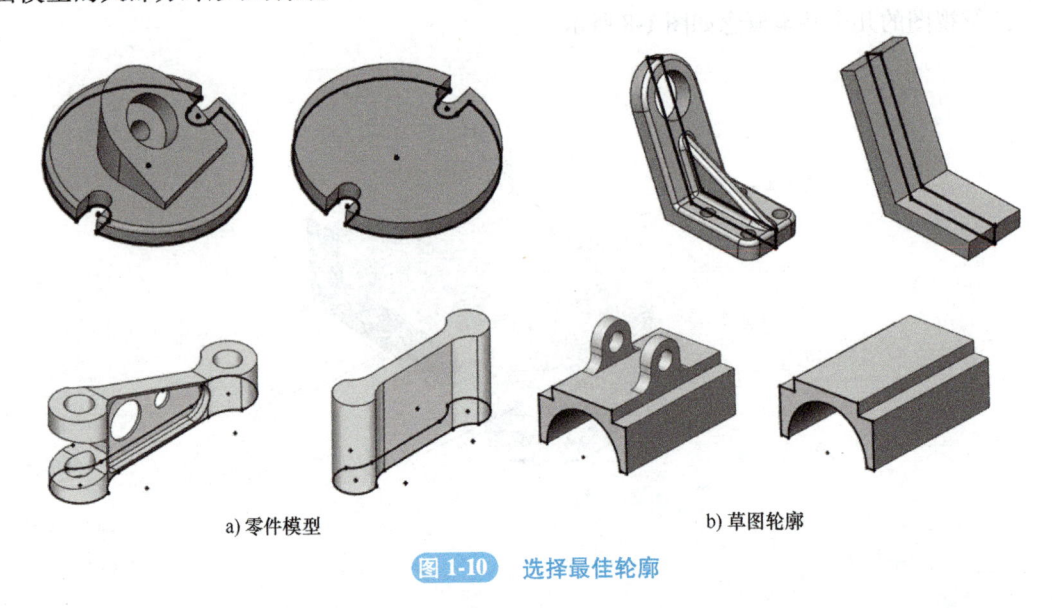

a)零件模型　　　　　　　　　　　　　　b)草图轮廓

图 1-10　选择最佳轮廓

3. 约束

SolidWorks 草图中可以使用共线、垂直、水平、中点等几何关系来约束草图几何体。对于草图尺寸和特征尺寸,SolidWorks 软件也支持用方程式来创建尺寸参数之间的数学关系。例如,设计人员可以通过方程式实现管道模型中管道截面内径和外径尺寸的数学关系。

4. 参数化

SolidWorks 软件中,参数化用于创建特征的驱动尺寸和几何关系,并保存在设计模型中。设计人员可以使用参数化来实现设计意图,也可通过参数化快速修改模型。

驱动尺寸包括绘制几何体相关的尺寸和特征尺寸。例如绘制一个正方体,正方体的截面大小由草图中的驱动尺寸来控制,正方体的高度由特征尺寸来控制。

在草图几何体(如直线、圆、点)之间存在的相切、同心、中点等关系称为几何关系。几何关系是设计人员实现设计意图的重要手段。

5. 全相关

SolidWorks 的零件模型、装配体模型以及对应的工程图是全相关的,当模型发生更改时，对应的工程图、装配体以及装配体对应的工程图也会自动发生更改。在装配体和工程图中发生的更改也会影响到零件。

二、打开 SolidWorks 文件

在 SolidWorks 环境下，有零件、装配体、工程图三种文件（见图 1-11），其文件名分别为 XX. sldprt（零件）、XX. sldasm（装配体）、XX . slddrw（工程图）。

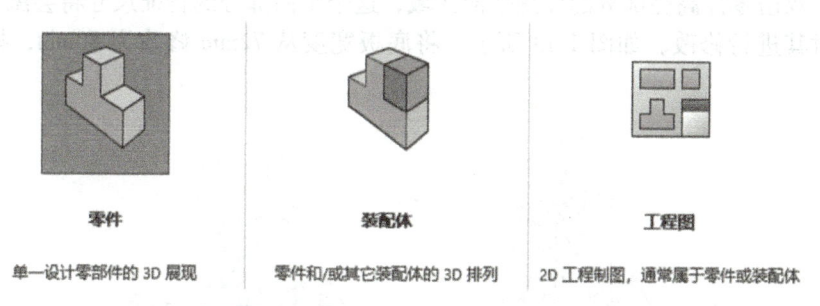

图 1-11 零件、装配体、工程图三种文件

打开已经存在的零件、装配体、工程图文件的操作方法有如下 3 种：

1）双击指定文件夹中的 SolidWorks 文件，SolidWorks 会打开该文件；如果在打开文件之前还没打开 SolidWorks，则系统会自动运行 SolidWorks，然后再打开所选的 SolidWorks 文件。

2）单击菜单栏的"文件"→"打开"，然后浏览至文件并打开。

3）按快捷键<R>键，软件会列出最近打开的文件。单击文件图标下方的"在文件夹中显示"，则该文件所处的文件夹会自动打开，如图 1-12 所示。

图 1-12 打开 SolidWorks 文件

三、修改 SolidWorks 文件

在绘制模型的过程中,如果需要修改之前的特征或草图,可以在窗口左侧的特征树中选择相应的特征或草图进行编辑,必要时可选择特征树下方的退回功能。

> 小提示:双击特征可显示草图和特征的尺寸,再双击尺寸可快速调整尺寸。

例如:双击零件高亮部分的任意平面区域,这个平面部分的特征尺寸将会激活,再双击尺寸可以对其进行修改,如图 1-13 所示,将底板宽度从 72mm 修改为 80mm,模型将发生改变。

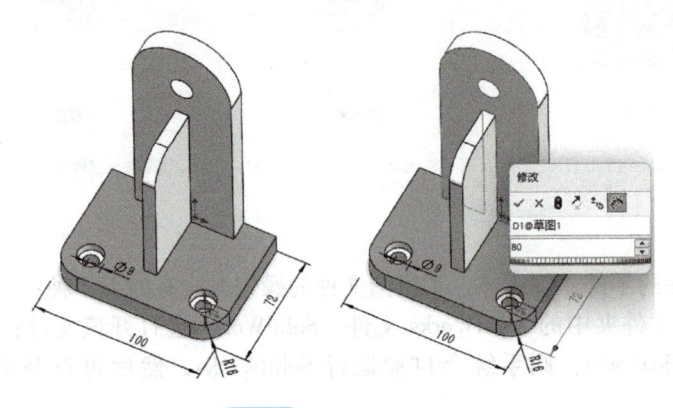

图 1-13 修改零件尺寸

模型如果无变化,单击菜单栏中的"重建模型"图标重建模型,如图 1-14 所示。

图 1-14 重建模型

如果找不到该图标,可以试试软件右上角的搜索框,如图 1-15 所示。

图 1-15 搜索"重建模型"命令

四、保存 SolidWorks 文件

单击菜单栏中的"保存"图标,可保存 SolidWorks 文件,如图 1-16 所示。建议用户每次更改文件后,都对使用中的文件进行保存。

图 1-16 保存 SolidWorks 文件

如果要将更改后的文件存为副本，可以依次单击"文件"→"另存为"。注意"另存为"有 3 个选项，分别是"另存为""另存为副本并继续""另存为副本并打开"。读者可以自己尝试并比较这 3 个选项的差异。

五、SolidWorks 窗口

在打开一个 SolidWorks 文件后，窗口区域会分为两部分，如图 1-17 所示。

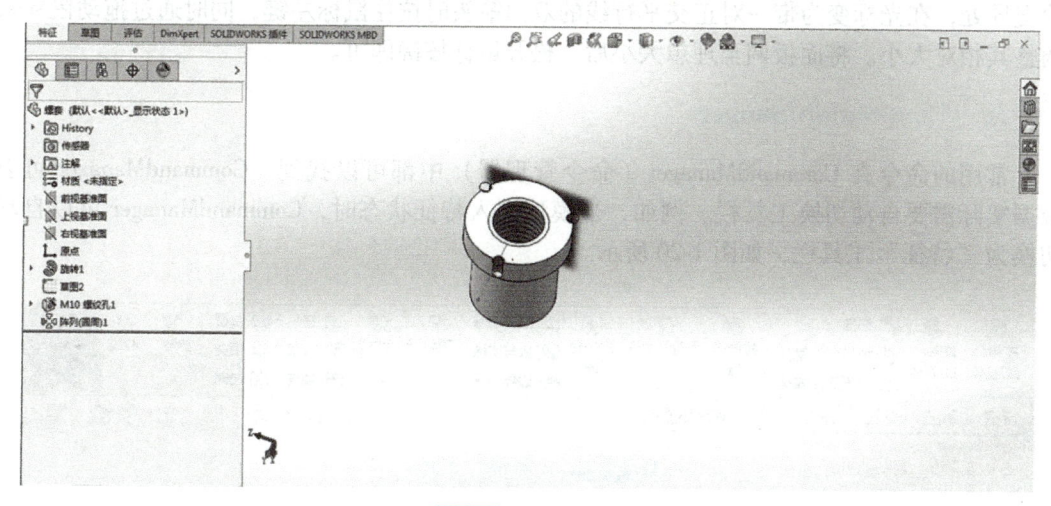

图 1-17　窗口区域

1. FeatureManager 设计树

FeatureManager 设计树（以下简称设计树）位于窗口左侧，其树形结构反映了零件的建模过程（在装配体中为装配过程）。

在 SolidWorks 软件中，通过设计树反映模型的特征结构。设计树可以反映特征被建立的前后顺序，还可以反映特征间的父子关系，如图 1-18 所示。

2. 图形区域

窗口右侧为图形区域，读者可以自行尝试图形区域上方的视图控制命令。将鼠标移动到命令图标上，暂停 1s 后，SolidWorks 会自动显示该命令的解释，如图 1-19 所示。

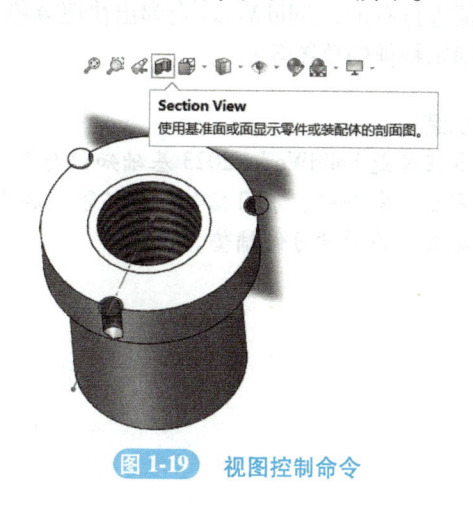

图 1-18　设计树

图 1-19　视图控制命令

对于视图定向的命令，读者可以尝试将光标移动到图形区域的任意空白处，再按下

<Spacebar>键（俗称空格键）。

SolidWorks 类似于其他运行于 Windows 操作平台上的软件，也可以非常方便地调整窗口大小。将光标移到窗口边缘，直到它变为双向箭头（注意，窗口处于最大化时，箭头无法出现），然后按住鼠标左键并拖动窗口来改变其大小。将窗口拖至理想大小后，松开鼠标按键即可。

窗口内可能有多个面板，还可以调整各个面板彼此间的相对大小。将光标移至两个面板的交界处，在光标变为带一对正交平行线的双向箭头时按住鼠标左键，同时通过拖动鼠标来调整其相对大小。将面板调至理想大小后，松开鼠标按键即可。

六、CommandManager

常用的命令在 CommandManager（命令管理器）中都可以找到。CommandManager 可以根据实际需要自动切换工具栏。例如，当模型进入特征状态时，CommandManager 可以自动切换为"特征"工具栏，如图 1-20 所示。

图 1-20　"特征"工具栏

CommandManager 已经根据命令的类型进行分类，类似于"抽屉"，读者可以自己尝试拉开一个个"抽屉"，熟悉不同的命令。

七、鼠标的使用

鼠标左键：主要用于选择，如选择某个菜单命令，选择图形区域的面、实体和设计树中的对象。

鼠标中键（一般为滚轮）：按住后可以旋转模型，滚轮上滚和下滚分别是缩小和放大视图。它也可以作为组合键的一部分，读者可以尝试按住<Ctrl>键+滚轮，图形区域将会平移。

鼠标右键：单击右键时，SolidWorks 会根据光标所处的位置进行反馈。如在特征树中选择某特征进行右击，SolidWorks 会弹出快捷菜单，读者可根据需要进行特征的操作（如编辑特征、编辑特征的草图等）。

任务小结

本任务是 SolidWorks 2023 基础知识与基本操作简介，读者通过学习，熟悉了软件的工具栏、命令栏、不同指令和特征等。这既是入门级的内容，又是必须掌握的内容，将为后续任务的学习做铺垫。

项目 2

典型零件建模

任务1　简单零件建模

任务目标：
能看懂简单零件的工程图。
掌握分析简单零件建模的步骤。

技能训练：
练习新建草图绘制。
练习边角矩形、圆形等草图命令。
练习拉伸凸台、拉伸切除、异型孔向导等特征命令。
练习智能尺寸标注。
练习单位系统选择。

一、零件建模分析

1. 工程图（见图2-1）

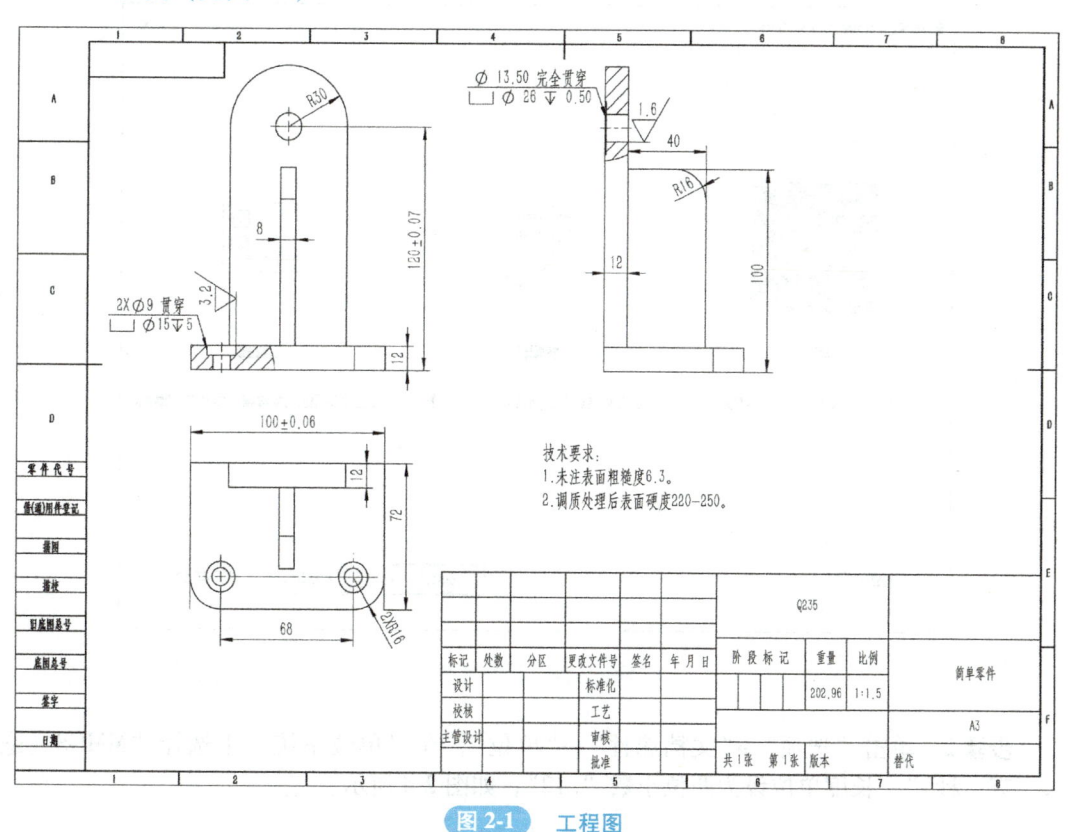

图2-1　工程图

2. 参考建模步骤

该零件可以采用拉伸凸台、拉伸切除、异型孔向导等命令进行建模，参考建模步骤如图2-2所示。

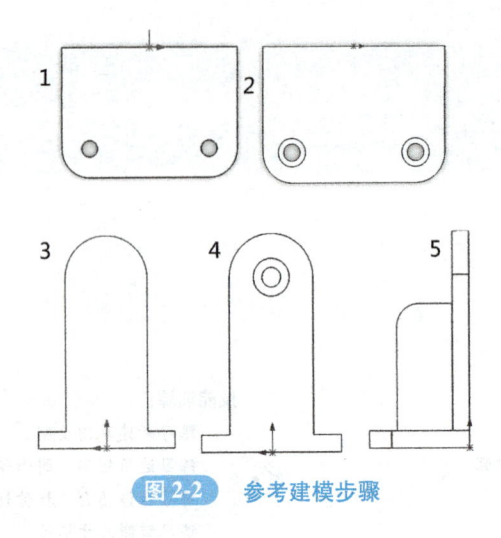

图 2-2　参考建模步骤

二、零件建模过程

步骤1　单击菜单栏的"文件"→"新建"，选择"零件"，如图2-3所示。单击"确定"，进入零件建模页面。

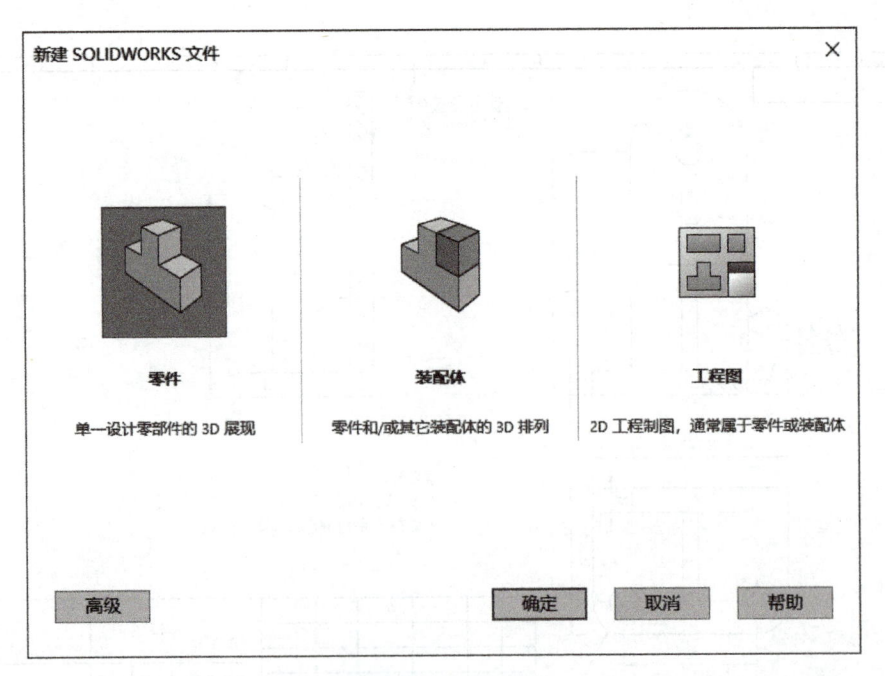

图 2-3　新建零件

步骤2　单击"选项"→"文档属性"→"单位"，在"单位系统"下选择"MMGS（毫米、克、秒）"，长度单位设为两位小数".12"，如图2-4所示。

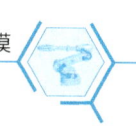

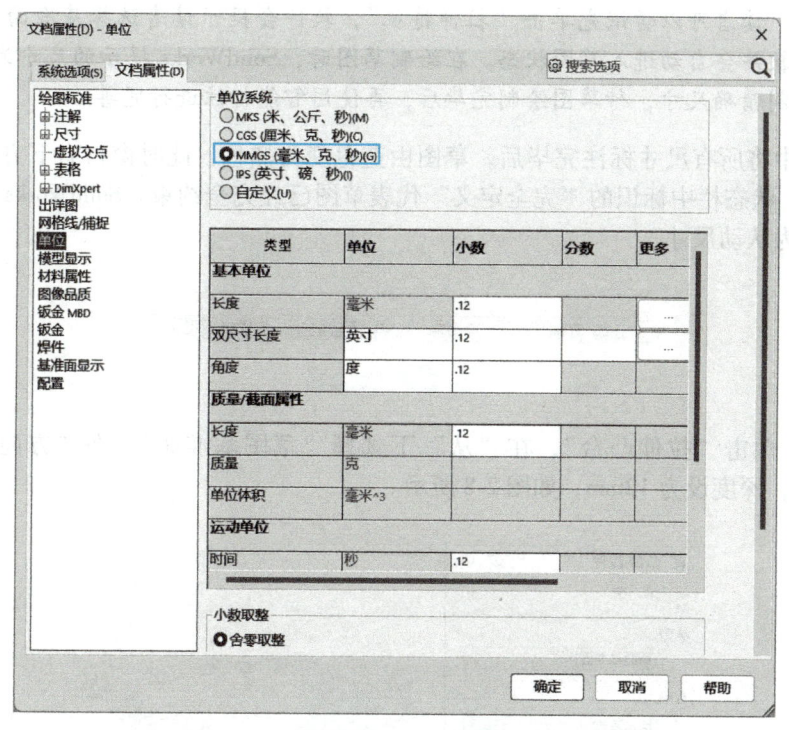

图 2-4 单位设定

单击"确定",完成单位设定。此时,可以在页面右下角看到设定后的单位,如图 2-5 所示。

图 2-5 设定后的单位

步骤 3 选择上视基准面为草图平面,单击"草图绘制",绘制零件底板草图,尺寸如图 2-6 所示。

图 2-6 零件底板草图

单击右上角的"保存草图并退出"。

> **注意**:每一步草图完成后,都需要单击"保存草图并退出",下文将不再提示该操作。

小提示：读者可以尝试先单击"拉伸特征"，软件会提示读者选择基准面，单击选中基准面后，软件会自动进入草图状态。在绘制草图时，SolidWorks 提示的尺寸为参考尺寸，用户不必绘制精确尺寸，待草图绘制完毕后，再使用智能标注进行完善。

在草图中将所有尺寸标注完毕后，草图由蓝色变为黑色，此时窗口右下方的状态栏如图 2-7 所示。状态栏中标识的"完全定义"代表草图已经完全约束。SolidWorks 允许将多余的尺寸标注为从动尺寸。

图 2-7 状态栏

步骤 4 单击"拉伸凸台"，在"从"下选择"草图基准面"，在"方向 1"下选择"给定深度"，深度设为 12mm，如图 2-8 所示。

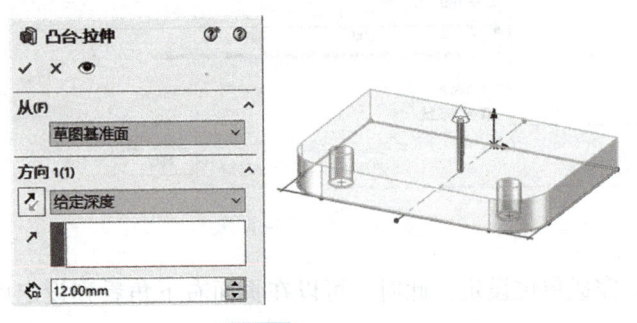

图 2-8 底板拉伸

单击左侧 FeatureManager 设计树中"确定"。

注意：每一步操作完成后，都需要单击"确定"进行保存，下文将不再提示该操作。

小提示：在完成拉伸凸台后，尝试使用快捷键 <Z> 键和 <Shift+Z> 组合键对零件进行缩小和放大。

步骤 5 选择底板上表面为草图平面，画两个直径 15mm 的圆，它们与底板上直径为 9mm 的圆同心，如图 2-9 所示。

步骤 6 单击"拉伸切除"，在"从"下选择"草图基准面"，在"方向 1"下选择"给定深度"，深度设为 5mm，如图 2-10 所示。

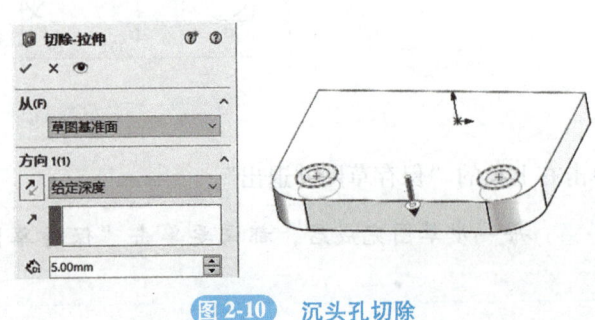

图 2-9 沉头孔草图

图 2-10 沉头孔切除

步骤 7　选择前视基准面为草图平面，单击"草图绘制"，绘制立板草图，尺寸如图 2-11 所示。

步骤 8　单击"拉伸凸台"，在"从"下选择"草图基准面"，在"方向 1"下选择"给定深度"，深度设为 12mm，如图 2-12 所示。

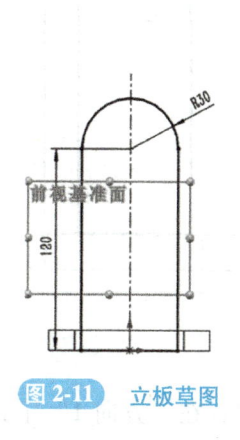

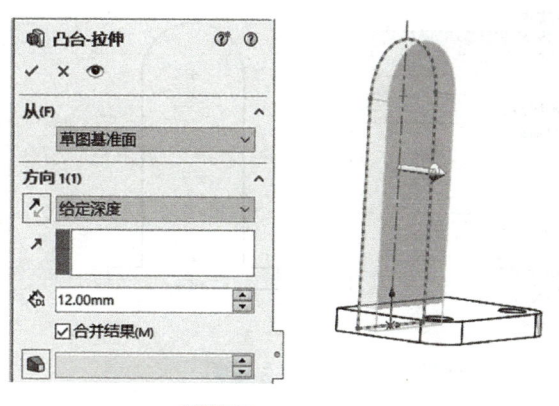

图 2-11　立板草图

图 2-12　立板拉伸

步骤 9　单击"异型孔向导"，在立板上打一异型孔。在"类型"选项卡中，孔类型选择"柱形沉头孔"（第 1 行第 1 列），标准选择"GB"，类型选择"六角头螺栓 C 级 GB/T 5780-2016"，大小选择"M12"，终止条件选择"完全贯穿"。在"位置"选项卡中，不用 3D 草图。在立板表面任意位置（实体）单击，按<Enter>键确定。这种方法为使用尺寸和其他草图工具来定位孔或槽口。完成后，如图 2-13 所示。

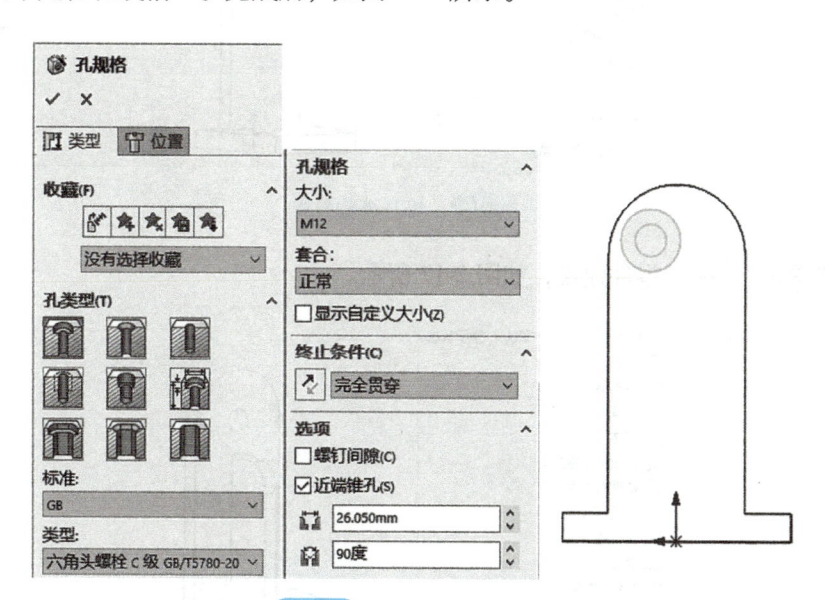

图 2-13　生成 M12 沉头孔

步骤 10　修改草图。在设计树中选中"草图 4"，右击，选择"编辑草图"，确定异型孔圆心与立板半圆"同心"，如图 2-14 所示。单击"确定"。

步骤 11　选择右视基准面为草图平面，单击"草图绘制"，绘制一个带圆角的矩形筋板，尺寸如图 2-15 所示。

图 2-14　确定孔圆心位置

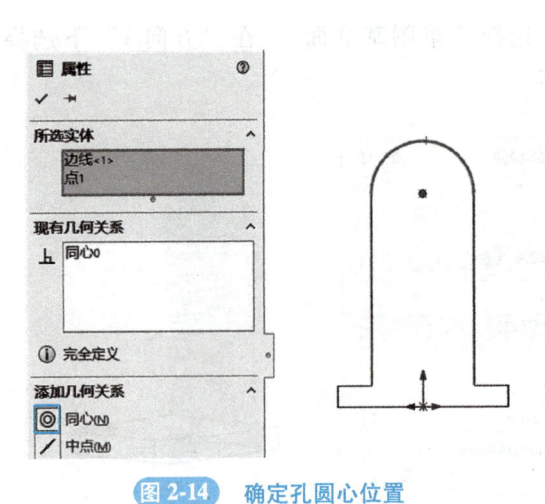

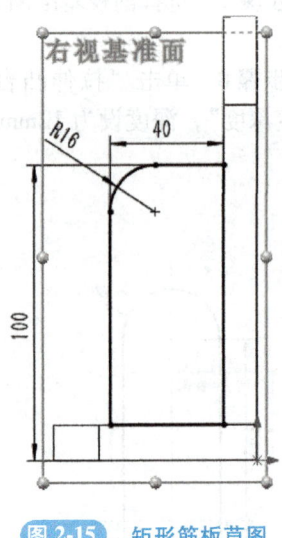

图 2-15　矩形筋板草图

步骤 12　单击"拉伸凸台",在"从"下选择"草图基准面",在"方向 1"下选择"两侧对称",深度设为 8mm,如图 2-16 所示。

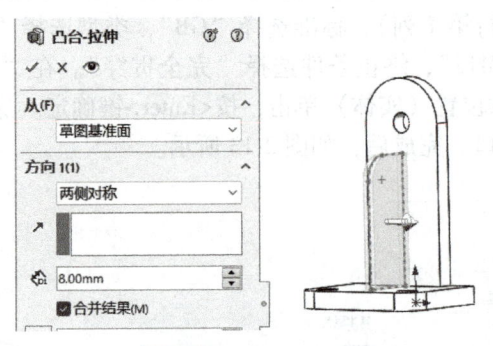

图 2-16　矩形筋板拉伸

单击"确定",完成零件建模,如图 2-17 所示。

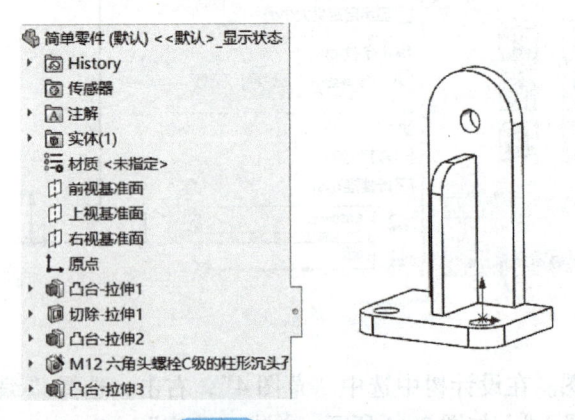

图 2-17　完成零件建模

步骤 13　单击菜单栏中的"保存",将文件命名为"简单零件.sldprt",保存在指定文件夹。

任务小结

草图是特征的基础，也是三维建模的第一步。绘制简单零件草图时要注意：首先，选择草图绘制平面时尽量选用系统自带的前视、上视、右视基准面；其次，绘制与实际形状相近的草图时，要确保在进行尺寸标注和添加几何约束时草图不易变形；最后，生成异型孔特征时，不用3D草图。

任务2　中等零件建模

任务目标：
能看懂中等零件的工程图。
掌握分析中等零件建模的步骤。

技能训练：
练习中心矩形、线性阵列、导圆角等草图命令。
练习拉伸凸台、成形到下一面、筋等特征命令。
练习基准面创建。
练习零件质量属性评估。

一、零件建模分析

1. 工程图（见图2-18）

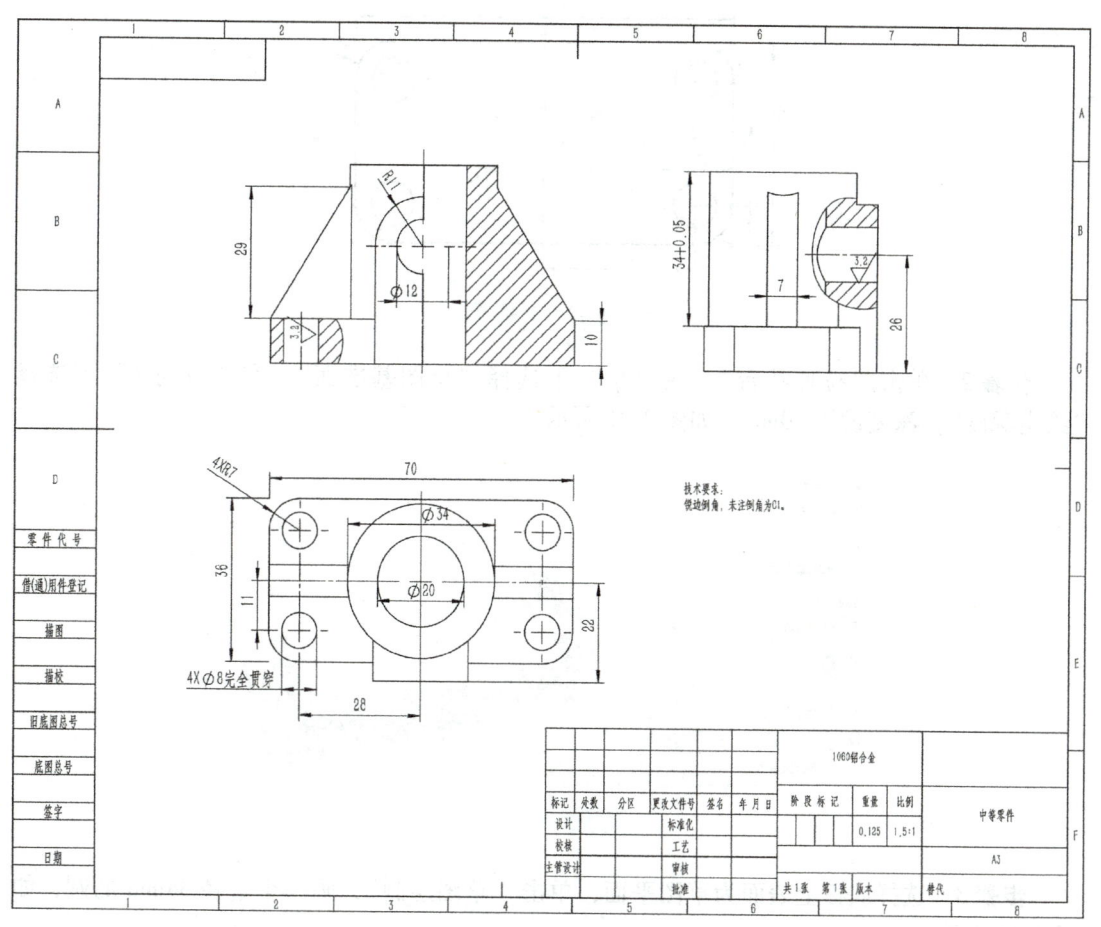

图2-18　工程图

2. 参考建模步骤

该零件可以采用拉伸凸台、拉伸切除、基准面、成形到下一面、筋、镜像等命令进行建模，参考建模步骤如图 2-19 所示。

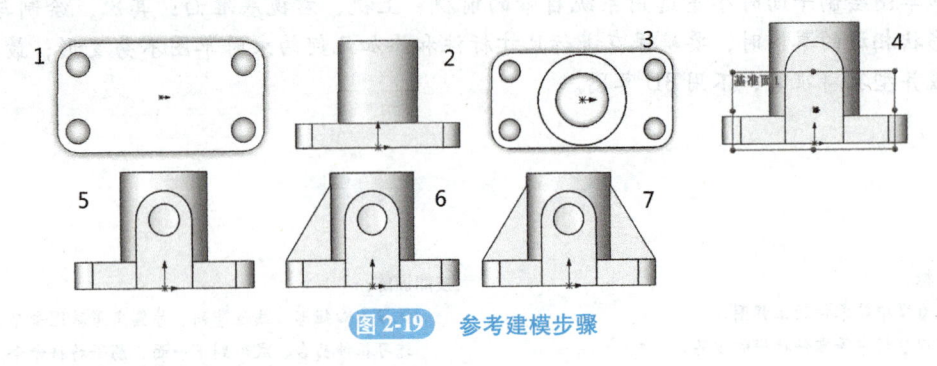

图 2-19　参考建模步骤

二、零件建模过程

步骤 1　新建一个零件，命名为"中等零件.sldprt"。

选择上视基准面为草图平面，单击"草图绘制"，绘制零件底板草图，尺寸如图 2-20 所示。

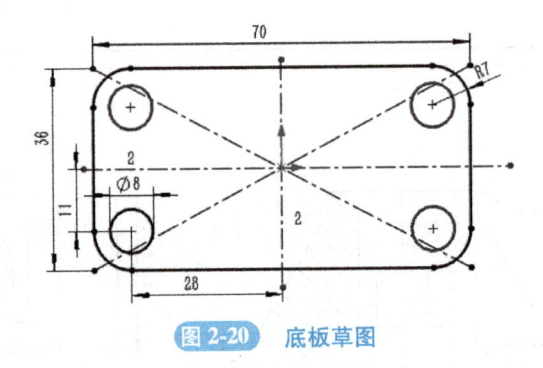

图 2-20　底板草图

步骤 2　单击"拉伸凸台"，在"从"下选择"草图基准面"，在"方向 1"下选择"给定深度"，深度设为 10mm，如图 2-21 所示。

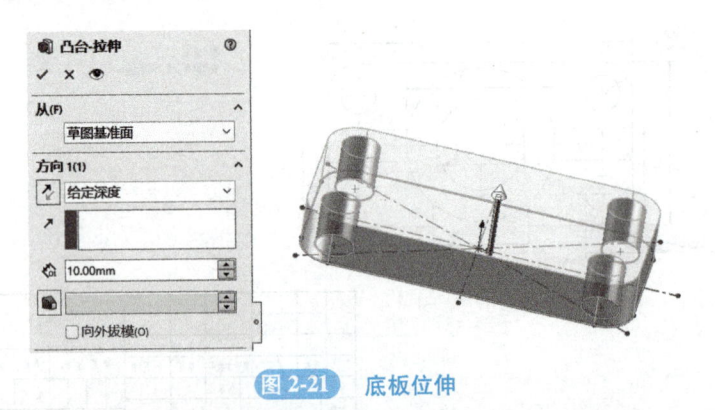

图 2-21　底板位伸

步骤 3　选择底板上表面为草图平面，单击"草图绘制"，画一个直径 34mm 的圆，如图 2-22 所示。

步骤 4　单击"拉伸凸台",在"从"下选择"草图基准面",在"方向 1"下选择"给定深度",深度设为 34mm,如图 2-23 所示。

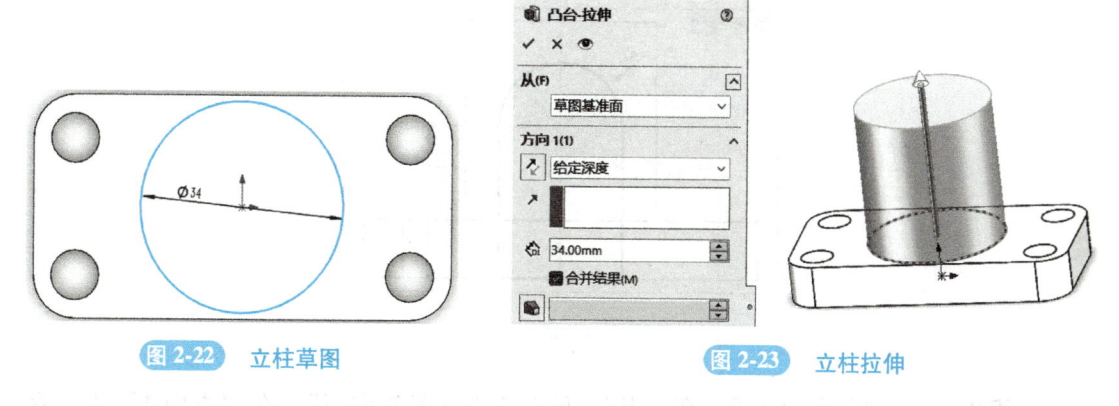

图 2-22　立柱草图

图 2-23　立柱拉伸

步骤 5　选择立柱上表面为草图平面,单击"草图绘制",画一个直径 20mm 的同心圆,如图 2-24 所示。

步骤 6　单击"拉伸切除",在"从"下选择"草图基准面",在"方向 1"下选择"完全贯穿",如图 2-25 所示。

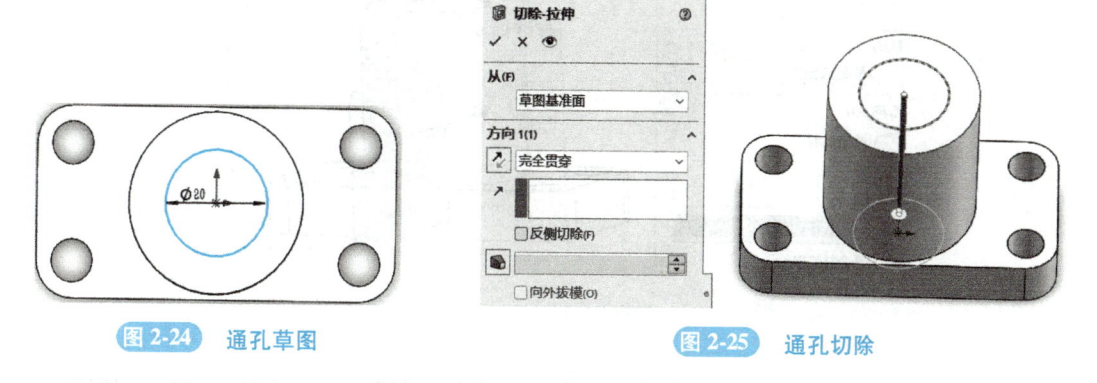

图 2-24　通孔草图

图 2-25　通孔切除

步骤 7　单击"参考几何体"→"基准面",在"第一参考"下选择"前视基准面",偏移距离设为 22mm,如图 2-26 所示。

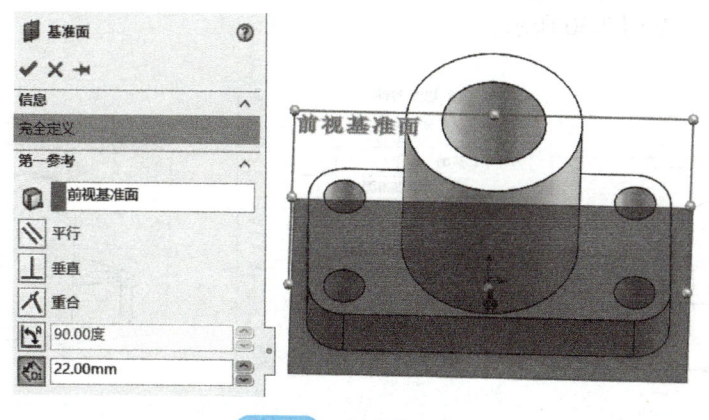

图 2-26　新建基准面 1

步骤8 选择基准面1为草图平面，单击"草图绘制"，绘制一个带圆头的矩形，如图2-27所示。

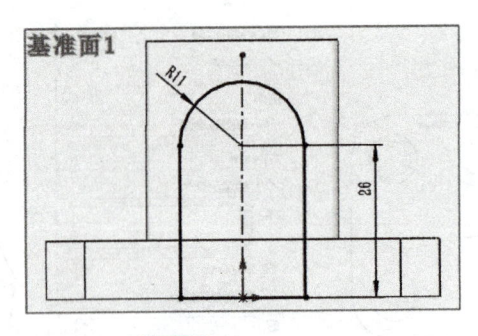

图 2-27　前凸台草图

步骤9 单击"拉伸凸台"，在"从"下选择"草图基准面"，在"方向1"下选择"成形到面"和"面<1>"（圆柱表面），如图2-28所示。注意，"成形到面"也可改为"成形到下一面"，效果相同。

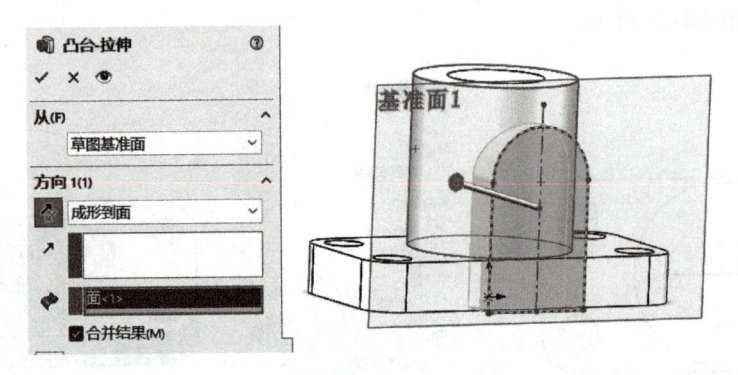

图 2-28　前凸台拉伸

步骤10 选择基准面1为草图平面，单击"草图绘制"，画一个直径12mm的圆，如图2-29所示。

步骤11 单击"拉伸切除"，在"从"下选择"草图基准面"，在"方向1"下选择"成形到下一面"，如图2-30所示。

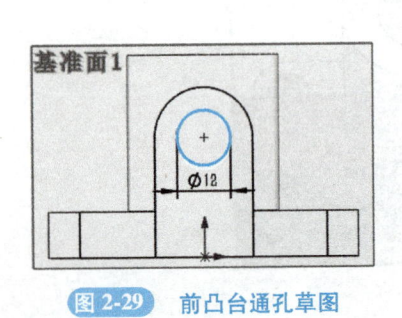

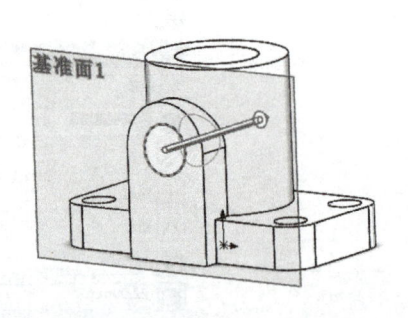

图 2-29　前凸台通孔草图

图 2-30　前凸台通孔切除

步骤 12 在设计树中选中"基准面 1",右击,选择"隐藏",如图 2-31 所示。

选择前视基准面为草图平面,单击"草图绘制",绘制一条斜直线,尺寸如图 2-32 所示。

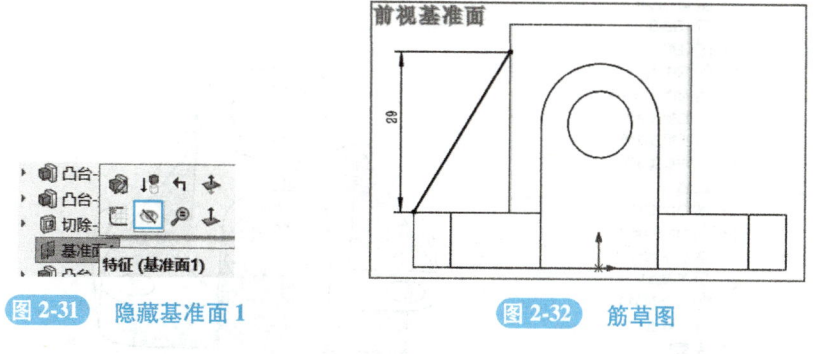

图 2-31 隐藏基准面 1

图 2-32 筋草图

步骤 13 单击"筋",在"厚度"下选择"两侧",筋厚度设为 7mm,在"拉伸方向"下选择"平行于草图",如图 2-33 所示。

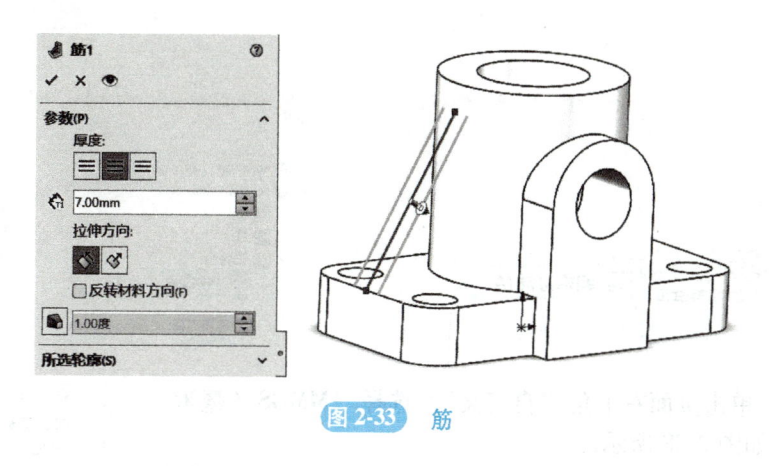

图 2-33 筋

步骤 14 单击"镜像",在"镜像面/基准面"下选择"右视基准面",在"要镜像的特征"下选择"筋 1",如图 2-34 所示。

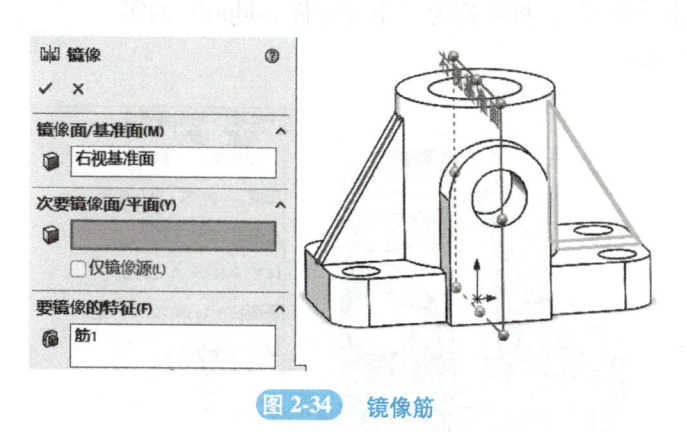

图 2-34 镜像筋

单击"确定",完成中等零件建模,如图 2-35 所示。

步骤 15 在设计树中选中"材质",右击,选择"编辑材料",如图 2-36 所示。

在"材料"下单击"solidworks materials"→"铝合金"→"1060 合金",如图 2-37 所示。单击右下角"应用"→"保存",退出材料设定。

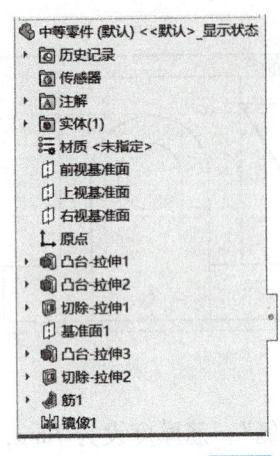

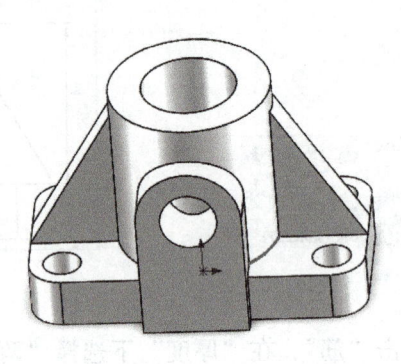

图 2-35　完成中等零件建模

图 2-36　编辑材料

图 2-37　选择材料

步骤 16　单击页面右下角"自定义",选择"MMGS(毫米、克、秒)",如图 2-38 所示。

步骤 17　在"评估"中,单击"质量属性",该零件的质量为 125.08g,如图 2-39 所示。

步骤 18　单击"保存",将名称为"中等零件.sldprt"的零件保存在指定文件夹。

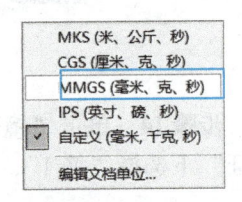

图 2-38　选择单位

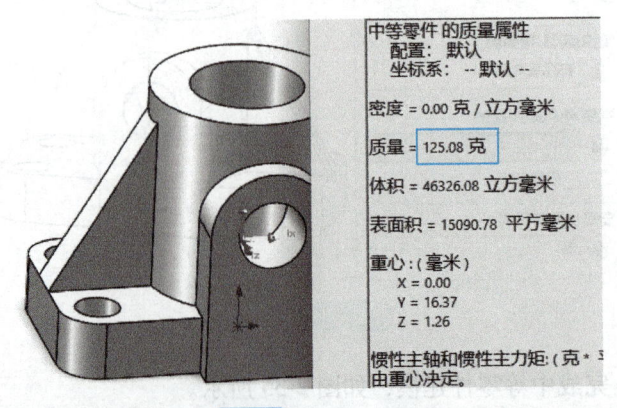

图 2-39　评估质量

任务小结

SolidWorks 设计操作流程通常是先选基准面，后绘制草图，再创建特征。中等零件建模的每一个步骤和参数都会被记录下来。左侧设计树中的特征和右侧图形区域中的模型结构是一一对应的，用户可以对零件的任何特征进行编辑修改。但是，不同特征之间也有关联（即"父子关系"），如果修改了前面的特征，通常会对后面的特征产生影响。

任务3　复杂零件建模

任务目标：
能看懂复杂零件的工程图。
掌握分析复杂零件建模的步骤。

技能训练：
练习转换实体引用、线性阵列、相切等草图命令。
练习拉伸凸台、成形到下一面、拉伸切除等特征命令。
练习倾斜45°基准面的创建。
练习材料属性的选择。

一、零件建模分析

1. 工程图（见图 2-40）

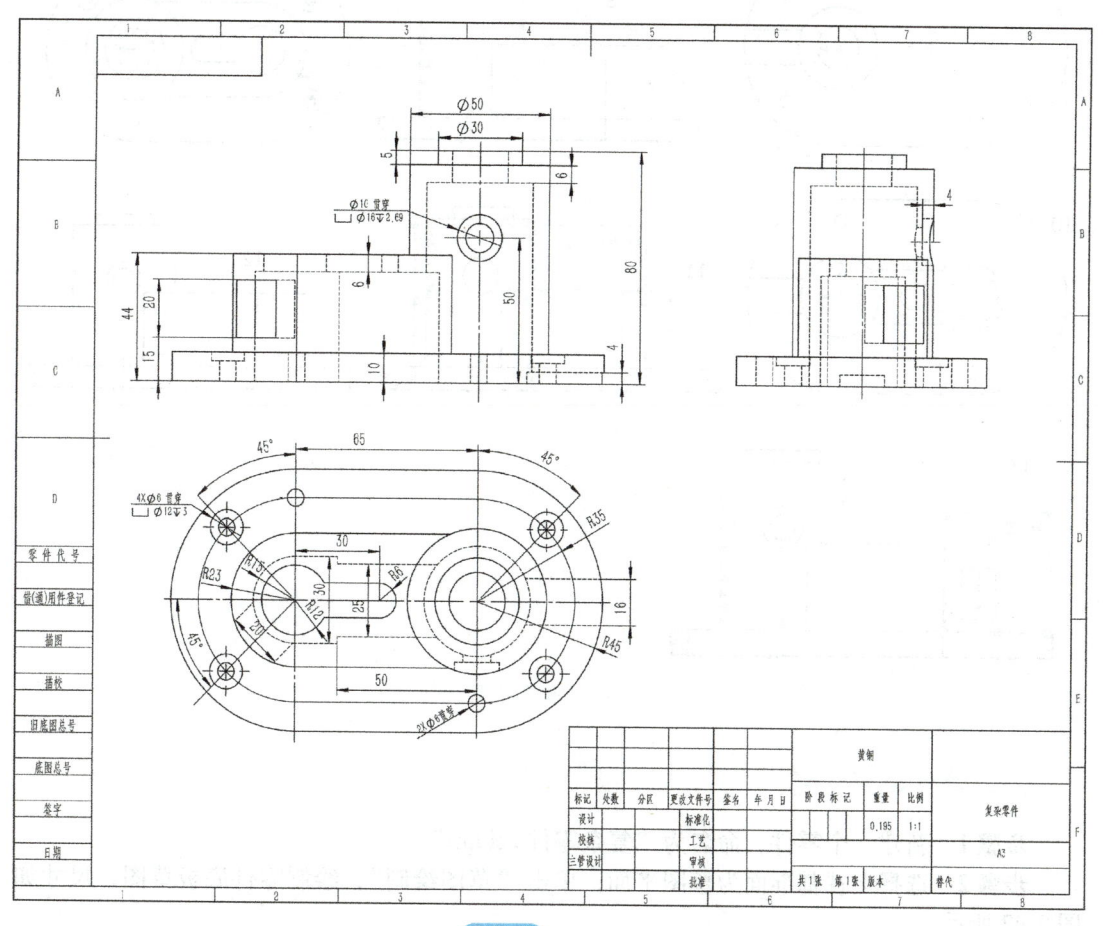

图 2-40　工程图

2. 参考建模步骤

该零件可以采用拉伸凸台、拉伸切除、基准面、成形到下一面等命令进行建模，参考建模步骤如图2-41所示。

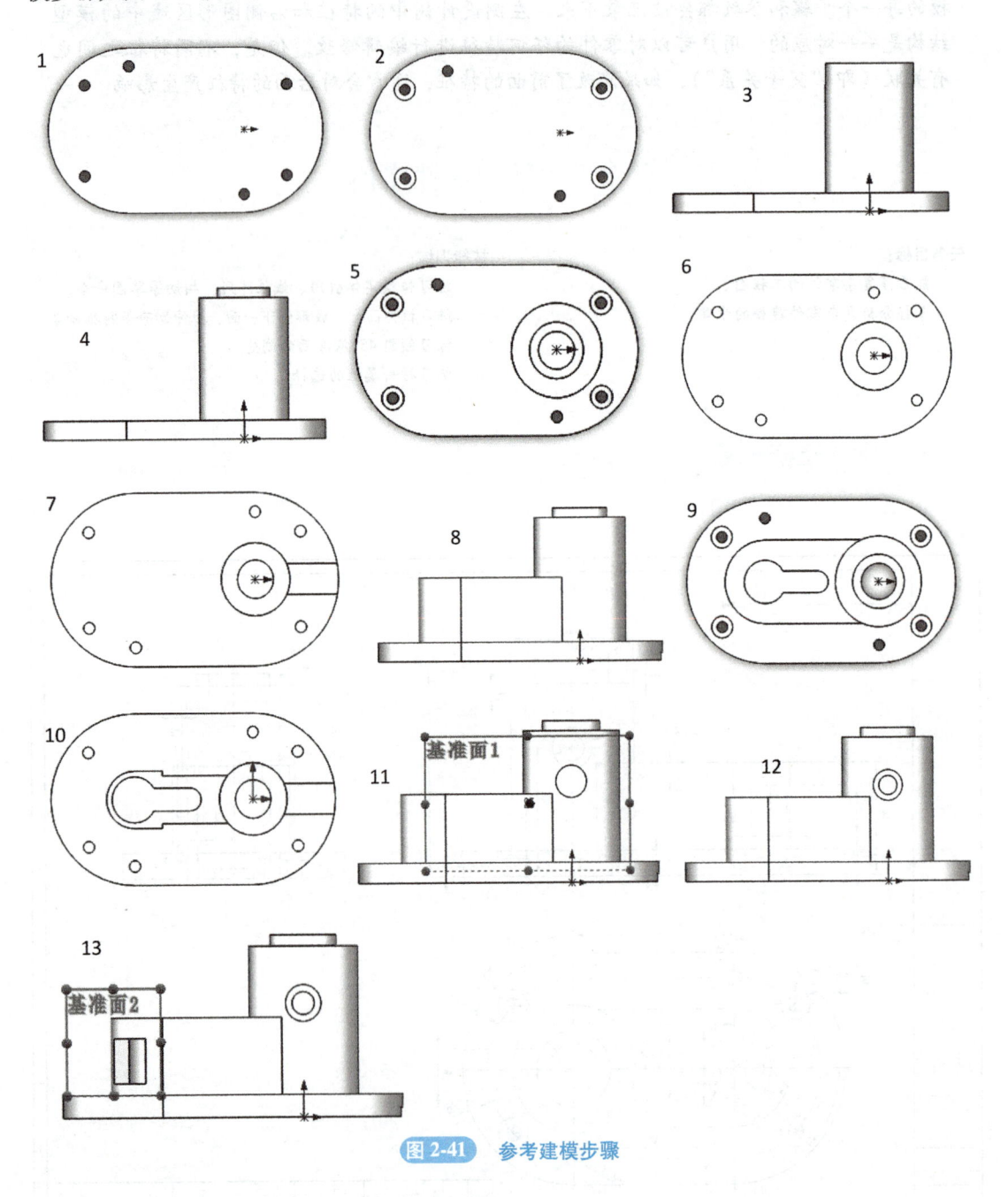

图 2-41　参考建模步骤

二、零件建模过程

步骤1　新建一个零件，命名为"复杂零件.sldprt"。

步骤2　选择上视基准面为草图平面，单击"草图绘制"，绘制零件底板草图，尺寸如图2-42所示。

图 2-42　底板草图

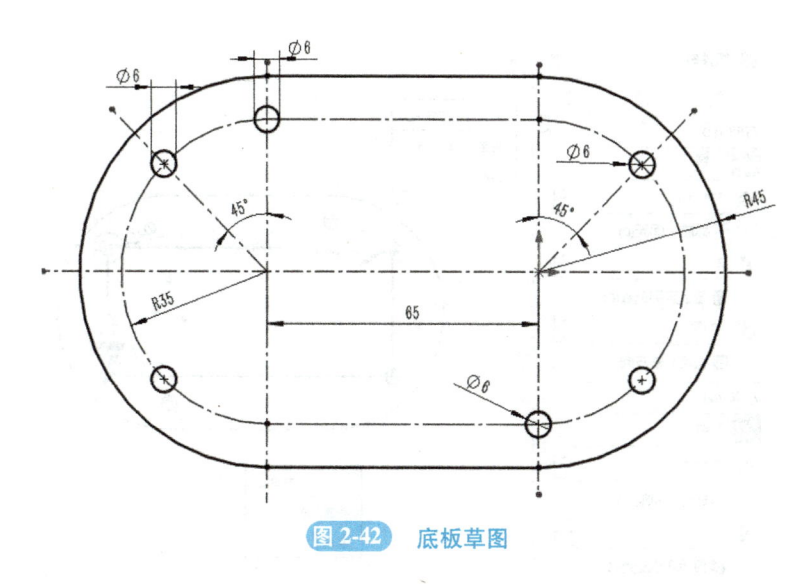

步骤 3　单击"拉伸凸台",在"从"下选择"草图基准面",在"方向 1"下选择"给定深度",深度设为 10mm,如图 2-43 所示。

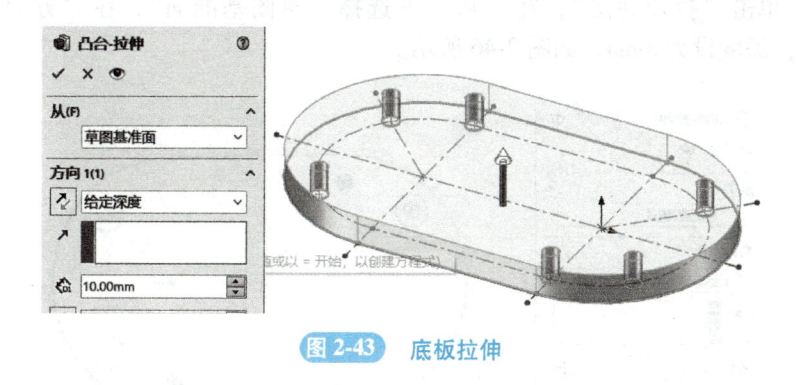

图 2-43　底板拉伸

步骤 4　选择底板上表面为草图平面,单击"草图绘制",绘制一个直径 12mm 的圆,它与直径为 6mm 的圆同心,如图 2-44 所示。

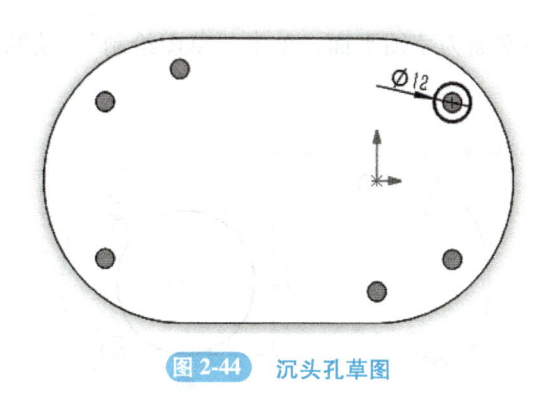

图 2-44　沉头孔草图

再使用线性阵列,"方向 1"下的间距设为 114.5mm,实例数设为 2,"方向 2"下的间距设为 49.5mm,实例数设为 2,如图 2-45 所示。

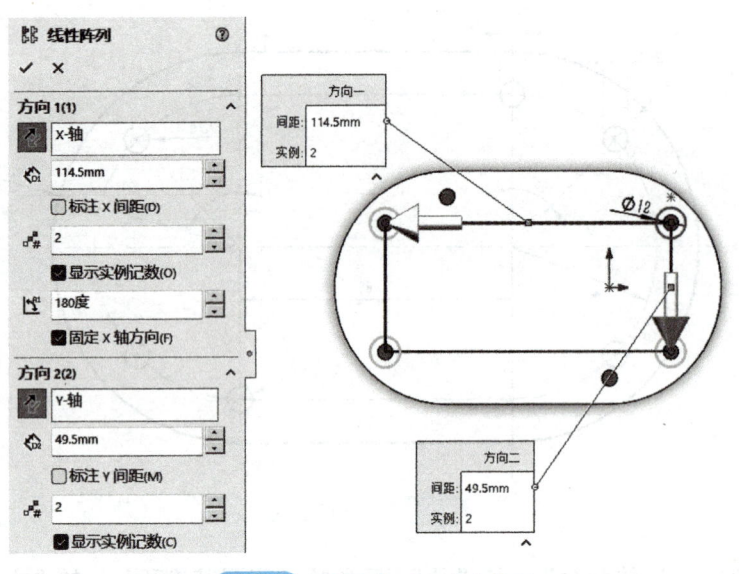

图 2-45　线性阵列沉头孔草图

步骤 5　单击"拉伸切除",在"从"下选择"草图基准面",在"方向 1"下选择"给定深度",深度设为 3mm,如图 2-46 所示。

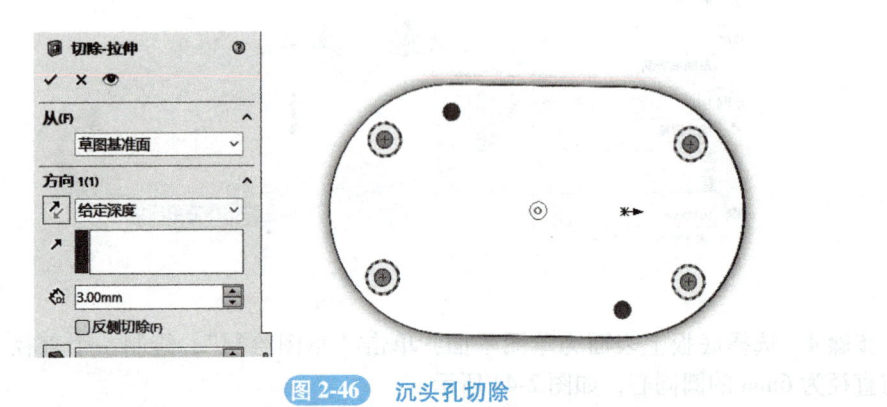

图 2-46　沉头孔切除

步骤 6　选择上视基准面为草图平面,单击"草图绘制",绘制一个直径 50mm 的圆,如图 2-47 所示。

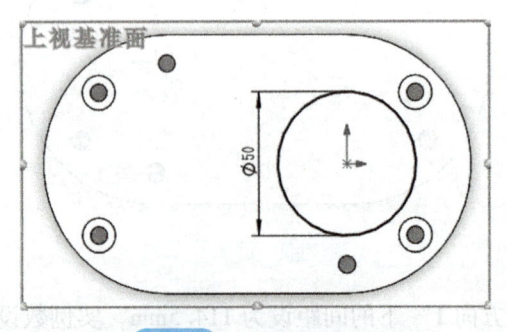

图 2-47　右侧立柱草图

步骤7 单击"拉伸凸台",在"从"下选择"等距",数值设为10mm,在"方向1"下选择"给定深度",深度设为70mm,如图2-48所示。

步骤8 选择右侧圆柱上表面为草图平面,单击"草图绘制",绘制直径分别为50mm和30mm的两个同心圆,如图2-49所示。

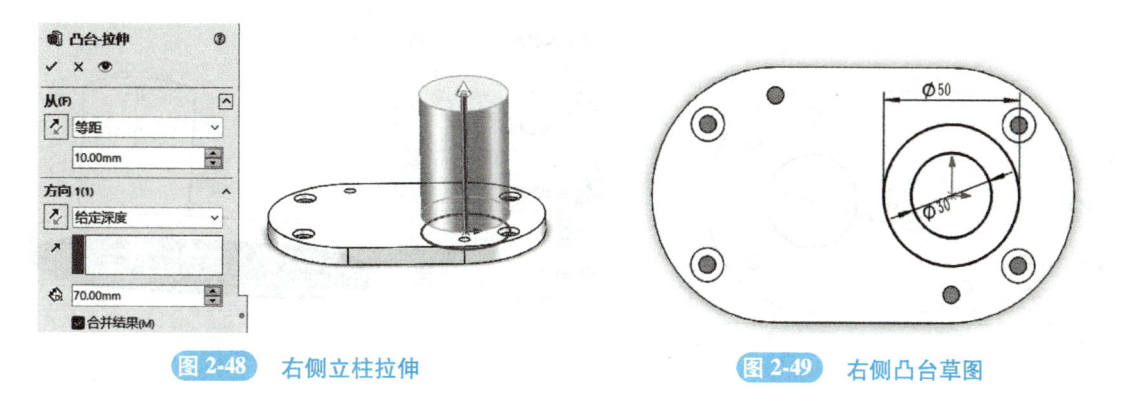

图 2-48 右侧立柱拉伸

图 2-49 右侧凸台草图

步骤9 单击"拉伸切除",在"从"下选择"草图基准面",在"方向1"下选择"给定深度",深度设为5mm,如图2-50所示。

步骤10 选择右侧圆柱上表面为草图平面,单击"草图绘制",绘制一个直径20mm的圆,如图2-51所示。

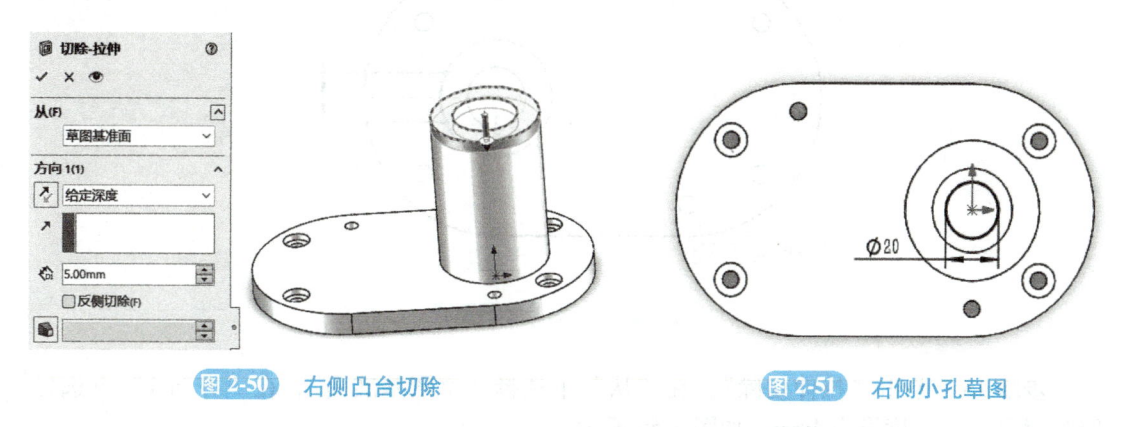

图 2-50 右侧凸台切除

图 2-51 右侧小孔草图

步骤11 单击"拉伸切除",在"从"下选择"草图基准面",在"方向1"下选择"给定深度",深度设为11mm,如图2-52所示。

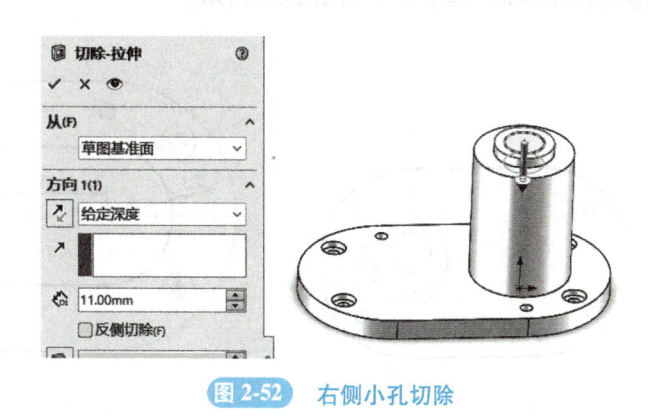

图 2-52 右侧小孔切除

步骤 12 选择上视基准面为草图平面,单击"草图绘制",绘制一个直径 38mm 的圆,如图 2-53 所示。

步骤 13 单击"拉伸切除",在"从"下选择"草图基准面",在"方向 1"下选择"给定深度",深度设为 69mm,如图 2-54 所示。

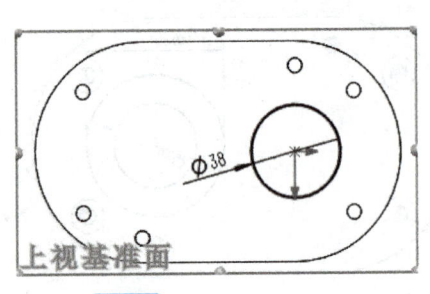

图 2-53 右侧底部孔草图

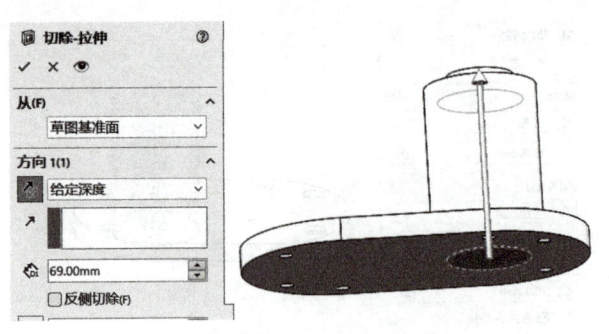

图 2-54 右侧底部孔

步骤 14 选择上视基准面为草图平面,单击"草图绘制",绘制一个宽度为 16mm 的槽,如图 2-55 所示。

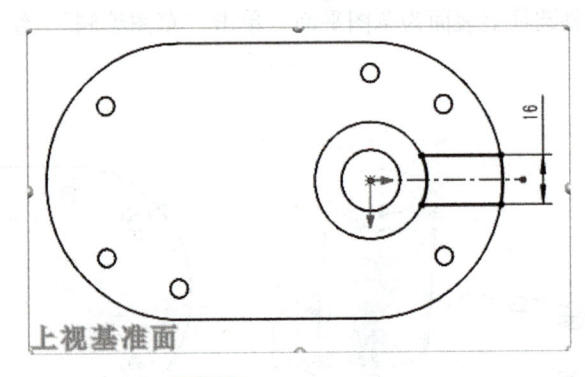

图 2-55 右侧底部槽草图

步骤 15 单击"拉伸切除",在"从"下选择"草图基准面",在"方向 1"下选择"给定深度",深度设为 4mm,如图 2-56 所示。

步骤 16 选择底板上表面为草图平面,单击"草图绘制",绘制一个半径 23mm 的半圆,其圆心距离右侧圆心 65mm,其余尺寸如图 2-57 所示。

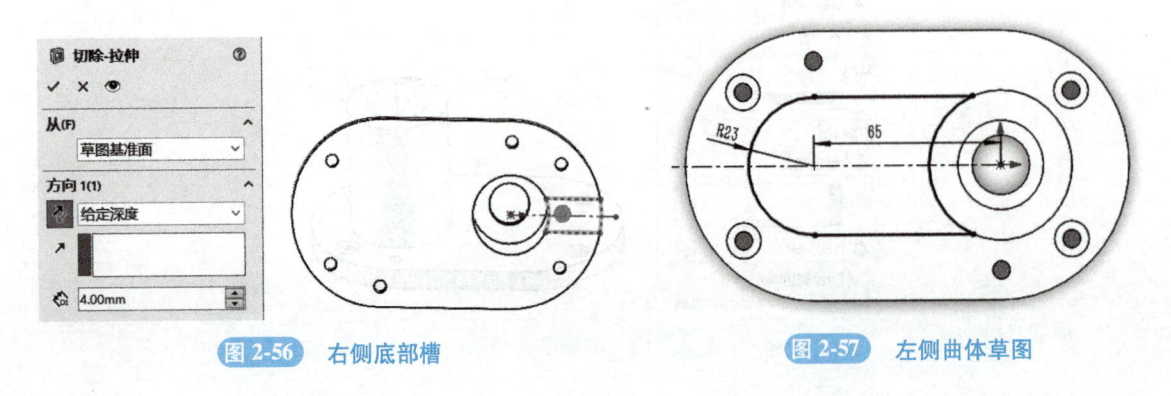

图 2-56 右侧底部槽

图 2-57 左侧曲体草图

步骤 17 单击"拉伸凸台",在"从"下选择"草图基准面",在"方向 1"下选择"给定深度",深度设为 34mm,如图 2-58 所示。

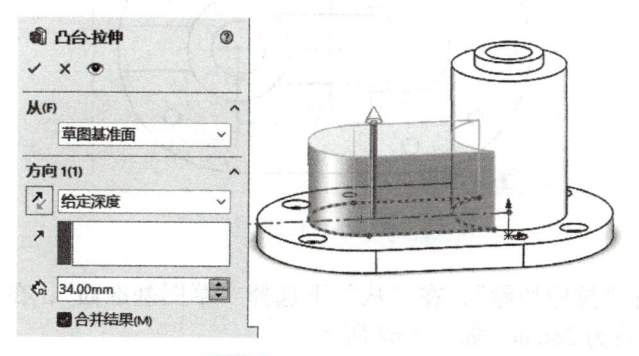

图 2-58　左侧曲体拉伸

步骤 18 选择左侧圆台上表面为草图平面,单击"草图绘制",绘制一个半径 12mm 的圆弧和一个半径 6mm 的半圆,并且二者的圆心相距 30mm,R12 圆弧与 R23 圆弧同心,如图 2-59 所示。

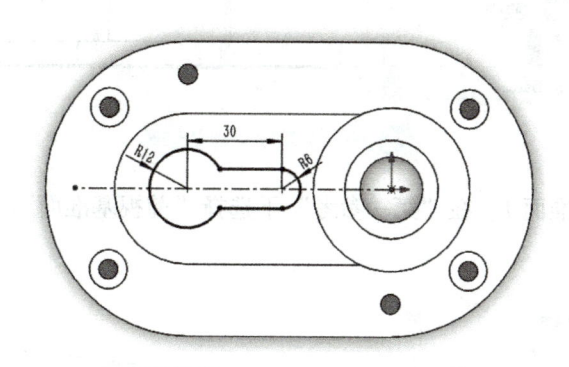

图 2-59　左侧上面曲体草图

步骤 19 单击"拉伸切除",在"从"下选择"草图基准面",在"方向 1"下选择"给定深度",深度设为 6mm,如图 2-60 所示。

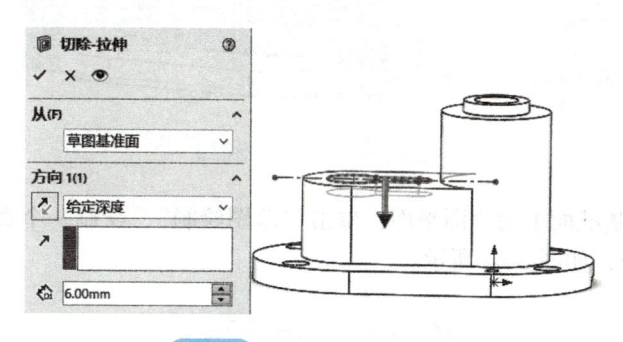

图 2-60　左侧上面曲体切除

步骤 20 选择上视基准面为草图平面,单击"草图绘制",绘制一草图,尺寸如图 2-61 所示。

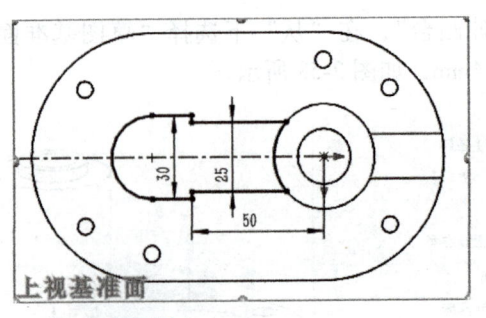

图 2-61　左侧底板曲体草图

步骤 21　单击"拉伸切除"，在"从"下选择"草图基准面"，在"方向 1"下选择"给定深度"，深度设为 38mm，如图 2-62 所示。

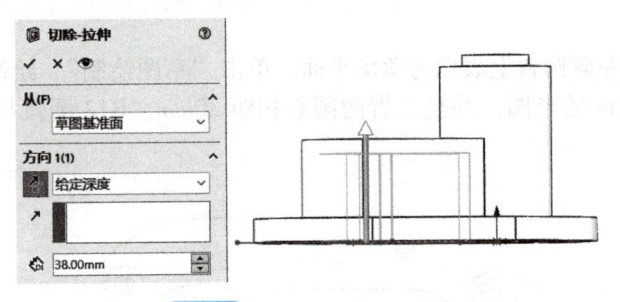

图 2-62　左侧底板曲体切除

步骤 22　新建基准面 1，在"第一参考"下选择"前视基准面"，偏移距离设为 25mm，如图 2-63 所示。

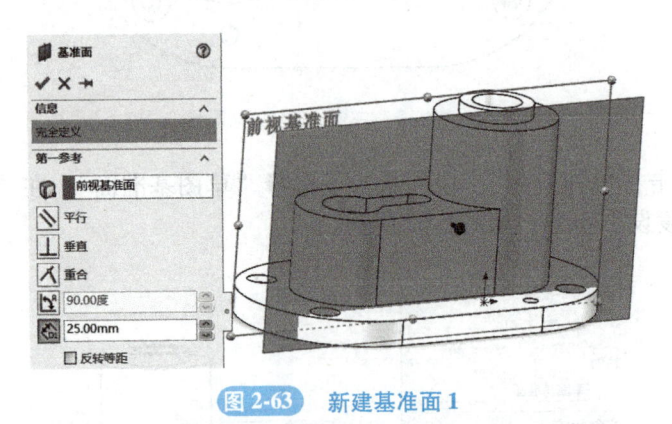

图 2-63　新建基准面 1

步骤 23　选择基准面 1 为草图平面，单击"草图绘制"，绘制一个直径 16mm 的圆，其圆心距离底面 50mm，如图 2-64 所示。

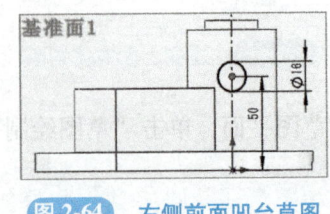

图 2-64　右侧前面凹台草图

步骤 24 单击"拉伸切除",在"从"下选择"草图基准面",在"方向 1"下选择"给定深度",深度设为 4mm,如图 2-65 所示。

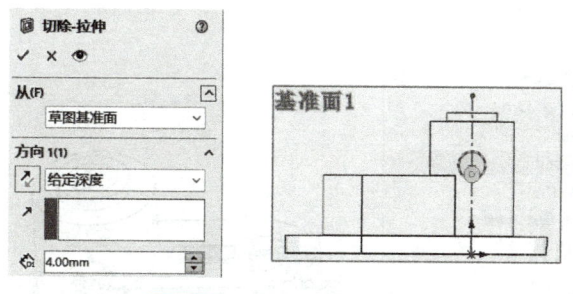

图 2-65 右侧前面凹台切除

步骤 25 选择基准面 1 为草图平面,单击"草图绘制",绘制一个直径 10mm 的圆,它与直径为 16mm 的圆同心,如图 2-66 所示。

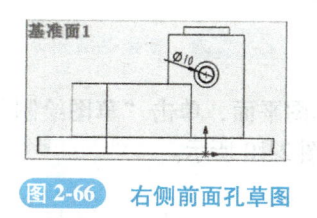

图 2-66 右侧前面孔草图

步骤 26 单击"拉伸切除",在"从"下选择"草图基准面",在"方向 1"下选择"成形到下一面",如图 2-67 所示。

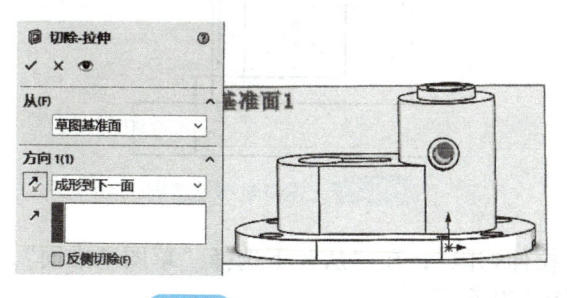

图 2-67 右侧前面孔切除

选中基准面 1,右击,单击"隐藏"。

步骤 27 选择左侧圆台上表面为草图平面,单击"草图绘制",绘制一条与水平轴线成 45°的中心线,其端点与圆弧相交,如图 2-68 所示。

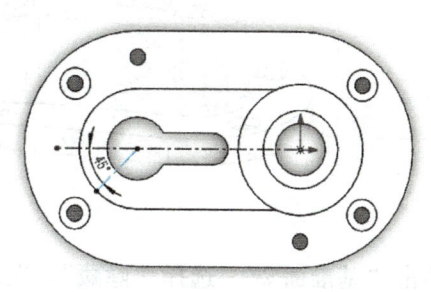

图 2-68 基准面 2 构造线草图

步骤 28 新建基准面 2，在"第一参考"下选择"点 5@ 草图 14"（即中心线与圆弧的交点）和"重合"，在"第二参考"下选择"直线 2@ 草图 14"（即构造线）和"垂直"，如图 2-69 所示。

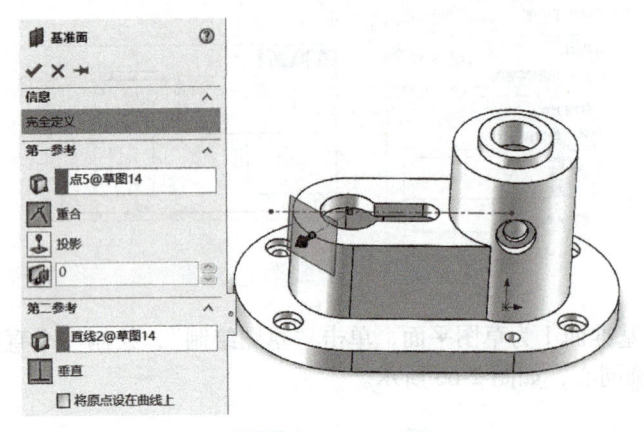

图 2-69 新建基准面 2

步骤 29 选择基准面 2 为草图平面，单击"草图绘制"，绘制一个 20mm×20mm 的矩形框，其下边线距底面 15mm，如图 2-70 所示。

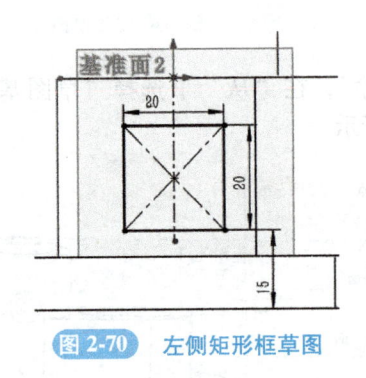

图 2-70 左侧矩形框草图

步骤 30 单击"拉伸切除"，在"从"下选择"草图基准面"，在"方向 1"下选择"成形到下一面"，如图 2-71 所示。

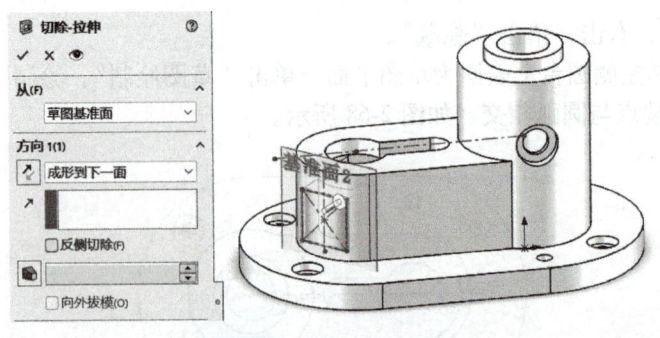

图 2-71 左侧矩形框切除

步骤 31 在设计树中单击"基准面 2"，选择"隐藏"。在设计树中右击"材质"，在

"红铜合金"中选择"黄铜"。单击右下角"自定义",文档单位选择"MMGS"。

步骤 32 在"评估"栏中,单击"质量属性",该零件的质量为 1653.56g,重心坐标值分别为 X=−28.31mm,Y=23.06mm,Z=−0.33mm,如图 2-72 所示。

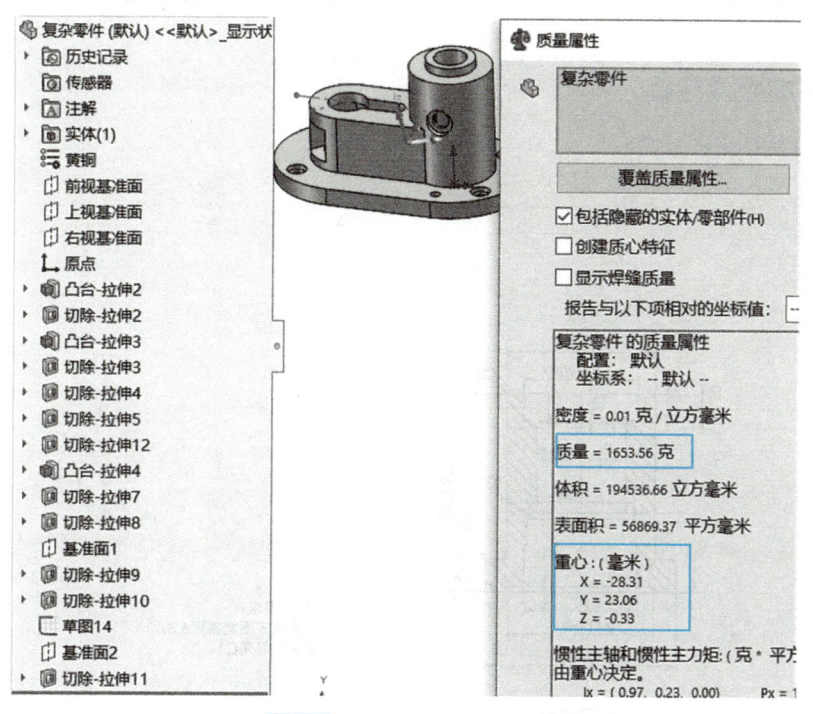

图 2-72 复杂零件质量重心

步骤 33 单击"保存",将名称为"复杂零件.sldprt"的零件保存在指定文件夹。

任务小结

模型上的同一结构,可以通过不同的特征命令来完成。灵活地绘制草图和使用特征命令,能够简化操作步骤,提高设计效率,更能方便后续零件的修改。在复杂零件建模过程中,要保持草图的简洁,不要一次完成复杂草图绘制,可分步进行,以便于后续特征的创建。复杂的几何形状可以由简单的多个实体对象组合而成。

任务4 千斤顶零件建模

千斤顶是一种起重高度小的最简单的起重设备。千斤顶主要在厂矿、交通运输等部门用于车辆修理及其他起重、支撑等任务。常用的千斤顶装置有液压千斤顶和螺纹千斤顶。其中,螺纹千斤顶也称为机械千斤顶,通过螺旋副传动,螺杆或螺母套筒作为顶举件。普通螺纹千斤顶靠螺纹自锁作用支持重物,结构简单,缺点是传动效率低、返程速度慢。

本任务选用的千斤顶装置由底座、螺套、铰杠、螺钉1、顶垫、螺钉2、螺旋杆组成。其中,两种螺钉是标准件,无须单独设计,在 SolidWorks 软件中可单击右侧"设计库"直接选用;而底座、螺套、螺旋杆、铰杠、顶垫需要自行设计和建模。

任务目标：	技能训练：
能看懂千斤顶各零件的工程图样。 掌握分析千斤顶各零件建模的步骤。 熟悉机械相关国标文件。	练习直线、圆角、倒角等草图命令。 练习旋转凸台、异型孔向导、圆周阵列等特征命令。 练习"设计库"国标件选用。

一、底座零件建模

1. 工程图（见图2-73）

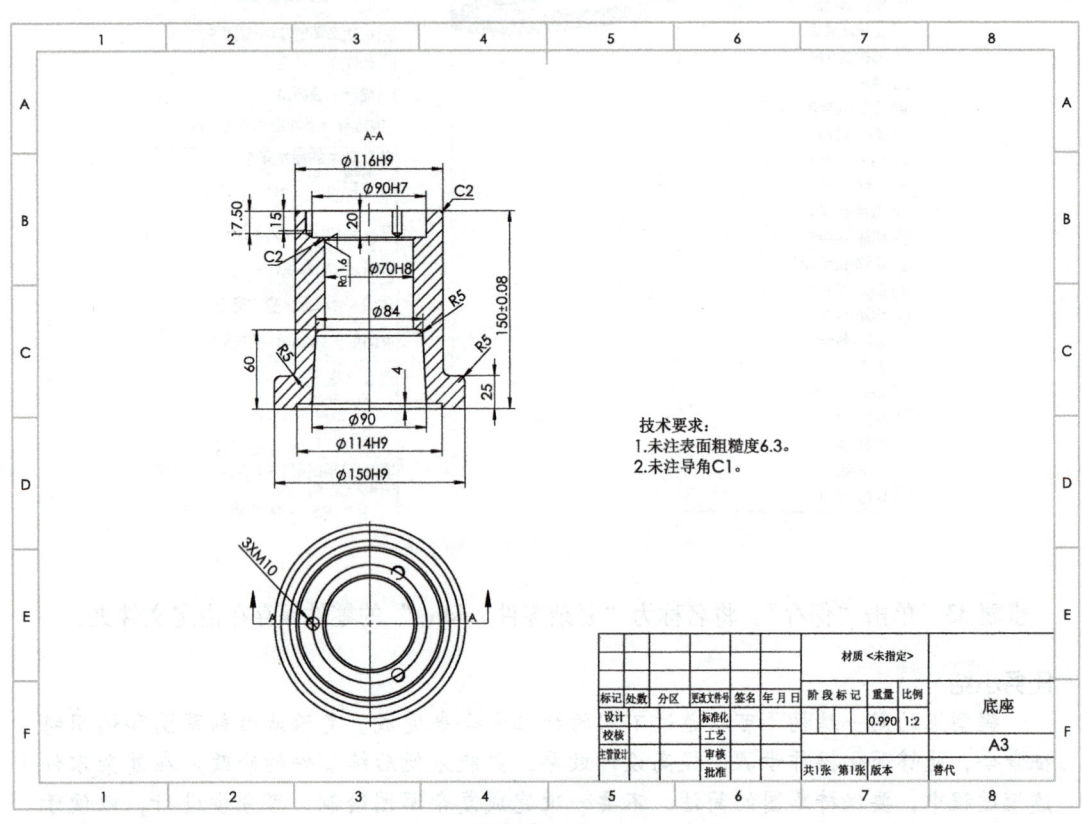

图 2-73 工程图

2. 参考建模步骤

该零件可以采用旋转凸台、异型孔向导、圆周阵列等命令进行建模，参考建模步骤如图2-74所示。

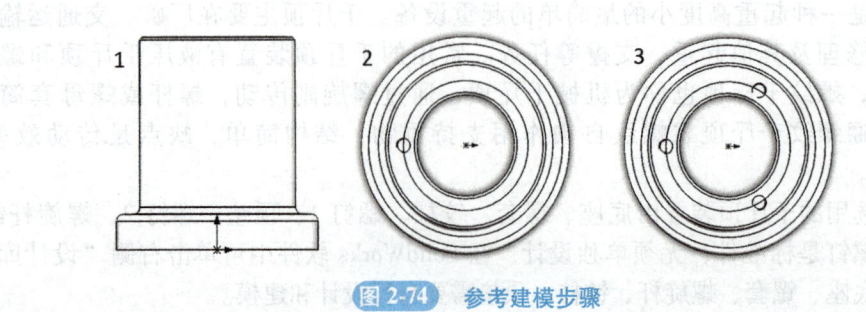

图 2-74 参考建模步骤

3. 建模过程

步骤 1 新建一个零件，名称为"底座.sldprt"。

步骤 2 选择前视基准面为草图平面，单击"草图绘制"，绘制旋转类零件草图，倒角为 C2，圆角为 R5，其余尺寸如图 2-75 所示。

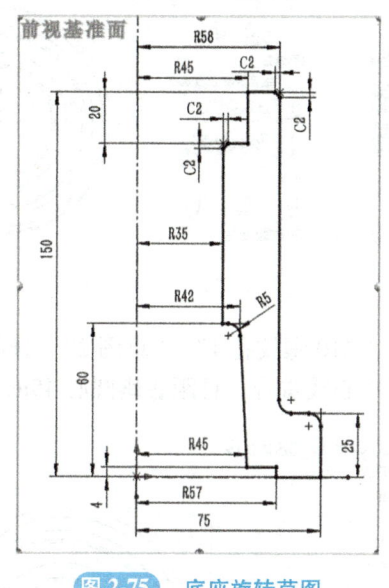

图 2-75 底座旋转草图

步骤 3 单击"旋转凸台"，在"旋转轴"下选择"直线 1@草图 1"（中心线），在"方向 1"下将角度设为 360°，如图 2-76 所示。

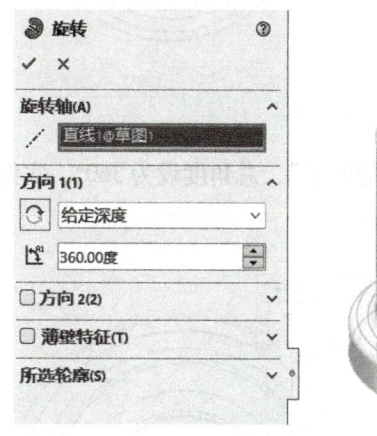

图 2-76 底座旋转

步骤 4 单击"异型孔向导"，在"类型"选项卡中，孔类型选择"直螺纹孔"（第 2 行第 1 列），标准选择"GB"，类型选择"底部螺纹孔"，在"孔规格"下将大小设为"M10"，在"终止条件"下选择"给定深度"，参数设为 17.5mm，在"螺纹线"下选择"给定深度"，参数设为 15mm；在"选项"下选择"装饰螺纹线"，勾选"带螺纹标注"。在"位置"选项卡中，不用 3D 草图，在底座上表面任意位置（实体）单击，按<Enter>键确定，如图 2-77 所示。

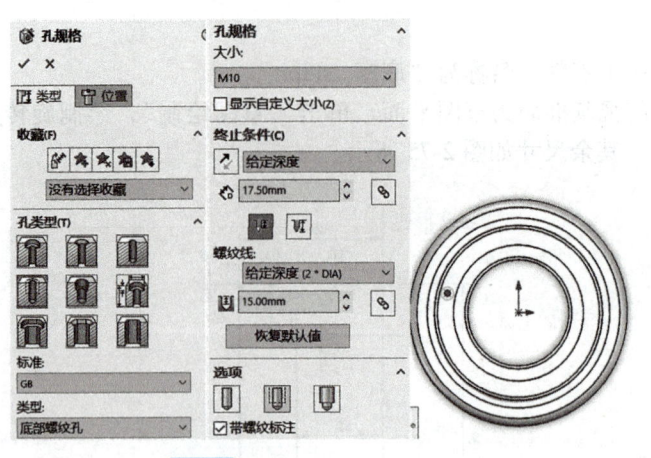

图 2-77　底座生成 M10 螺纹孔

步骤 5　在设计树中单击"M10 螺纹孔 1"→"草图 2",选择"编辑草图",确定异型孔圆心的位置,设该圆心与水平中心线重合,且距底座圆心 45mm,如图 2-78 所示。

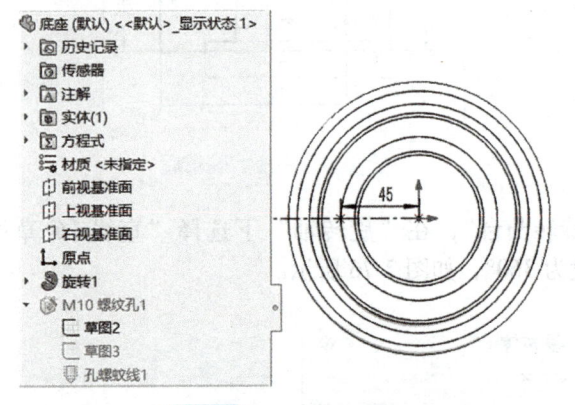

图 2-78　修改草图位置

步骤 6　单击"圆周阵列",选中"等间距",总角度设为 360°,实例数设为 3,如图 2-79 所示。

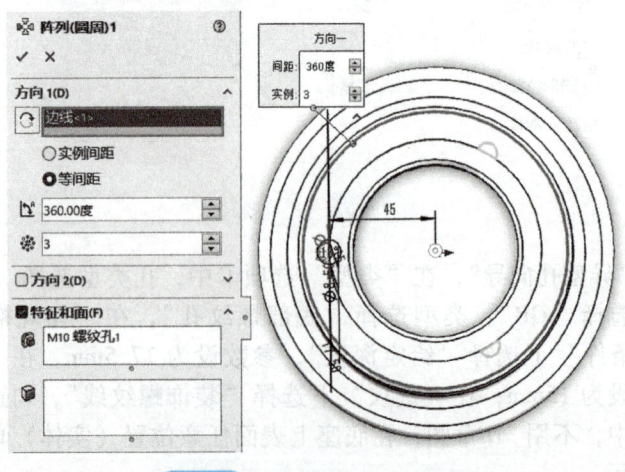

图 2-79　圆周阵列 3 个螺纹孔

单击"确定",完成阵列,然后完成底座建模,如图2-80所示。

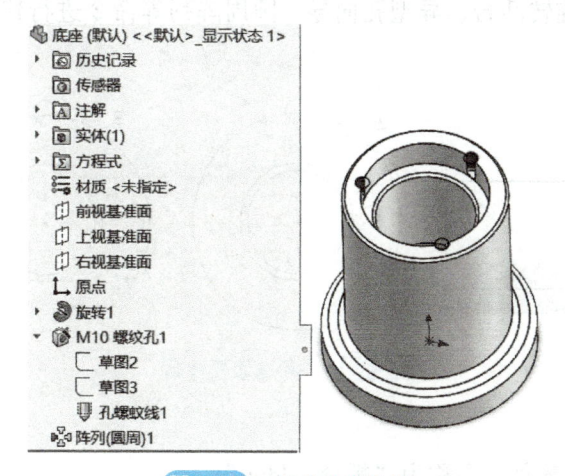

图 2-80　完成底座建模

步骤7　单击"保存",将名称为"底座.sldprt"的零件保存在指定文件夹。

二、螺套建模

1. 工程图(见图2-81)

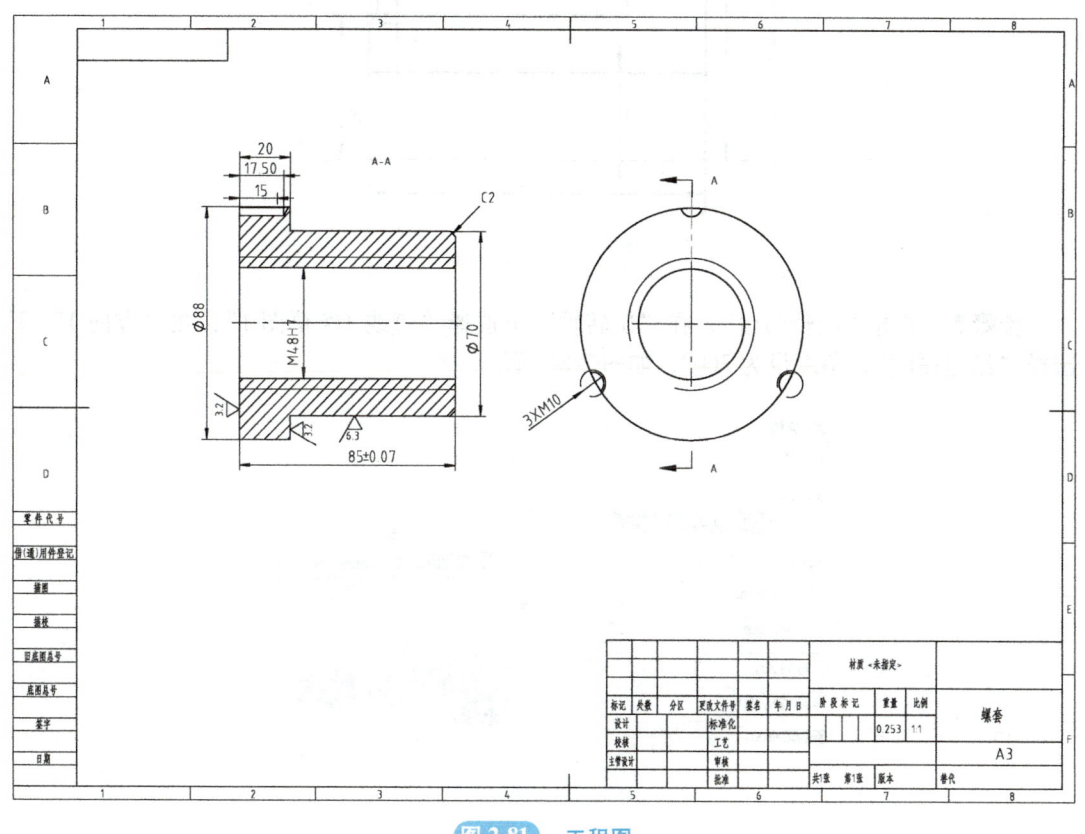

图 2-81　工程图

2. 参考建模步骤

该零件可以采用旋转凸台、异型孔向导、圆周阵列等命令进行建模，参考建模步骤如图 2-82 所示。

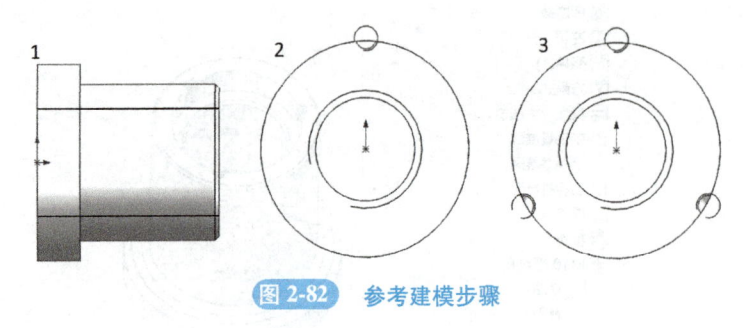

图 2-82　参考建模步骤

3. 建模过程

步骤 1　新建一个零件，名称为"螺套.sldprt"。

步骤 2　选择前视基准面为草图平面，单击"草图绘制"，绘制旋转类零件草图，尺寸如图 2-83 所示。

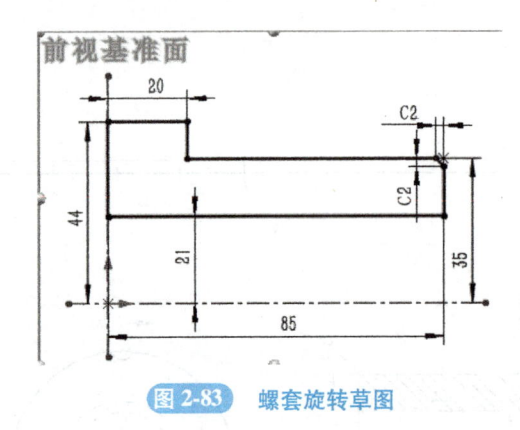

图 2-83　螺套旋转草图

步骤 3　单击"旋转凸台"，在"旋转轴"下选择"直线1@草图1"，在"方向1"下选择"给定深度"，角度设为360°，如图 2-84 所示。

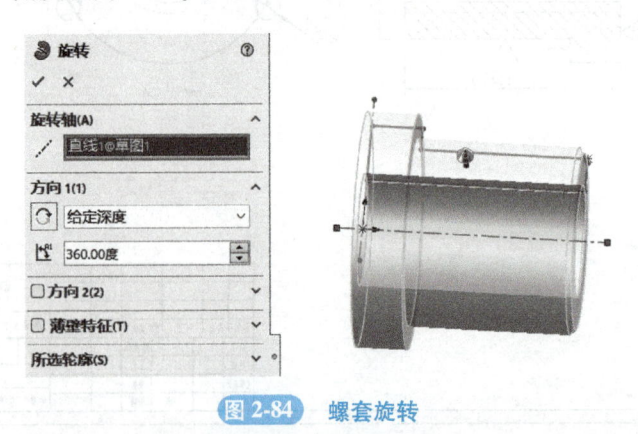

图 2-84　螺套旋转

步骤 4　在菜单栏单击"插入"→"注解"→"装饰螺纹线"，在"螺纹设定"下选择"边线<1>"，标准选择"GB"，类型选择"机械螺纹"，大小选择"M48"，并选择"成形到下

一面"，如图 2-85 所示。

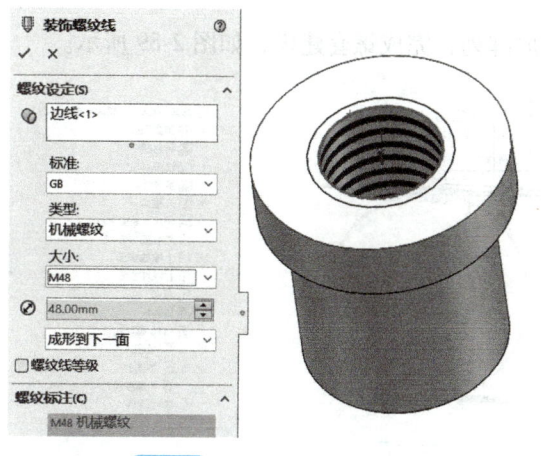

图 2-85 插入装饰螺纹线

步骤 5 单击"异型孔向导"，螺纹孔的设置与底座中螺纹孔相同，如图 2-86 所示。

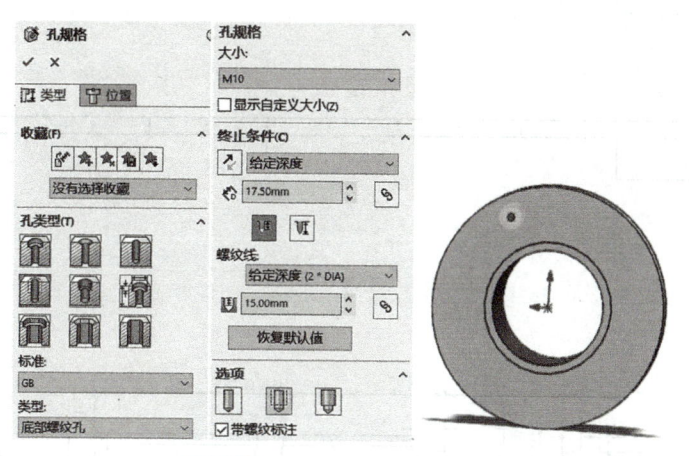

图 2-86 螺套生成 M10 螺纹孔

步骤 6 修改草图。在设计树中单击"M10 螺纹孔 1"→"草图 2"，选择"编辑草图"，确定异型孔圆心的位置，设该圆心与垂直中心线重合，且距底座圆心 45mm（与底座配合后同心），如图 2-87 所示。

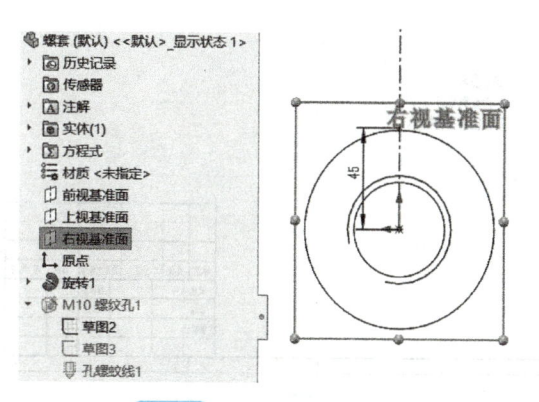

图 2-87 修改固定孔位置

步骤7 单击"圆周阵列",选中"等间距",总角度设为360°,实例数设为3,如图2-88所示。

单击"确定",完成阵列,完成螺套建模,如图2-89所示。

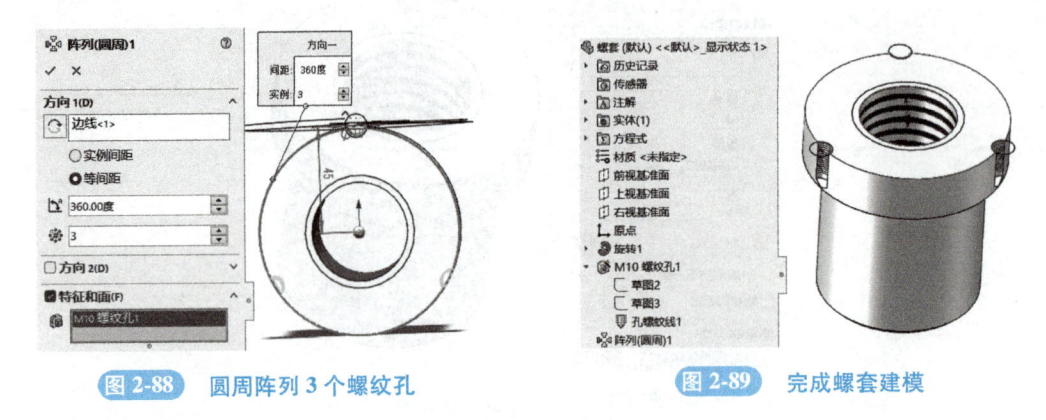

图2-88 圆周阵列3个螺纹孔

图2-89 完成螺套建模

步骤8 单击"保存",将名称为"螺套.sldprt"的零件保存在指定文件夹。

三、螺旋杆建模

1. 工程图(见图2-90)

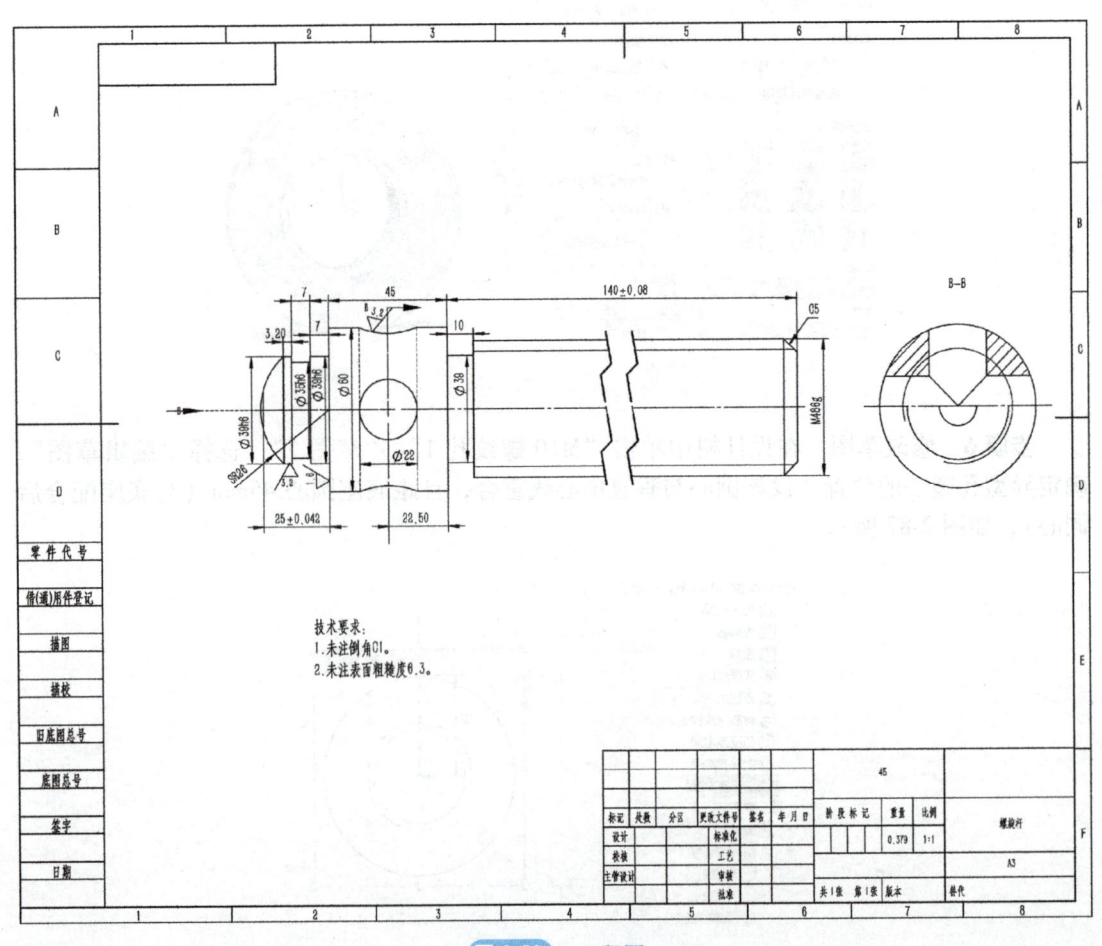

图2-90 工程图

2. 参考建模步骤

该零件可以采用旋转凸台、拉伸切除、倒角等命令进行建模，参考建模步骤如图 2-91 所示。

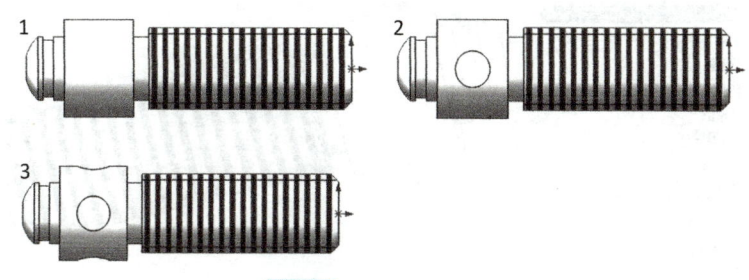

图 2-91　参考建模步骤

3. 建模过程

步骤 1　新建一个零件，名称为"螺旋杆 . sldprt"。

步骤 2　选择前视基准面为草图平面，单击"草图绘制"，绘制螺旋杆旋转草图，尺寸如图 2-92 所示。

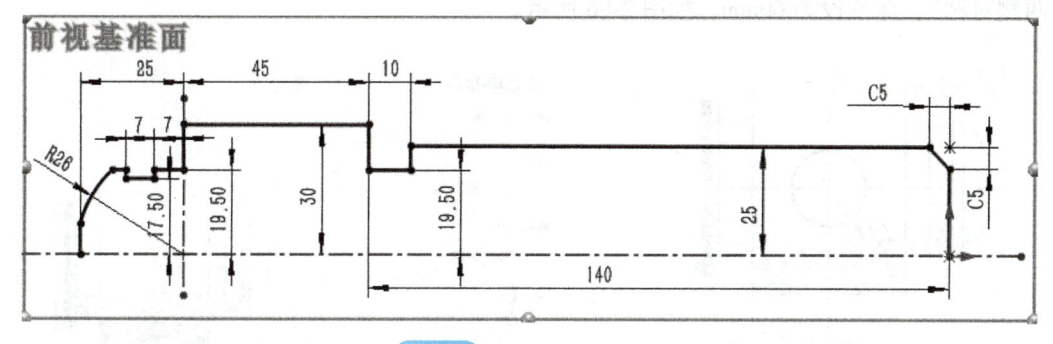

图 2-92　螺旋杆旋转草图

步骤 3　单击"旋转凸台"，在"旋转轴"下选择"直线18@草图1"，在"方向1"下选择"给定深度"，角度设为360°，如图 2-93 所示。

图 2-93　螺旋杆旋转

步骤 4　在菜单栏单击"插入"→"注解"→"装饰螺纹线"，在"螺纹设定"下，"圆形边线"选择"边线<1>"，标准选择"GB"，类型选择"机械螺纹"，大小选择"M48"，并选择"成形到下一面"，如图 2-94 所示。

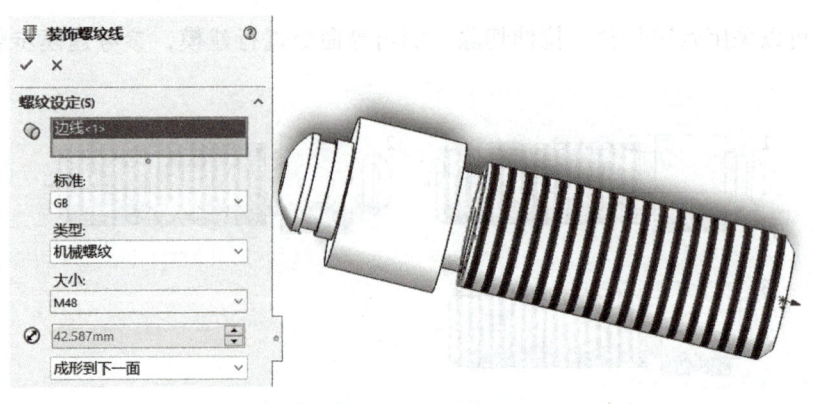

图 2-94 插入装饰螺纹线

单击"确定",保存螺纹线设置。

步骤 5 选择前视基准面为草图平面,单击"草图绘制",画一个直径 22mm 的圆,其圆心距右边线 22.5mm,如图 2-95 所示。

步骤 6 单击"拉伸切除",在"从"下选择"草图基准面",在"方向 1"下选择"两侧对称",深度设为 60mm,如图 2-96 所示。

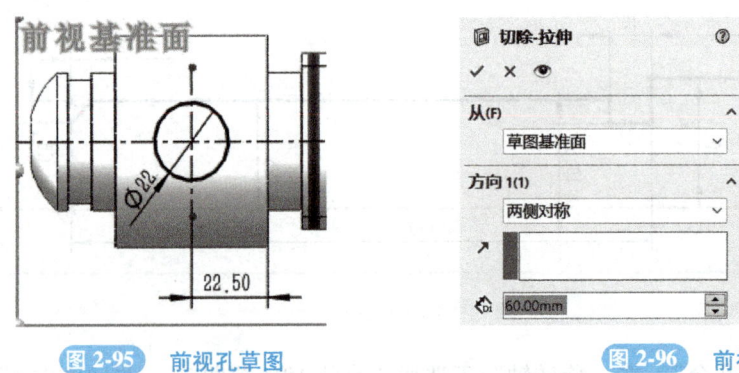

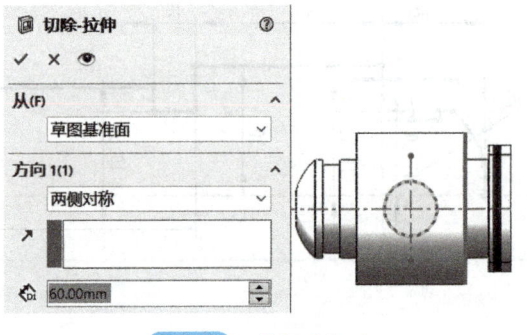

图 2-95 前视孔草图

图 2-96 前视孔切除

步骤 7 选择上视基准面,单击"草图绘制",画一个直径 22mm 的圆,其圆心距右边线 22.5mm,如图 2-97 所示。

步骤 8 单击"拉伸切除",在"从"下选择"草图基准面",在"方向 1"下选择"两侧对称",深度设为 60mm,如图 2-98 所示。

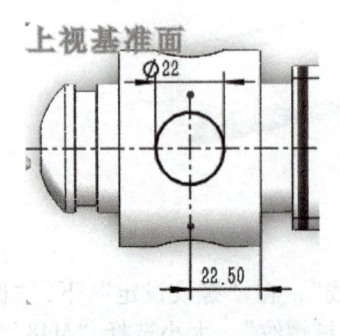

图 2-97 上视孔草图

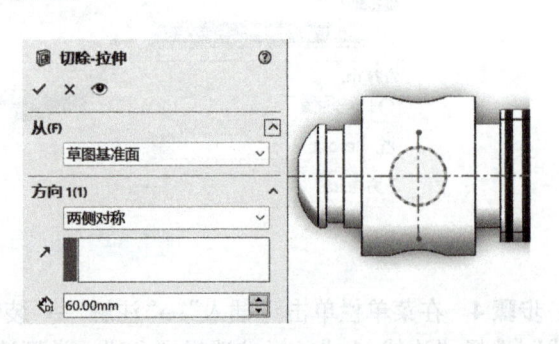

图 2-98 上视孔切除

单击"确定",完成螺旋杆建模,如图2-99所示。

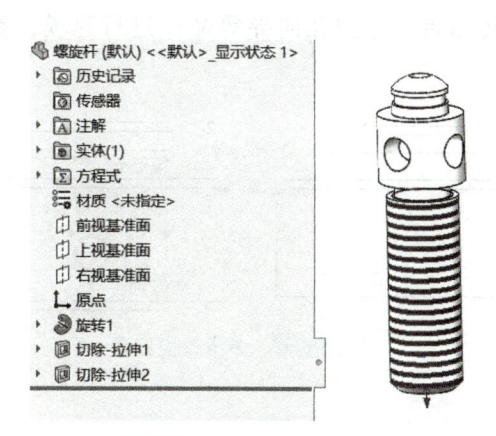

图 2-99 完成螺旋杆建模

步骤9　单击"保存",将名称为"螺旋杆.sldprt"的零件保存在指定文件夹。

四、顶垫建模

1. 工程图(见图2-100)

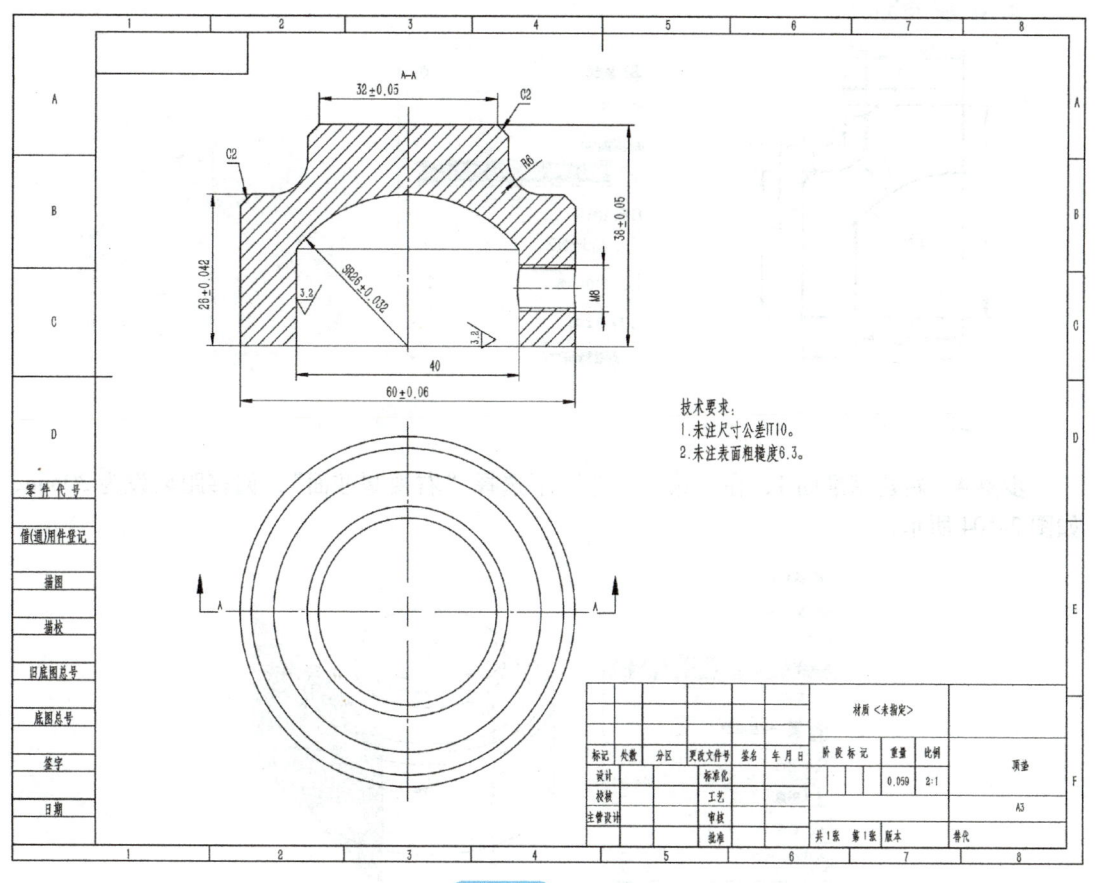

图 2-100 工程图

2. 参考建模步骤

该零件可以采用旋转凸台、异型孔向导等命令进行建模，参考建模步骤如图 2-101 所示。

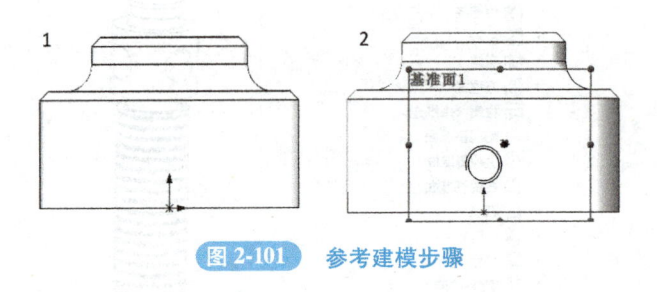

图 2-101　参考建模步骤

3. 建模过程

步骤 1　新建一个零件，名称为"顶垫.sldprt"。

步骤 2　选择前视基准面为草图平面，单击"草图绘制"，绘制旋转类零件草图，倒角为 C2，圆角为 R6，其余尺寸如图 2-102 所示。

步骤 3　单击"旋转凸台"，在"旋转轴"下选择"直线 1@草图 1"，在"方向 1"下选择"给定深度"，角度设为 360°，如图 2-103 所示。

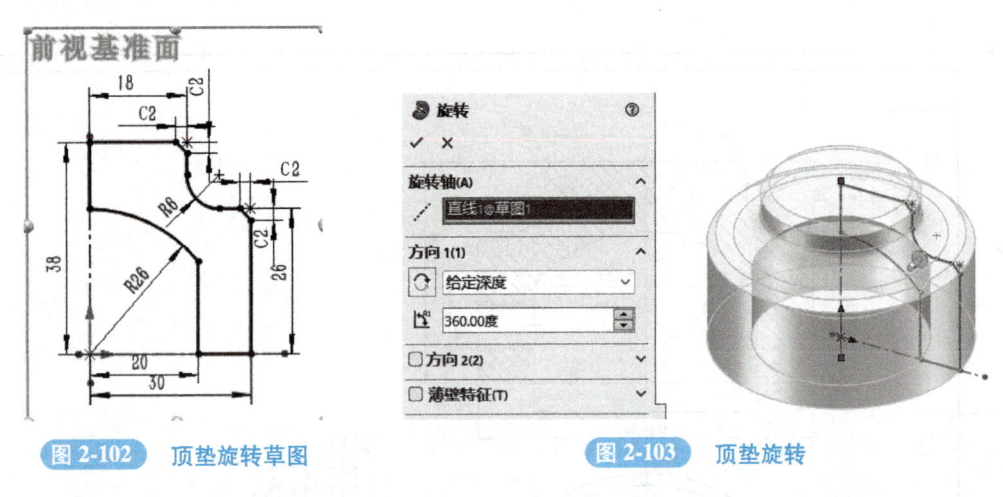

图 2-102　顶垫旋转草图

图 2-103　顶垫旋转

步骤 4　新建基准面 1，在"第一参考"下选择"右视基准面"，偏移距离设为 30mm，如图 2-104 所示。

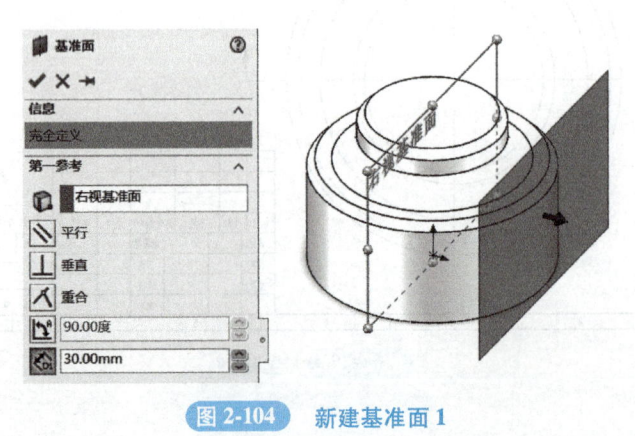

图 2-104　新建基准面 1

步骤 5　在基准面 1 上打一个异型孔。单击"异型孔向导",在"类型"选项卡中,孔类型选择"直螺纹孔",标准选择"GB",类型选择"螺纹孔";在"孔规格"下将大小设为 M8,在"终止条件"下选择"成形到下一面",螺纹线选择"成形到下一面";在"位置"选择卡中,不用 3D 草图,在基准面 1 任意位置单击,按<Enter>键确定,如图 2-105 所示。

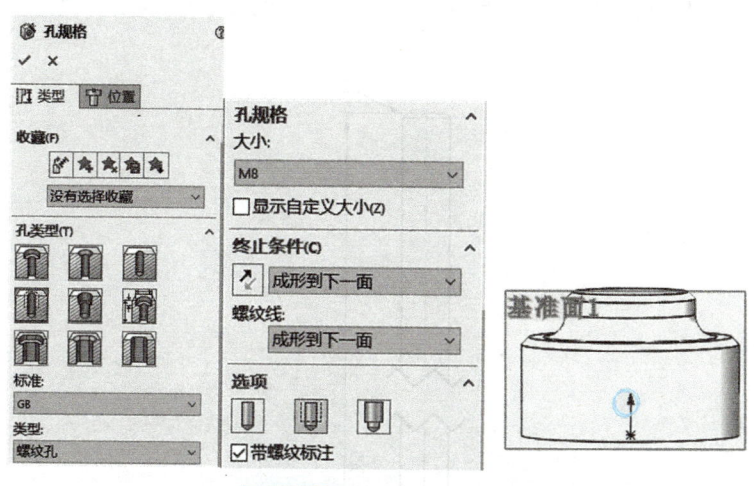

图 2-105　生成 M8 螺纹孔

步骤 6　在设计树中单击"螺纹孔 1"→"草图 2",选择"编辑草图",螺纹孔圆心在垂直中心线上,且距底面 10mm,如图 2-106 所示。

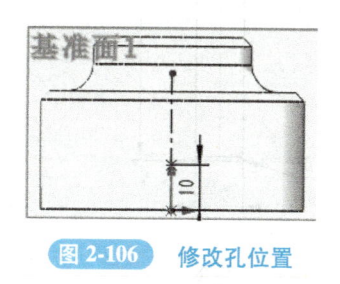

图 2-106　修改孔位置

单击"确定",完成顶垫建模。在设计树中选中"基准面 1",单击"隐藏",如图 2-107 所示。

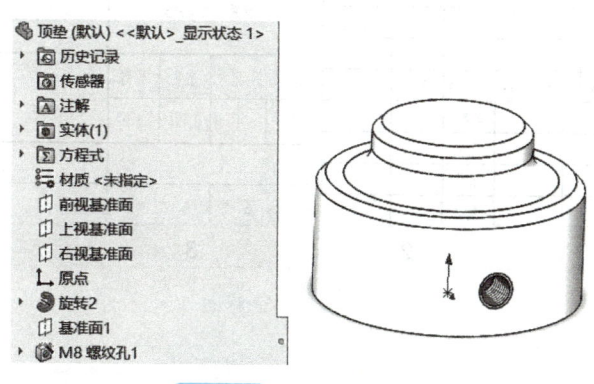

图 2-107　完成顶垫建模

步骤 7 单击 "保存"，将名称为 "顶垫 . sldprt" 的零件保存在指定文件夹。

五、铰杠建模

1. 工程图（见图 2-108）

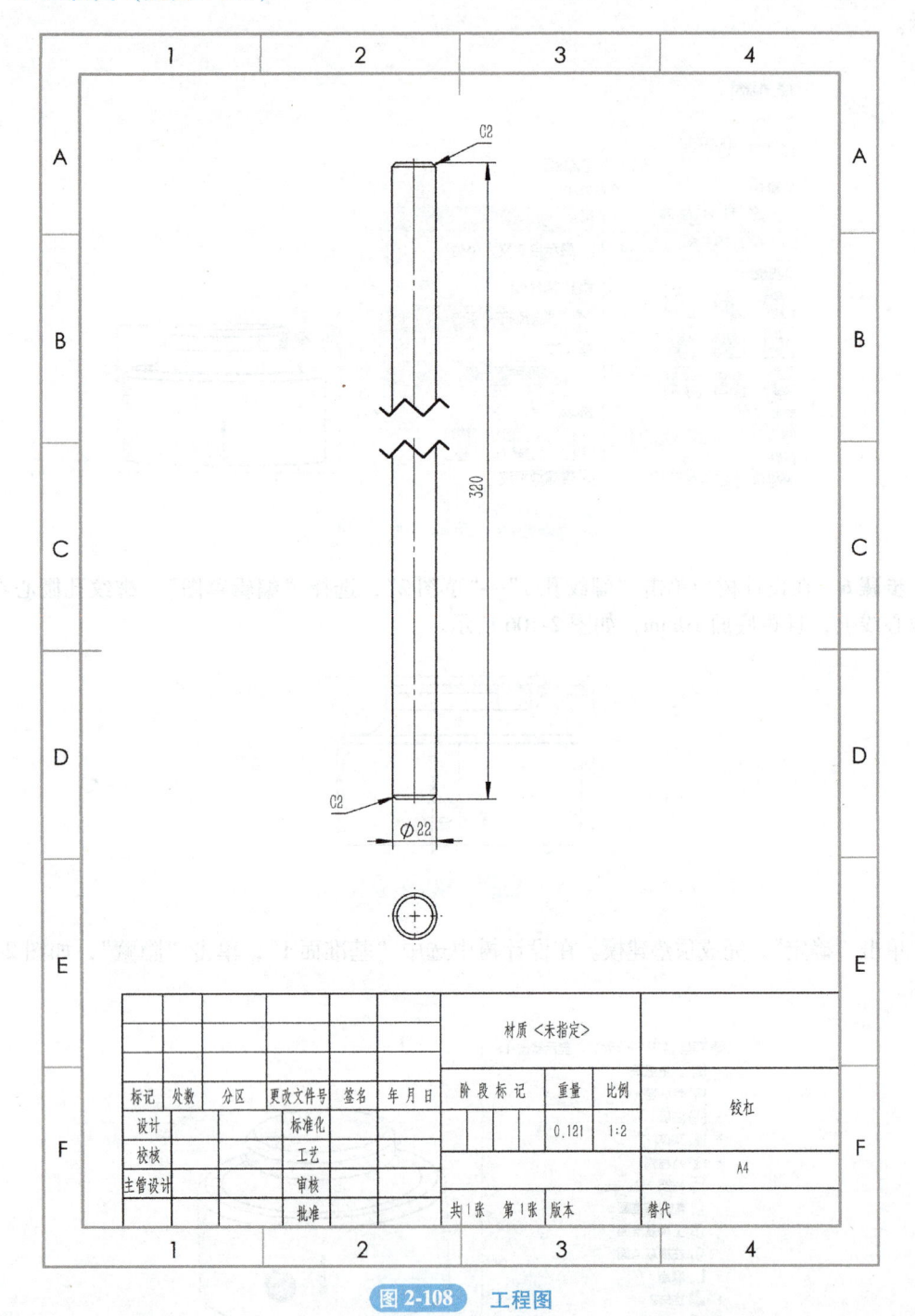

图 2-108 工程图

2. 参考建模步骤

该零件可以采用拉伸凸台、倒角等命令进行建模，参考建模步骤如图 2-109 所示。

图 2-109　参考建模步骤

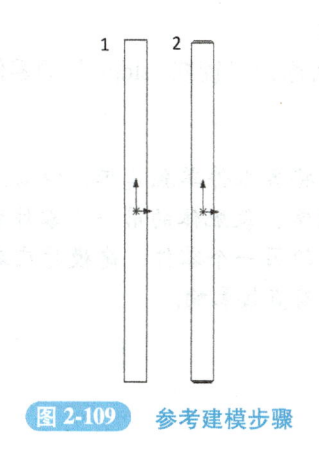

3. 建模过程

步骤 1　新建一个零件，名称为"铰杠.sldprt"。

步骤 2　选择上视基准面为草图平面，单击"草图绘制"，画一个直径 22mm 的圆，如图 2-110 所示。

步骤 3　单击"拉伸凸台"，在"从"下选择"草图基准面"，在"方向 1"下选择"两侧对称"，深度设为 320mm，如图 2-111 所示。

图 2-110　铰杠草图

图 2-111　铰杠拉伸

步骤 4　单击"倒角"，在"倒角参数"下将距离设为 2mm，角度设为 45°，如图 2-112 所示。

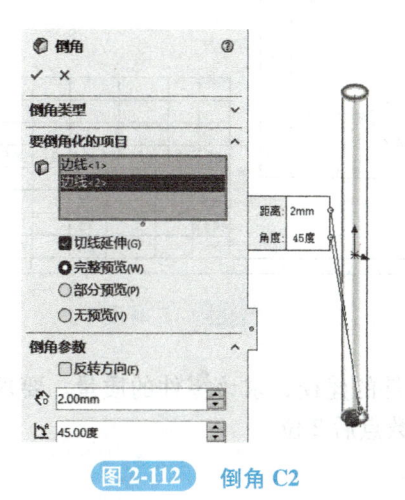

图 2-112　倒角 C2

单击"确定",完成铰杠建模。

步骤 5　单击"保存",将名称为"铰杠.sldprt"的零件保存在指定文件夹。

任务小结

装配体零件的设计思路是将各零件单独建模,但需注意从有配合关系的零件或特征获取相关的尺寸等信息。通常,装配体的第一个零件装配时,该零件固定不动。本任务中,底座是千斤顶装配体的第一个零件,建模时应考虑底座原点位置和草图基准面的选择,这对装配体的重心有直接影响。

练习与提高

1. 完成图 2-113 所示零件的建模,并求该零件的质量。要求:原点位置任意,单位选择"MMGS",计算结果保留小数点后 2 位。

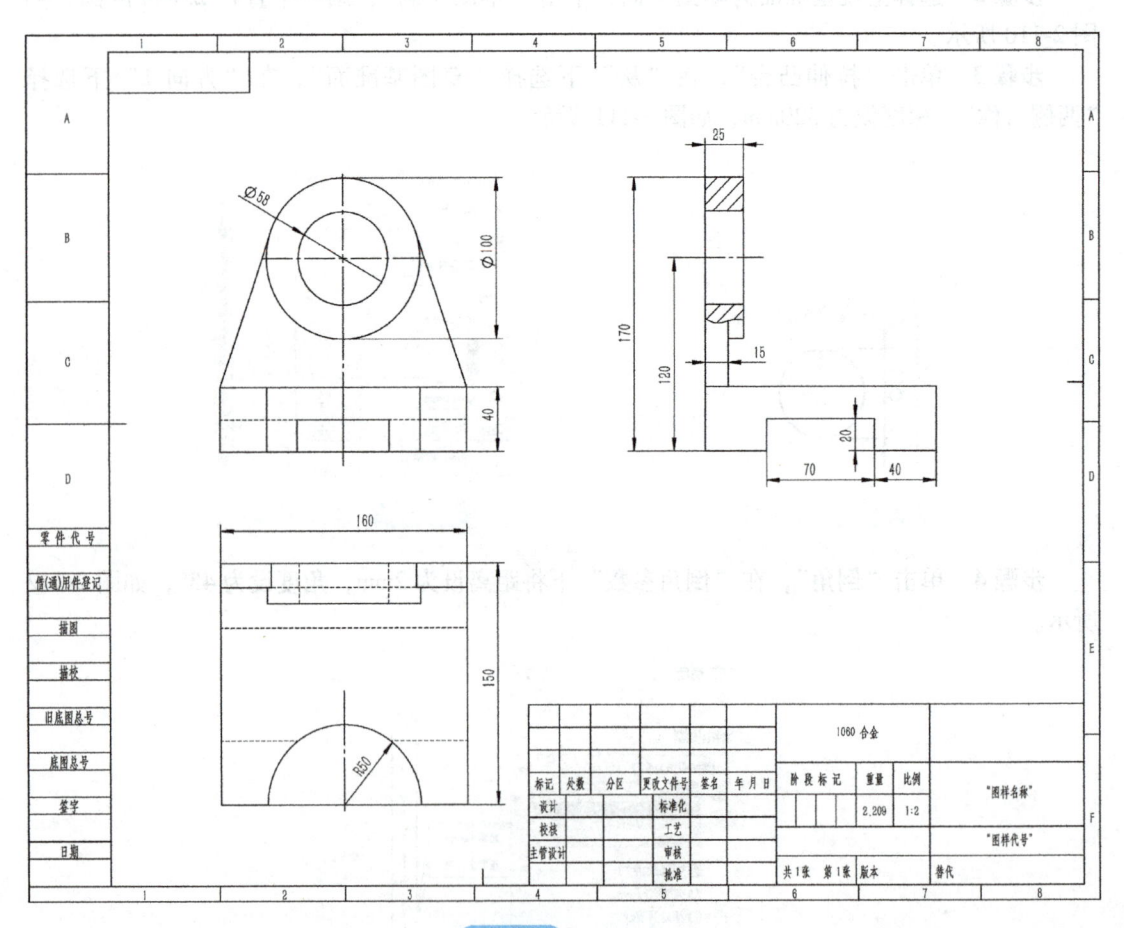

图 2-113　工程图 1

2. 完成图 2-114 所示零件的建模,求该零件的质量。要求:原点位置任意,单位选择"MMGS",计算结果保留小数点后 2 位。

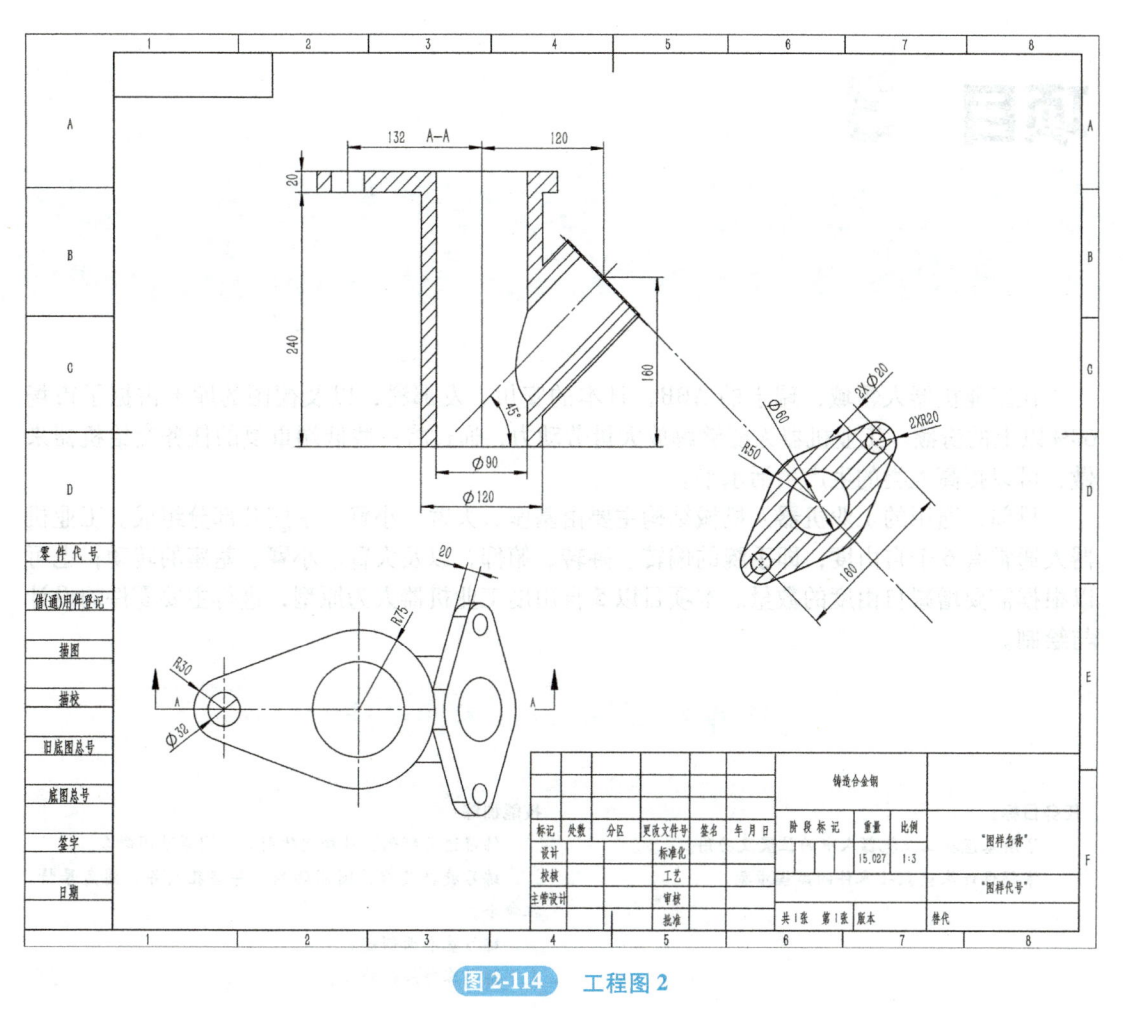

图 2-114　工程图 2

项目 3

工业机器人本体设计

在工业机器人领域，瑞士的 ABB，日本的安川、发那科，以及德国的库卡占据了市场 60%以上的份额。工业机器人能够解放大量劳动力，通过将一些低端重复的任务交给机器来做，可以提高人类的生产生活水平。

目前，通用的工业机器人机械结构主要由基座、大臂、小臂、手腕几部分组成。工业机器人通常有 6 个自由度，即手腕的偏转、翻转、俯仰，以及大臂、小臂、基座的转动；也可以根据需要增减自由度的数量。本项目以 5 自由度工业机器人为原型，进行主要零件的设计与绘制。

任务 1　基座 J1-1 零件设计

任务目标：
了解基座在工业机器人中的位置及功用。
掌握设计基座 J1-1 零件的建模步骤。

技能训练：
练习边角矩形、转换实体引用、圆等草图命令。
练习旋转凸台、圆周阵列、异型孔向导、圆角等特征命令。
练习基准面创建。
练习零件编辑外观。

一、任务引入

基座固定部分 J1-1 位于机器人底部，通过在基座固定板处安装地脚螺钉实现机器人的本体定位，并通过与基座旋转部分 J1-2 配合，带动机器人本体转动。基座 J1-1 零件在工业机器人中的位置如图 3-1 所示。

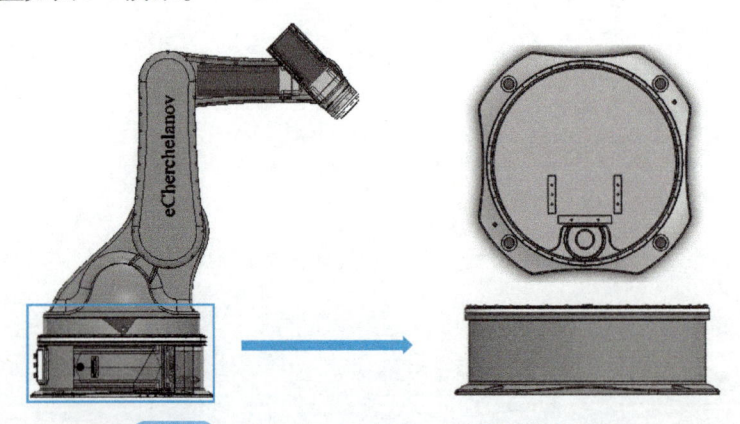

图 3-1　基座 J1-1 零件在工业机器人中的位置

二、基座 J1-1 零件建模过程

1. 新建零件

步骤 1　单击工具栏中的"新建",选择"零件",单击"确定",新建一个零件,将该零件命名为"基座 J1-1 零件 . sldprt",并保存到指定文件夹。

2. 绘制环形外轮廓

步骤 2　选择前视基准面为草图平面,单击"草图绘制",画一圆周环形草图,尺寸如图 3-2 所示。

步骤 3　单击"旋转凸台",在"方向 1"下选择"给定深度",角度设为 360°,如图 3-3 所示。

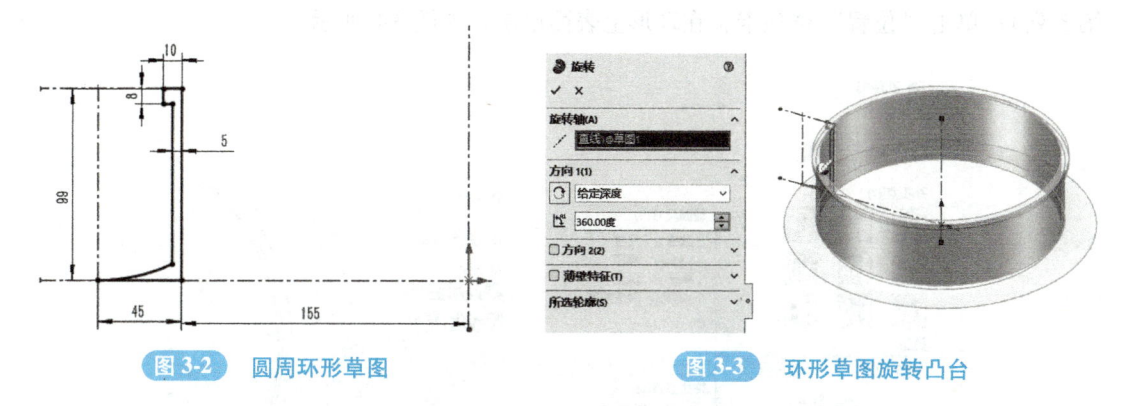

图 3-2　圆周环形草图

图 3-3　环形草图旋转凸台

步骤 4　选择右视基准面为草图平面,单击"草图绘制",画一矩形草图,尺寸如图 3-4 所示。

步骤 5　单击"拉伸切除",在"从"下选择"草图基准面",在"方向 1"下选择"给定深度",深度设为 180mm,如图 3-5 所示。

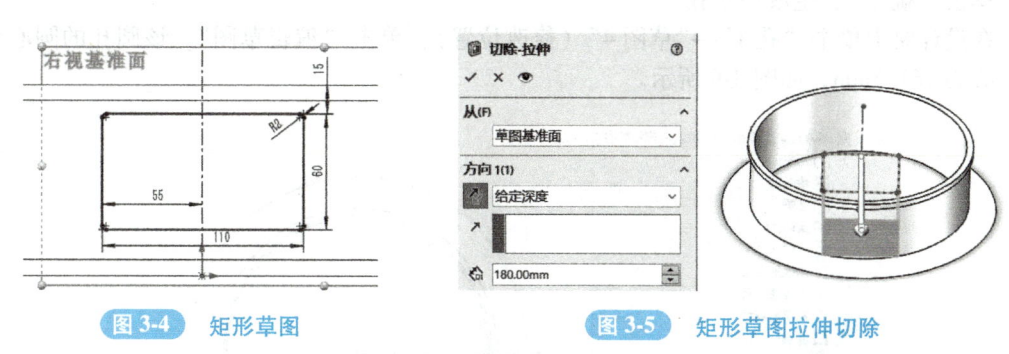

图 3-4　矩形草图

图 3-5　矩形草图拉伸切除

步骤 6　选择上表面为草图平面,单击"草图绘制",画直径分别为 316mm 和 310mm 的两个圆,如图 3-6 所示。

步骤 7　单击"拉伸切除",在"从"下选择"草图基准面",在"方向 1"下选择"给定深度",深度设为 3mm,如图 3-7 所示。

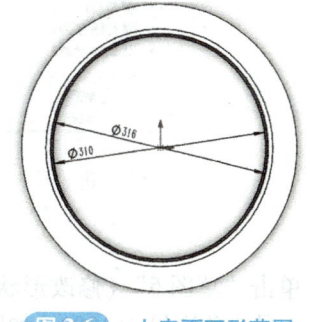

图 3-6　上表面环形草图

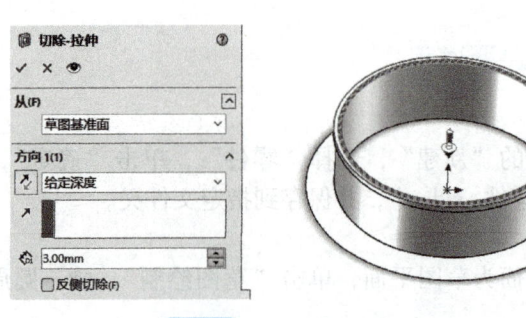

图 3-7　环形草图拉伸切除

步骤 8　单击"异型孔向导",在"类型"选项卡中,孔类型选择"旧制孔"(第 2 行第 3 列);单击"位置"选项卡,在环形上表面单击,如图 3-8 所示。

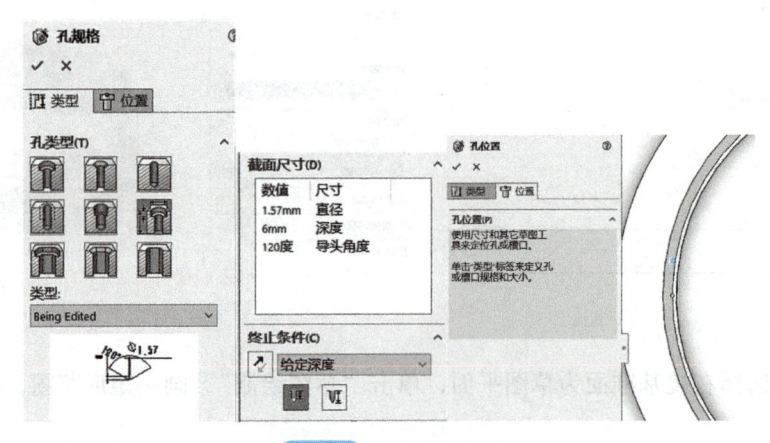

图 3-8　生成异型孔

单击"确定",生成一小孔。

在设计树中单击"孔 1"→"草图 4"(修改位置),单击"编辑草图",该圆孔的圆心距环形圆心 161.5mm,如图 3-9 所示。

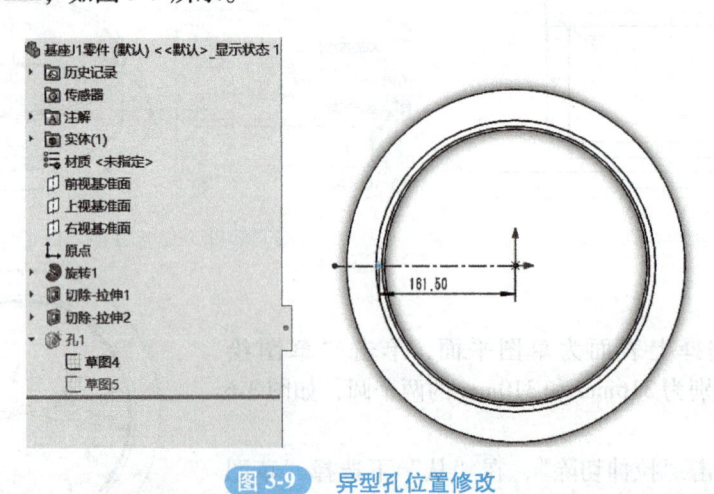

图 3-9　异型孔位置修改

单击"草图 5"(修改形状),单击"编辑草图",该圆孔直径设为 1.57mm,深度设为 6mm,导头角度设为 120°,如图 3-10 所示。

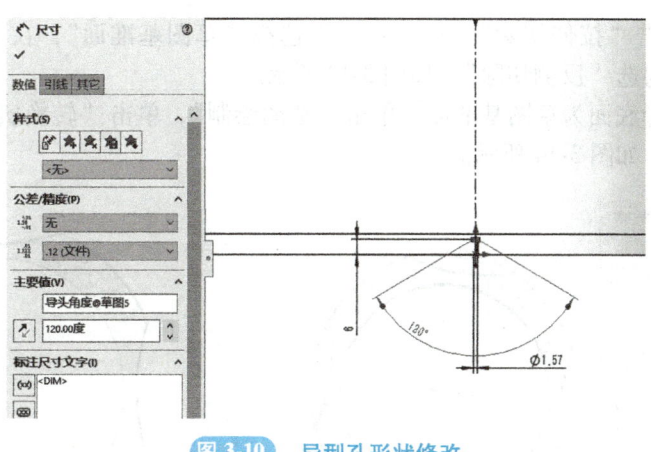

图 3-10 异型孔形状修改

步骤 9 单击"圆周阵列",选中"等间距",总角度设为 360°,实例数设为 36,如图 3-11 所示。

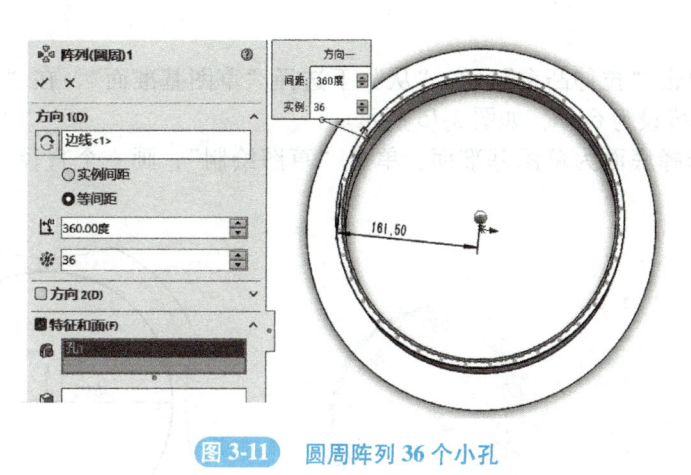

图 3-11 圆周阵列 36 个小孔

3. 绘制底平面

步骤 10 选择上视基准面为草图平面,单击"草图绘制",先将一直径 400mm 圆进行"转换实体引用",再绘制一个半径 250mm 的圆弧,然后圆周阵列 4 段,并裁剪多余轮廓,如图 3-12 所示。

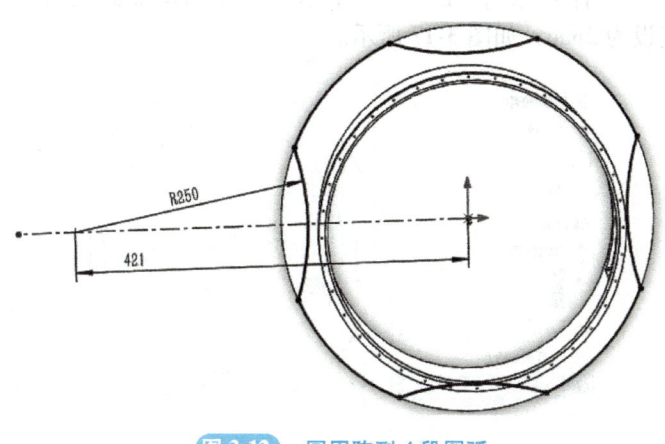

图 3-12 圆周阵列 4 段圆弧

步骤 11　单击"拉伸切除",在"从"下选择"草图基准面",在"方向1"下选择"完全贯穿",并勾选"反侧切除",如图 3-13 所示。

步骤 12　选择底面为草图基准面,单击"草图绘制",单击"转换实体引用",图中各线条(高亮显示)如图 3-14 所示。

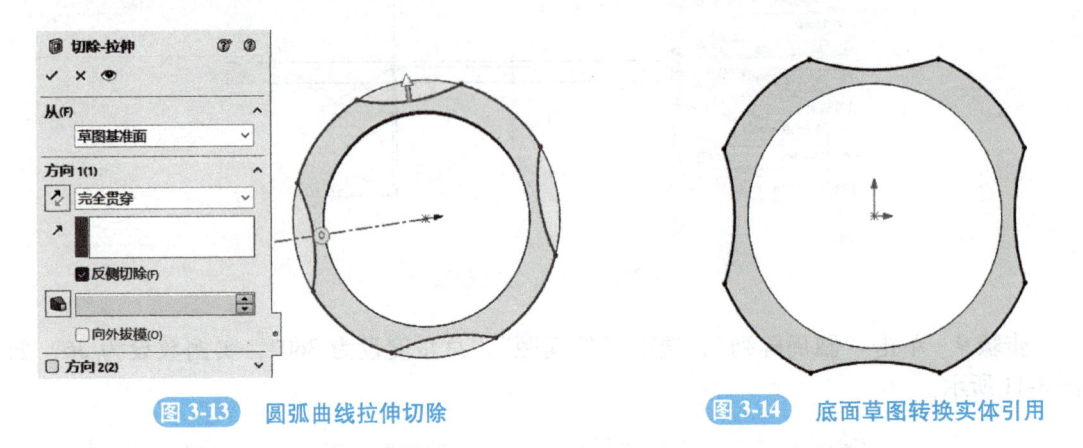

图 3-13　圆弧曲线拉伸切除

图 3-14　底面草图转换实体引用

步骤 13　单击"拉伸凸台",在"从"下选择"草图基准面",在"方向1"下选择"给定深度",深度设为 6mm,如图 3-15 所示。

步骤 14　选择底面为草图基准面,单击"草图绘制",画一个直径 310mm 的圆,如图 3-16 所示。

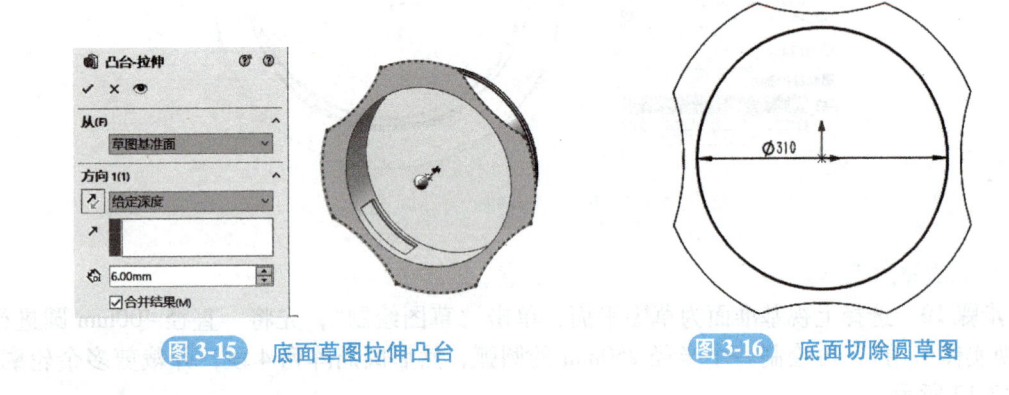

图 3-15　底面草图拉伸凸台

图 3-16　底面切除圆草图

步骤 15　单击"拉伸切除",在"从"下选择"草图基准面",在"方向1"下选择"给定深度",深度设为 2mm,如图 3-17 所示。

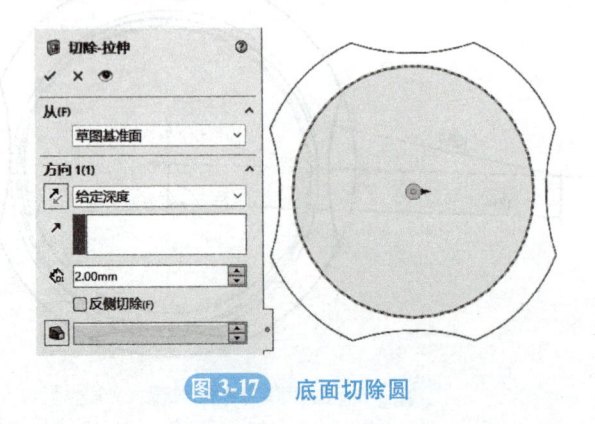

图 3-17　底面切除圆

步骤 16 单击"圆角",圆角项目"高亮显示曲线",圆角半径设为 2mm,如图 3-18 所示。

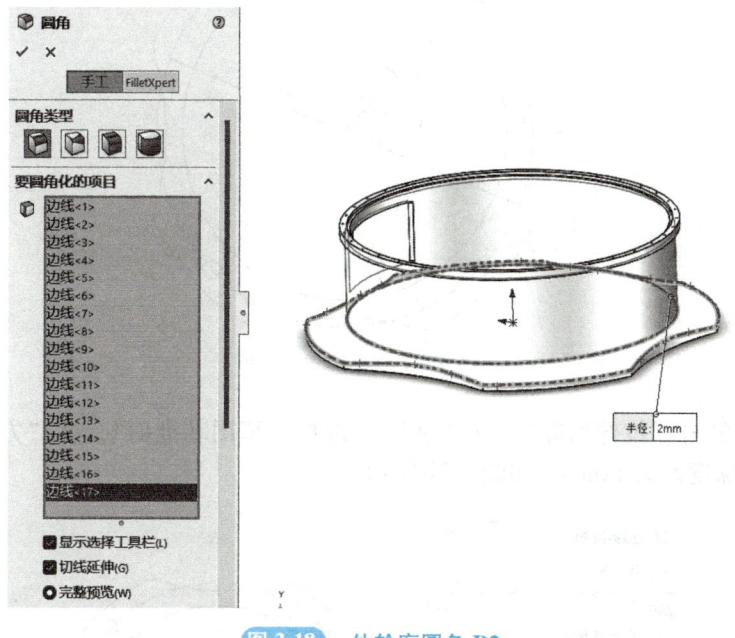

图 3-18 外轮廓圆角 R2

步骤 17 单击"圆角",圆角项目"高亮显示曲线",圆角半径设为 20mm,如图 3-19 所示。

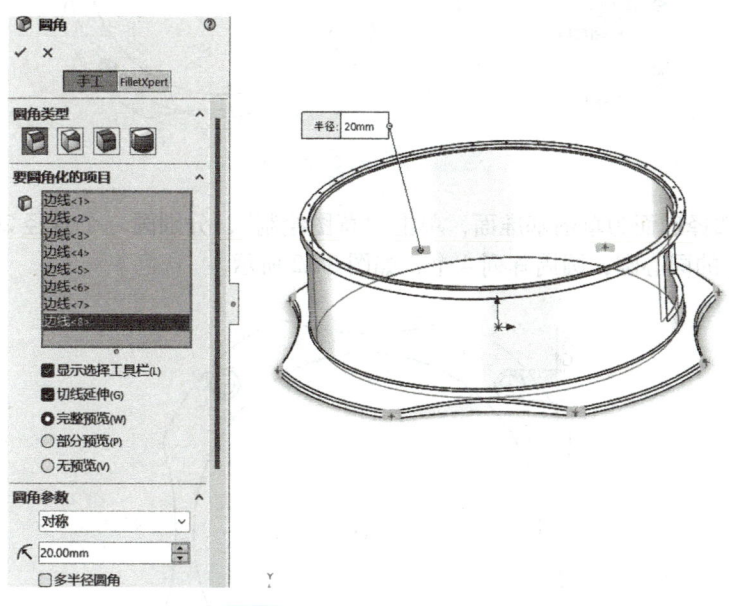

图 3-19 圆弧转折处圆角 R20

步骤 18 选择底面为草图基准面,单击"草图绘制",画一个直径 17.5mm 的圆,单击"圆周草图阵列",圆周阵列 4 个;再画一个直径 8mm 的圆,圆周阵列 2 个,如图 3-20 所示。

图 3-20 底部固定孔草图

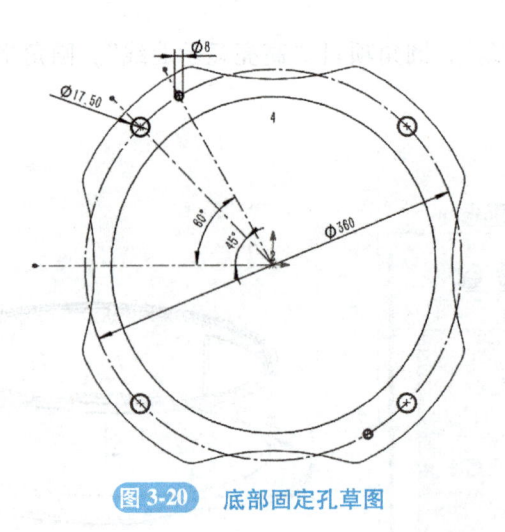

步骤 19 单击"拉伸切除",在"从"下选择"草图基准面",在"方向 1"下选择"给定深度",深度设为 12mm,如图 3-21 所示。

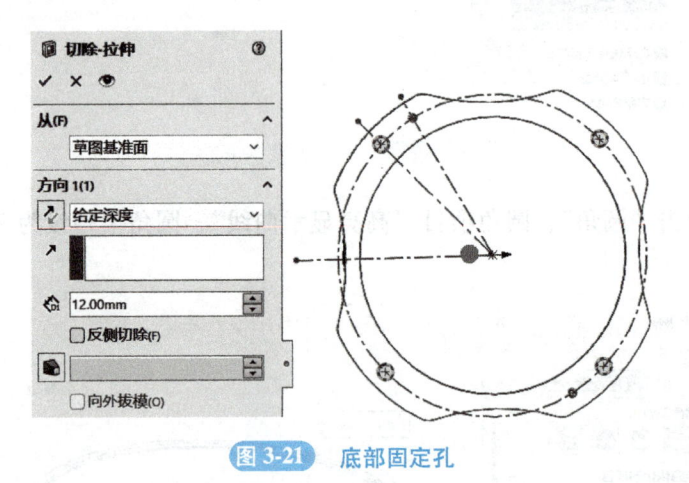

图 3-21 底部固定孔

步骤 20 选择底面为草图基准面,单击"草图绘制",分别画一个直径 26mm 的圆与一个直径 17.5mm 的同心圆,圆周阵列 4 个,如图 3-22 所示。

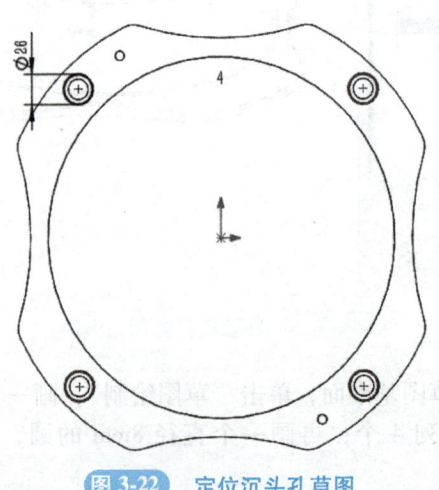

图 3-22 定位沉头孔草图

步骤 21　单击"拉伸切除",在"从"下选择"等距",数值设为 6mm,在"方向 1"下选择"给定深度",深度设为 10mm,如图 3-23 所示。

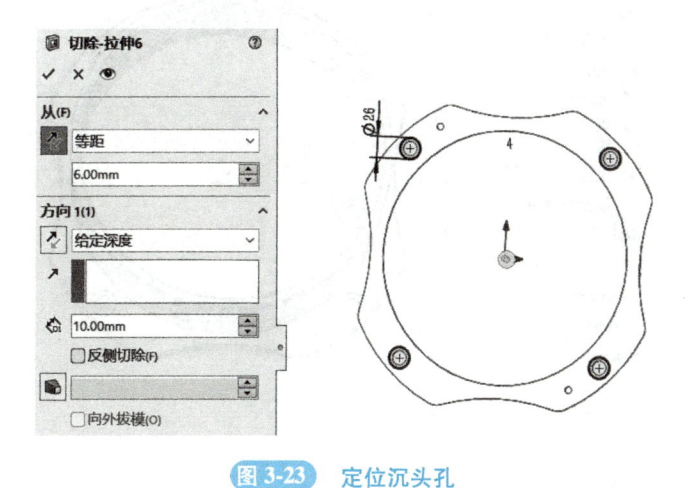

图 3-23　定位沉头孔

4. 绘制内腔曲体

步骤 22　选择上视基准面为草图平面,单击"草图绘制",单击"转换实体引用",先转换内腔圆轮廓,再分别绘制半径为 20mm 与半径为 41mm 的两段圆弧,这两段圆弧相切且圆心共线(在一直线上)。单击草图,单击"镜像实体",完成另一半草图,并裁剪多余轮廓,如图 3-24 所示。

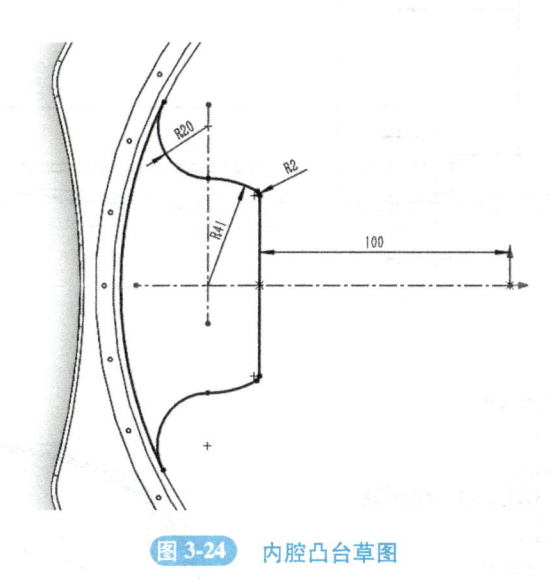

图 3-24　内腔凸台草图

步骤 23　单击"拉伸凸台",在"从"下选择"草图基准面",在"方向 1"下选择"给定深度",深度设为 92mm,如图 3-25 所示。

步骤 24　选择前视基准面为草图平面,单击"草图绘制",草图轮廓及尺寸如图 3-26 所示。

步骤 25　单击"旋转切除",在"方向 1"下选择"给定深度",角度设为 360°,如图 3-27 所示。

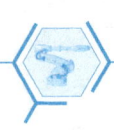

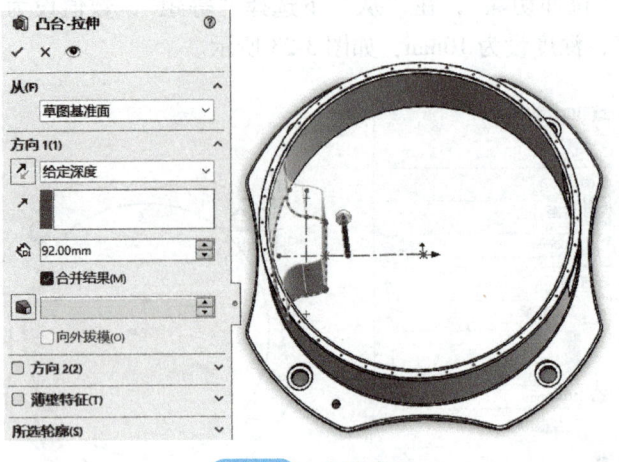

图 3-25　内腔凸台

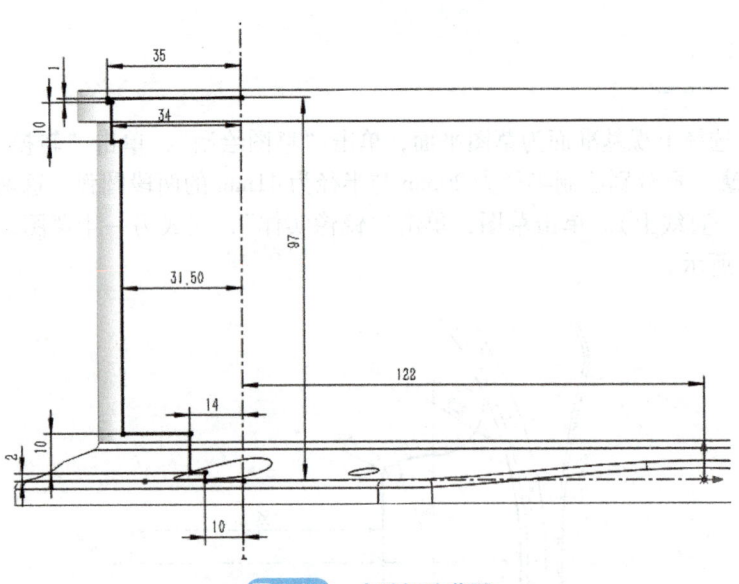

图 3-26　内腔切除草图

图 3-27　内腔切除

步骤 26 单击"圆角",圆角项目"高亮显示曲线",圆角半径设为 2mm,如图 3-28 所示。

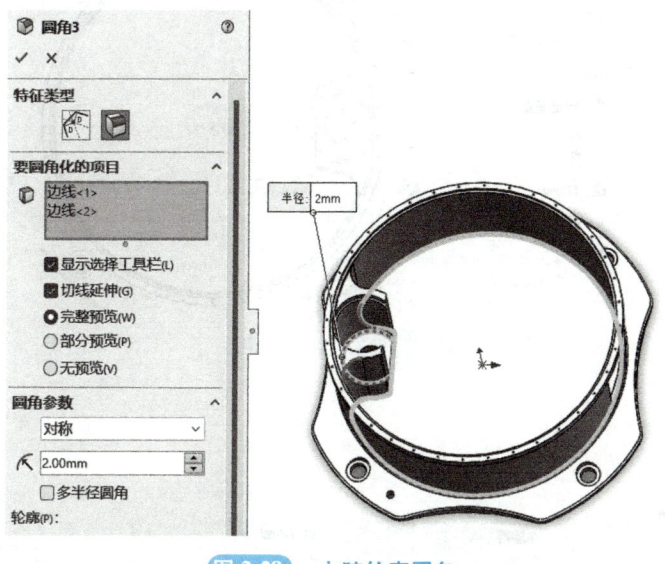

图 3-28　内腔轮廓圆角

5. 绘制内腔固定板

步骤 27 选择上视基准面为草图平面,单击"草图绘制",先画一个 12mm×90mm 的矩形,再画一个 12mm×60mm 的矩形,另一个同尺寸矩形用镜像完成,如图 3-29 所示。

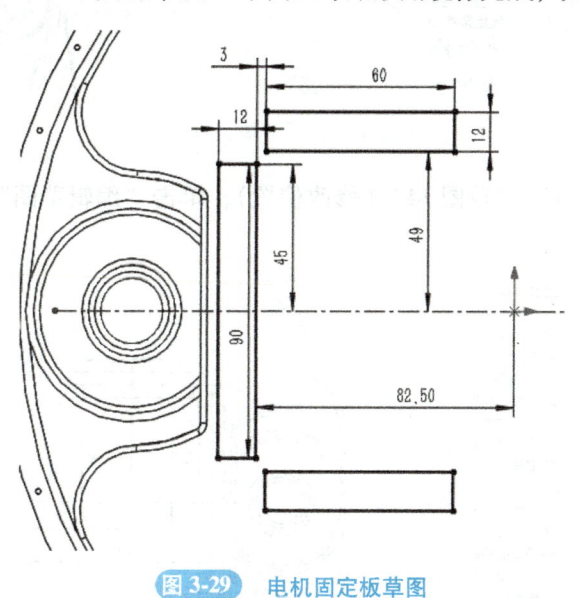

图 3-29　电机固定板草图

步骤 28 单击"拉伸凸台",在"从"下选择"草图基准面",在"方向1"下选择"给定深度",深度设为 4mm,如图 3-30 所示。

步骤 29 单击"异型孔向导",在"类型"选项卡中,孔类型选择"孔"(第1行第3列),标准选择"GB",类型选择"螺钉间隙";单击"位置"选项卡,在矩形上表面单击,确定几个孔的位置,如图 3-31 所示。

图 3-30 电机固定板

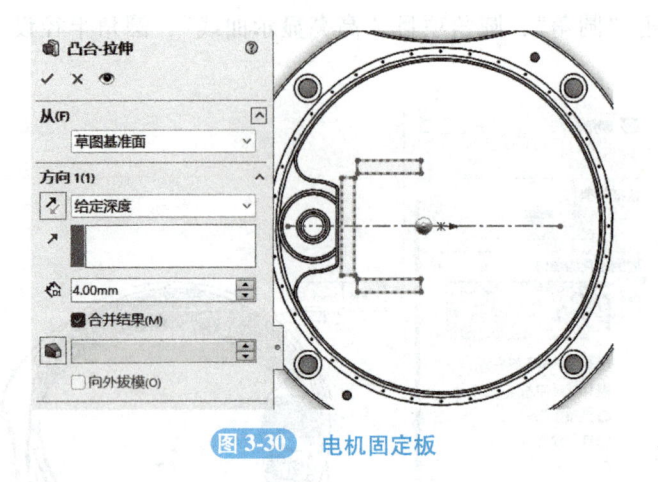

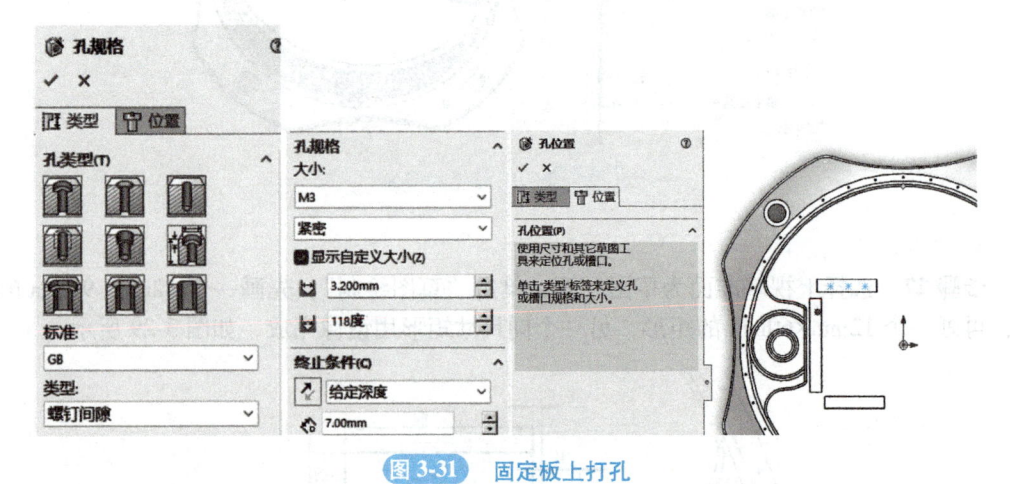

图 3-31 固定板上打孔

单击"M3 间隙孔 1"→"草图 14"（修改位置），单击"编辑草图"，4 个圆孔的位置如图 3-32 所示。

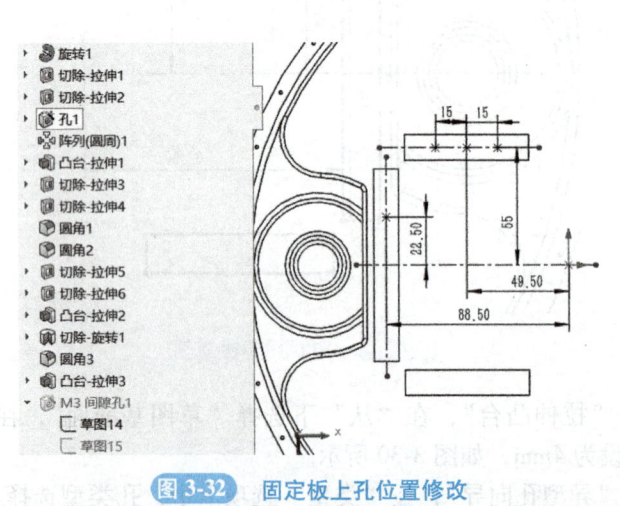

图 3-32 固定板上孔位置修改

步骤 30 单击草图，单击"镜像实体"，"要镜像的实体"选择 4 个点，"镜像轴"选择"直线 1"（水平中心线），如图 3-33 所示。

图 3-33 镜像 4 个点

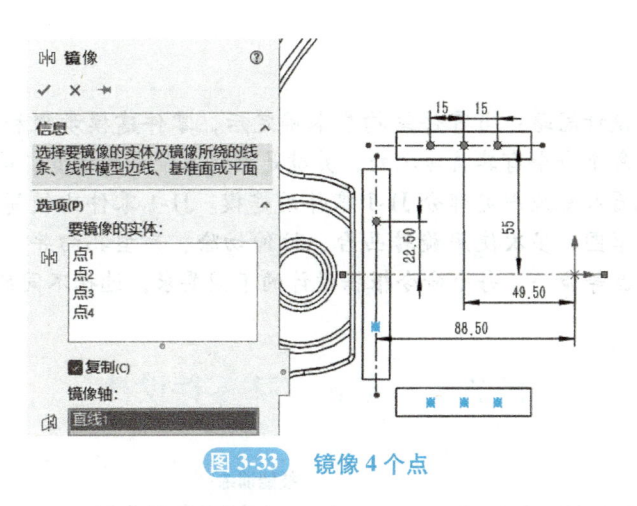

单击"确定",单击"保存草图并退出",如图 3-34 所示。

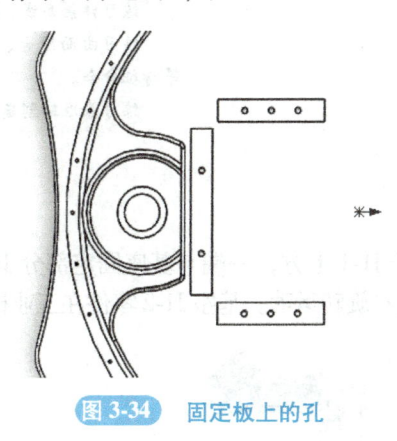

图 3-34 固定板上的孔

步骤 31 单击"编辑外观",颜色设置如图 3-35 所示。

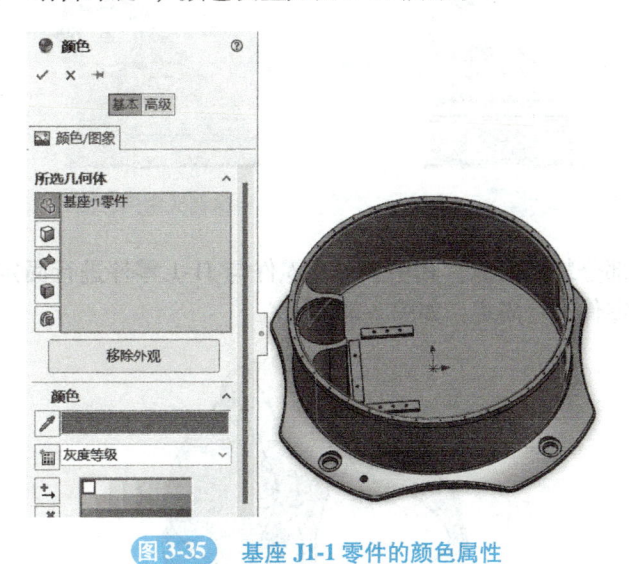

图 3-35 基座 J1-1 零件的颜色属性

单击"确定",完成基座 J1-1 零件的设计与建模。
单击"保存",将该零件保存在指定位置。

任务小结

产品的一般设计思路：当零件结构基本确定后，零件建模步骤和绘图工具的选择并不是唯一的；每个命令有其特殊之处，关键是熟记各命令的位置、选项和功能。

本任务是机器人基座固定部分 J1-1 零件的建模。J1-1 零件比较简单，建模过程是在不同面上新建草图，多次使用旋转凸台、拉伸切除、异型孔向导、圆周阵列、拉伸凸台、圆角、镜像等命令。每个命令根据设计的不同要求，选择不同的参数与配置。

任务 2　基座 J1-2 零件设计

任务目标：
了解基座在工业机器人中的位置及功用。
掌握基座 J1-2 零件的建模步骤。

技能训练：
练习新建 3D 草图。
练习样条曲线、转换实体引用、等距等草图命令。
练习曲面缝合、填充曲面、加厚、旋转切除、圆角等特征命令。
练习基准轴创建。

一、任务引入

基座旋转部分 J1-2 安装于 J1-1 上方，一端与基座固定部分 J1-1 相连，另一端与大臂 J2 连接，用来带动机器人 J1 实现左右旋转运动。基座 J1-2 零件在工业机器人中的位置如图 3-36 所示。

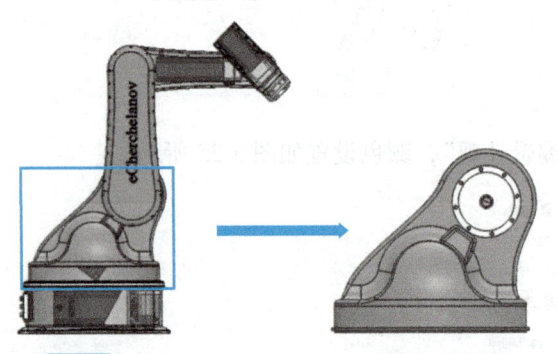

图 3-36　基座 J1-2 零件在工业机器人中的位置

基座 J1-2 由两部分装配而成，其中 J1-2A 零件与 J1-1 零件进行固定，如图 3-37 所示；而 J1-2B 零件与 J2 零件进行固定，如图 3-38 所示。

图 3-37　基座 J1-2A 零件

图 3-38 基座 J1-2B 零件

二、基座 J1-2A 零件建模过程

步骤 1 单击工具栏中的"新建",选择"零件",单击"确定",新建一个零件,将该零件命名为"基座 J1-2A 零件.sldprt",并保存到指定文件夹。

步骤 2 选择前视基准面为草图平面,单击"草图绘制",画一个直径 306mm 的圆,如图 3-39 所示。

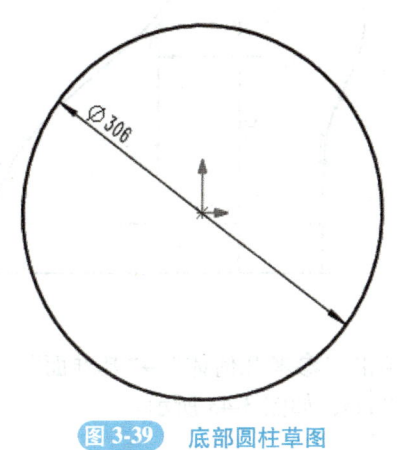

图 3-39 底部圆柱草图

步骤 3 单击"拉伸凸台",在"从"下选择"草图基准面",在"方向 1"下选择"给定深度",深度设为 40mm,如图 3-40 所示。

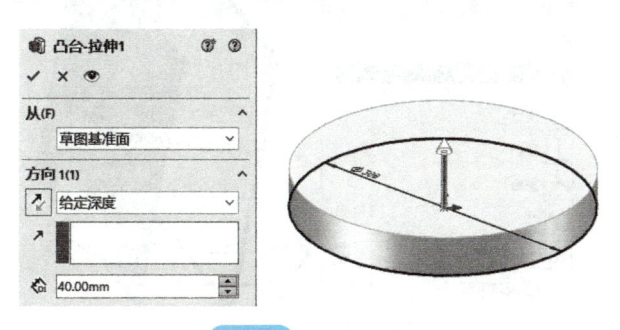

图 3-40 底部圆柱

步骤 4 新建基准面 1。单击"参考几何体"→"基准面",在"第一参考"下选择"右视基准面",偏移距离设为 71mm,如图 3-41 所示。

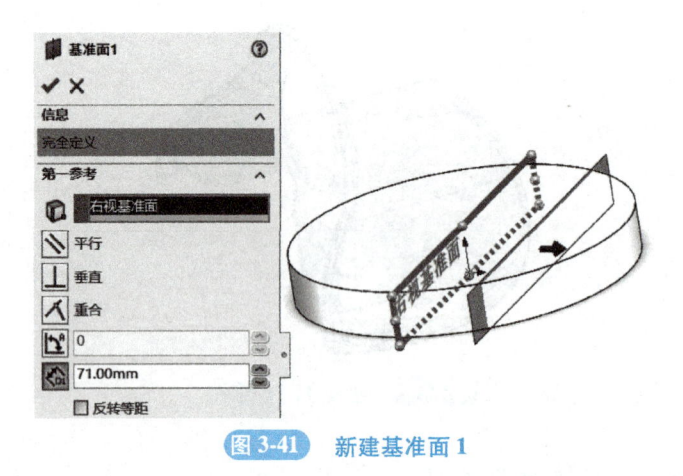

图 3-41　新建基准面 1

步骤 5　选中基准面 1，单击"草图绘制"，单击"样条曲线"，画出曲线的草图，如图 3-42 所示。

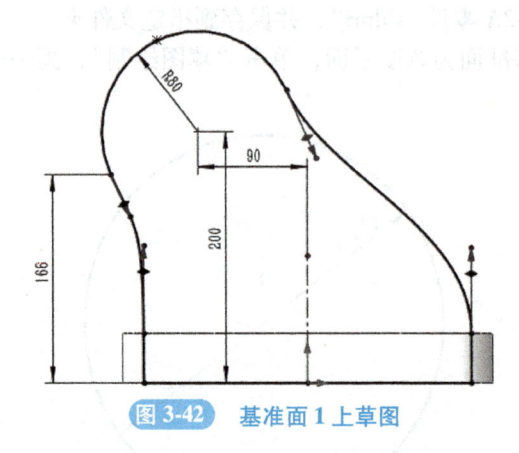

图 3-42　基准面 1 上草图

步骤 6　新建基准面 2。单击"参考几何体"→"基准面"，在"第一参考"下选择"右视基准面"，偏移距离设为 118mm，如图 3-43 所示。

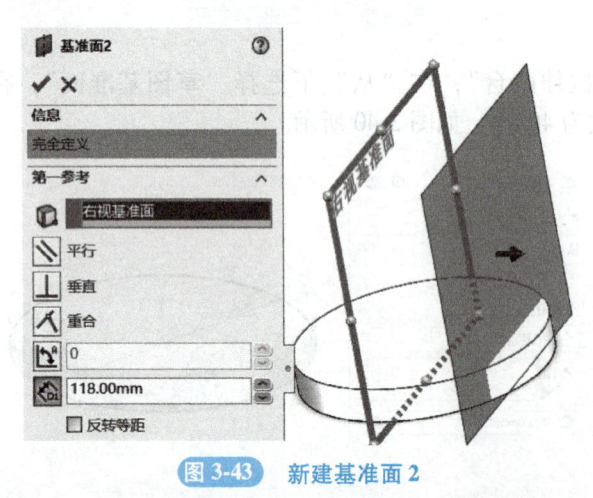

图 3-43　新建基准面 2

步骤 7　选中基准面 2，单击"草图绘制"，单击"样条曲线"，画出曲线的草图，如图 3-44 所示。

图 3-44　基准面 2 上草图

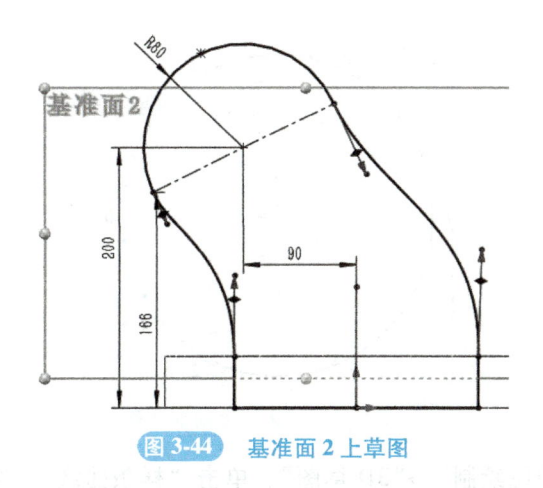

步骤 8　新建基准面 3。单击"参考几何体"→"基准面",在"第一参考"下选择"右视基准面",偏移距离设为 140mm,如图 3-45 所示。

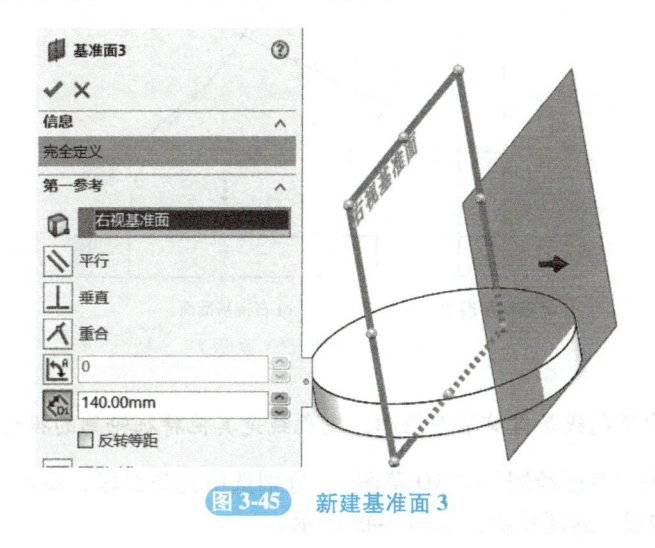

图 3-45　新建基准面 3

步骤 9　选中基准面 3,单击"草图绘制",画出点(-90,200)的草图,如图 3-46 所示。

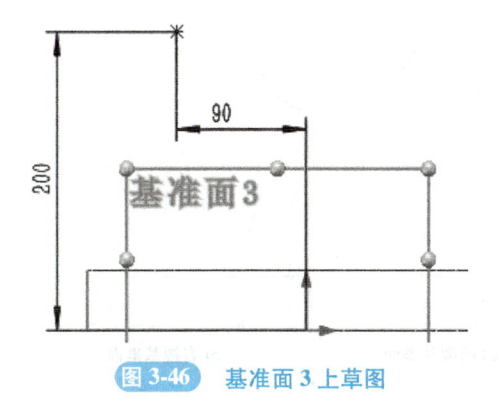

图 3-46　基准面 3 上草图

步骤 10　选择上视基准面为草图平面,单击"草图绘制",先选中底座圆边线,单击"转换实体引用",再绘制 5 个草图点,分别是基准面 1、基准面 2 与底座圆边线的交点以及右侧边线的中点(图 3-47 中的点 1、2、3、4、5 处),去除多余线段,如图 3-47 所示。

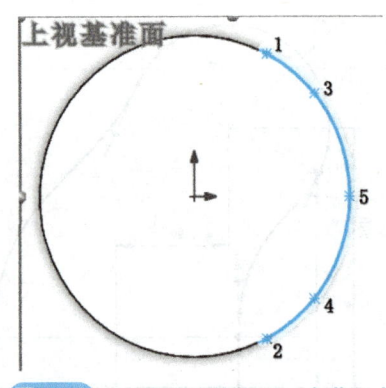

图 3-47 底座圆边线上画 5 个草图点

步骤 11 单击"草图绘制"→"3D 草图",单击"样条曲线",绘制几段样条曲线,它们与其他直线构成不同轮廓,如图 3-48 所示。

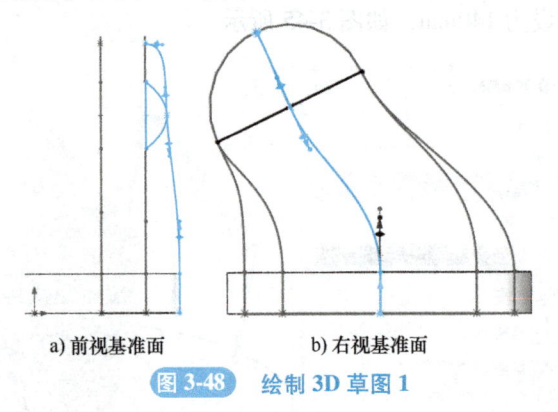

a) 前视基准面　　b) 右视基准面

图 3-48 绘制 3D 草图 1

注意：草图中黑色线是当前草图轮廓,灰色线是其他特征轮廓的投影。

步骤 12 单击"草图绘制"→"3D 草图",分别选中几条线段,单击"转换实体引用",去除多余线段,构成一封闭轮廓,如图 3-49 所示。

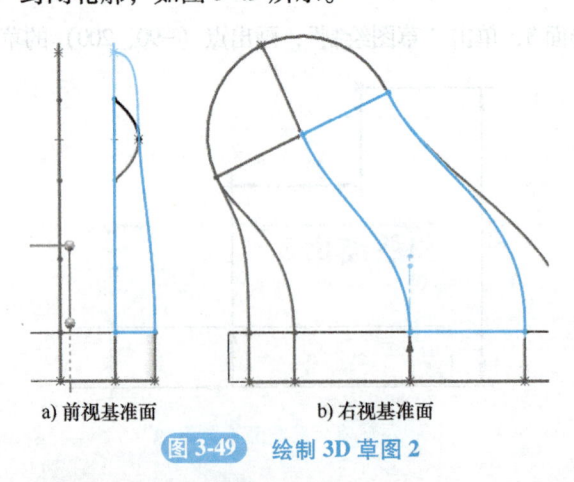

a) 前视基准面　　b) 右视基准面

图 3-49 绘制 3D 草图 2

步骤 13 单击"填充曲面",如图 3-50 所示。

步骤 14 单击"草图绘制"→"3D 草图",分别选中几条线段,单击"转换实体引用",去除多余线段,构成一封闭轮廓,如图 3-51 所示。

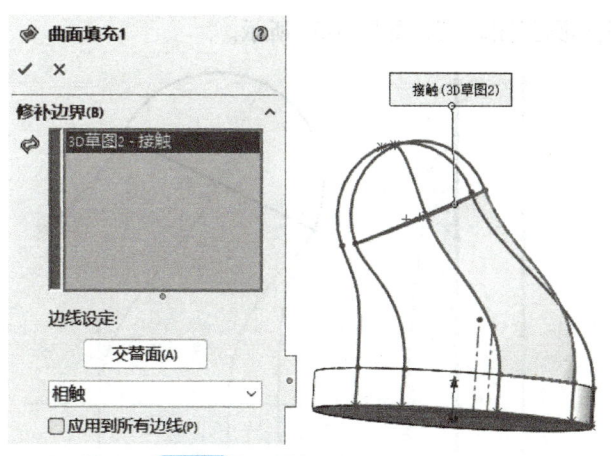

图 3-50 3D 草图 2 填充曲面

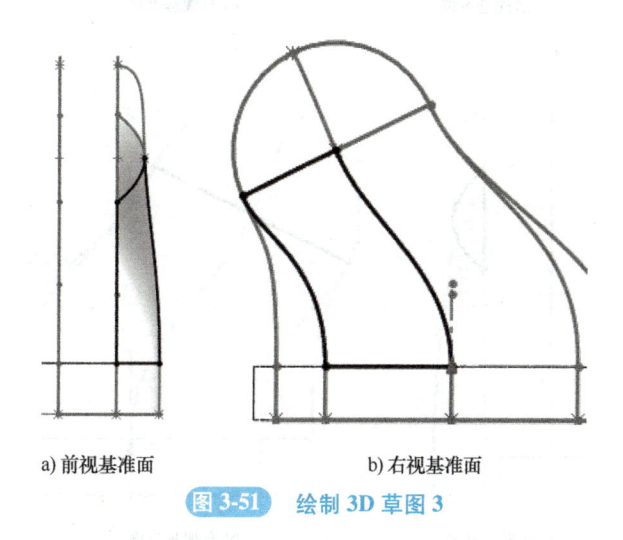

a) 前视基准面   b) 右视基准面

图 3-51 绘制 3D 草图 3

步骤 15 单击"填充曲面",如图所 3-52 示。

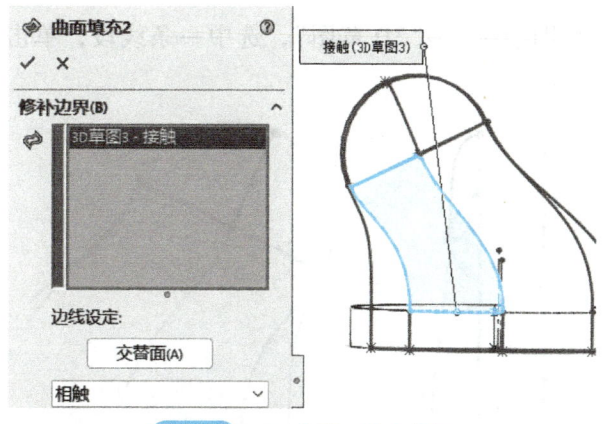

图 3-52 3D 草图 3 填充曲面

步骤 16 单击"草图绘制"→"3D 草图",分别选中几条线段,单击"转换实体引用",去除多余线段,构成半圆封闭轮廓,如图 3-53 所示。

步骤 17 单击"草图绘制"→"3D 草图",分别选中几条线段,单击"转换实体引用",

去除多余线段，构成半圆封闭轮廓，如图 3-54 所示。

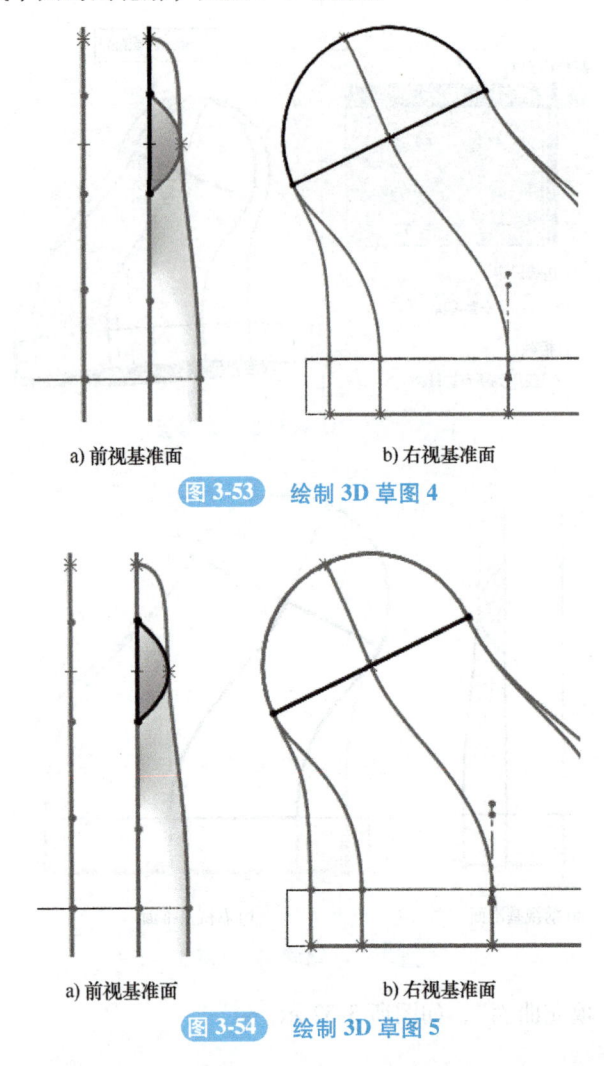

a) 前视基准面　　　　b) 右视基准面

图 3-53　绘制 3D 草图 4

a) 前视基准面　　　　b) 右视基准面

图 3-54　绘制 3D 草图 5

步骤 18　单击"草图绘制"→"3D 草图"，选中一条线段，单击"转换实体引用"，如图 3-55 所示。

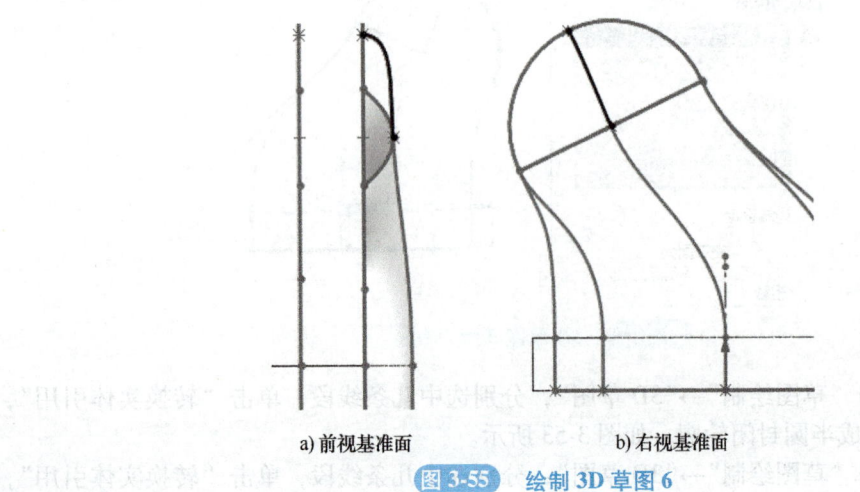

a) 前视基准面　　　　b) 右视基准面

图 3-55　绘制 3D 草图 6

步骤 19　单击"草图绘制"→"3D 草图",分别选中几条线段,单击"转换实体引用",去除多余线段,构成封闭曲线轮廓,如图 3-56 所示。

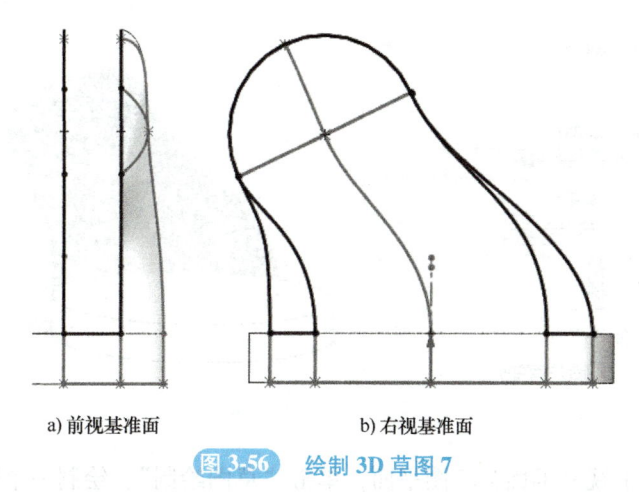

a) 前视基准面　　　　b) 右视基准面

图 3-56　绘制 3D 草图 7

步骤 20　单击"填充曲面",如图 3-57 所示。

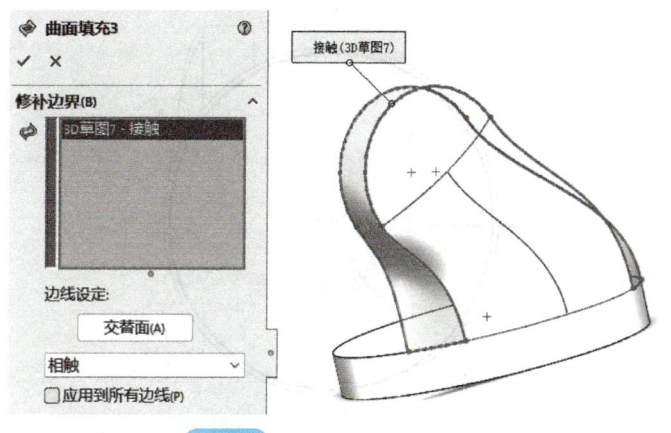

图 3-57　3D 草图 7 填充曲面

步骤 21　单击"缝合曲面",如图 3-58 所示。

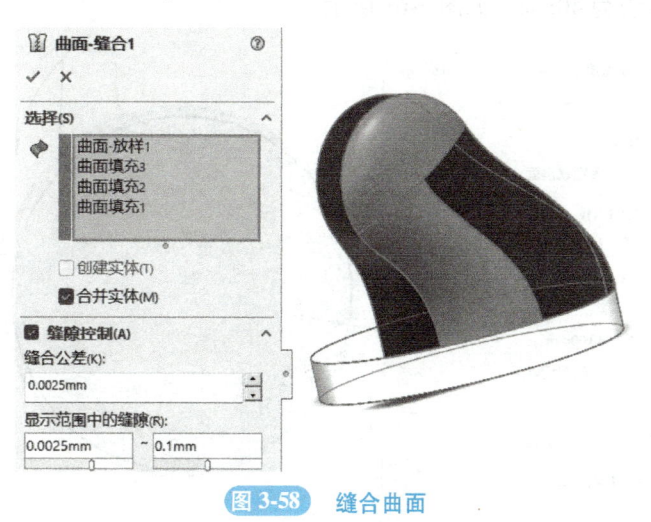

图 3-58　缝合曲面

步骤 22 单击"加厚",在"厚度"下选择"加厚侧边 2"(内侧),厚度设为 5mm。如图 3-59 所示。

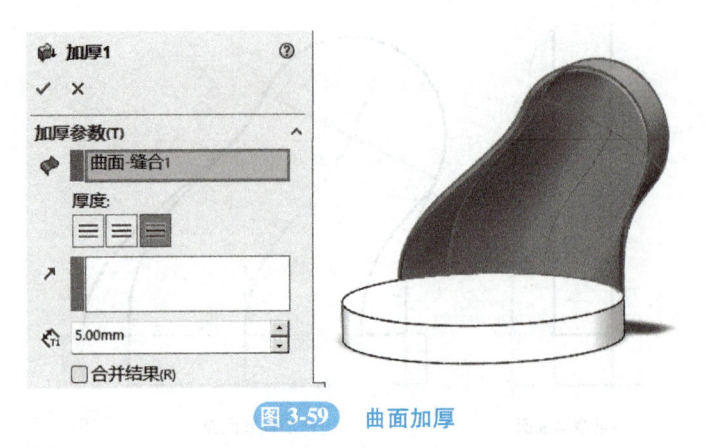

图 3-59 曲面加厚

步骤 23 选择上视基准面为草图平面,单击"草图绘制",绘制一个圆形,其边线与底座外轮廓边线的距离为 5mm,如图 3-60 所示。

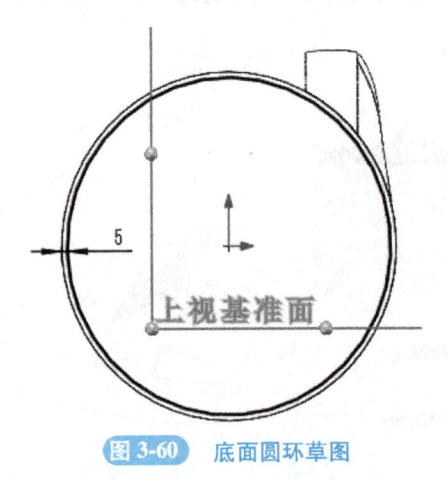

图 3-60 底面圆环草图

步骤 24 单击"拉伸切除",在"从"下选择"草图基准面",在"方向 1"下选择"给定深度",深度设为 40mm,如图 3-61 所示。

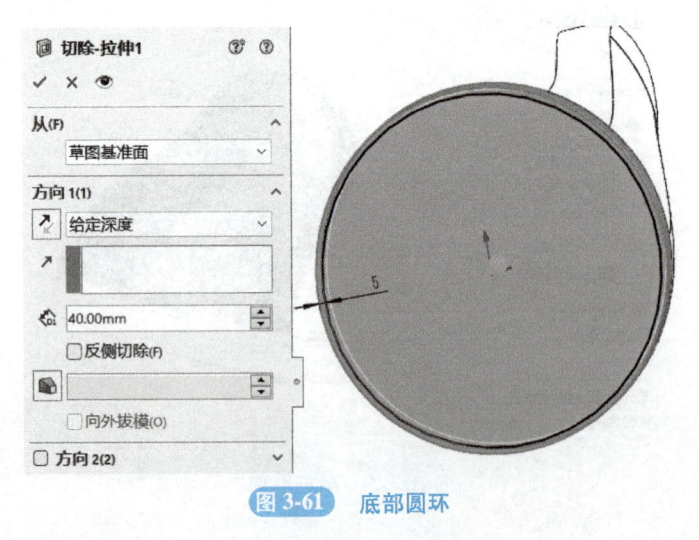

图 3-61 底部圆环

步骤 25 新建基准面 4。单击"参考几何体"→"基准面",在"第一参考"下选择"右视基准面",偏移距离设为 112mm,如图 3-62 所示。

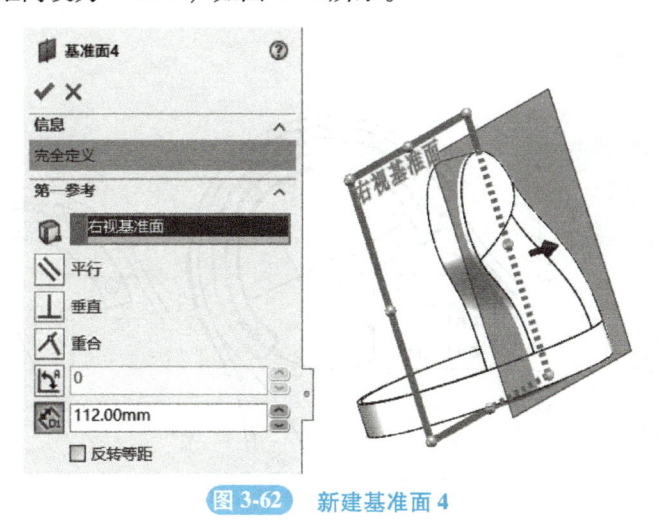

图 3-62 新建基准面 4

步骤 26 选中基准面 4,单击"草图绘制",画一个环形草图,如图 3-63 所示。

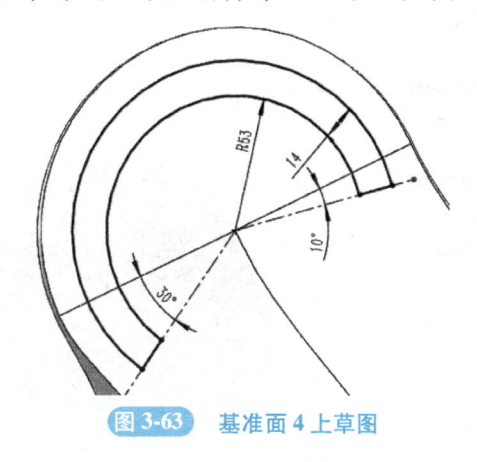

图 3-63 基准面 4 上草图

步骤 27 单击"拉伸凸台",在"方向 1"下选择"成形到实体",拔模角度设为 5 度,如图 3-64 所示。

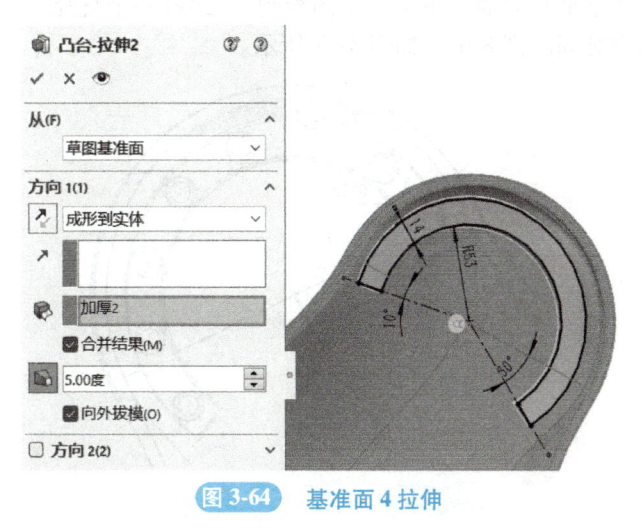

图 3-64 基准面 4 拉伸

步骤 28 选择加强筋环表面,单击"草图绘制",绘制一个直径 8mm 的圆,圆周阵列 8 个,如图 3-65 所示。

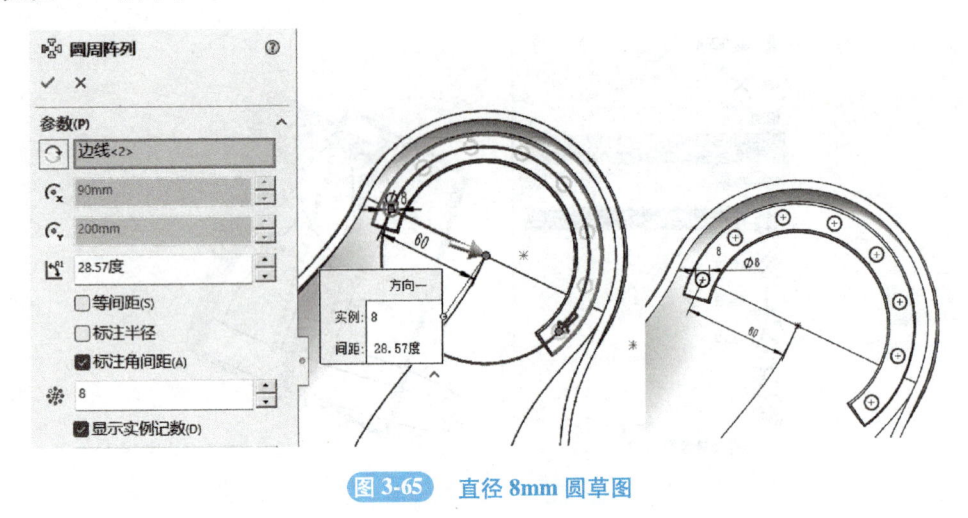

图 3-65 直径 8mm 圆草图

步骤 29 单击"拉伸切除",在"从"下选择"草图基准面",在"方向 1"下选择"完全贯穿",如图 3-66 所示。

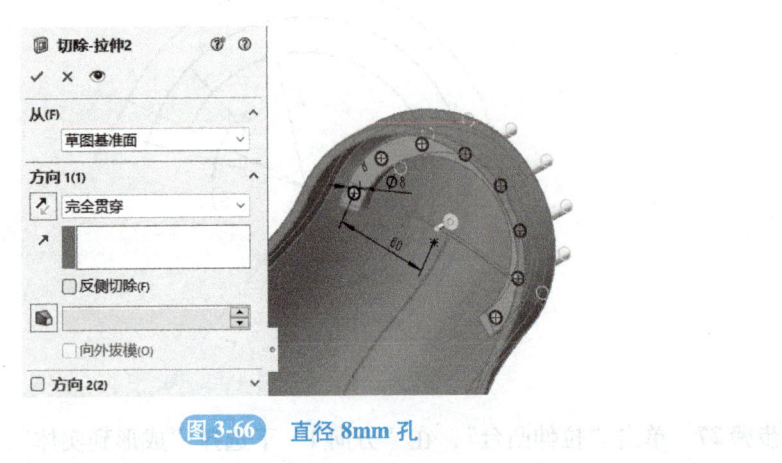

图 3-66 直径 8mm 孔

步骤 30 选择加强筋环表面,单击"草图绘制",绘制一个直径 12mm 的圆,它与直径 8mm 的圆同心,然后圆周阵列 8 个,如图 3-67 所示。

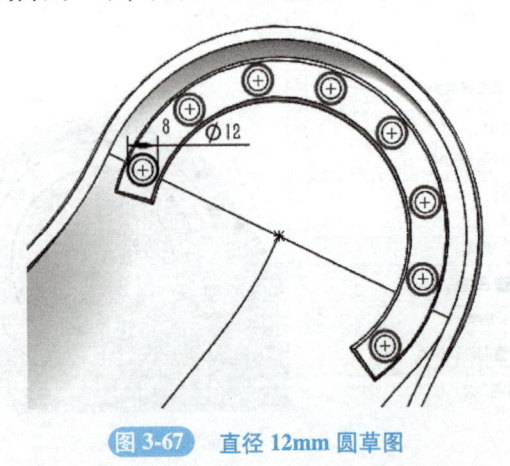

图 3-67 直径 12mm 圆草图

步骤 31　单击"拉伸切除",在"从"下选择"等距",数值设为 10mm,在"方向 1"下选择"成形到下一面",如图 3-68 所示。

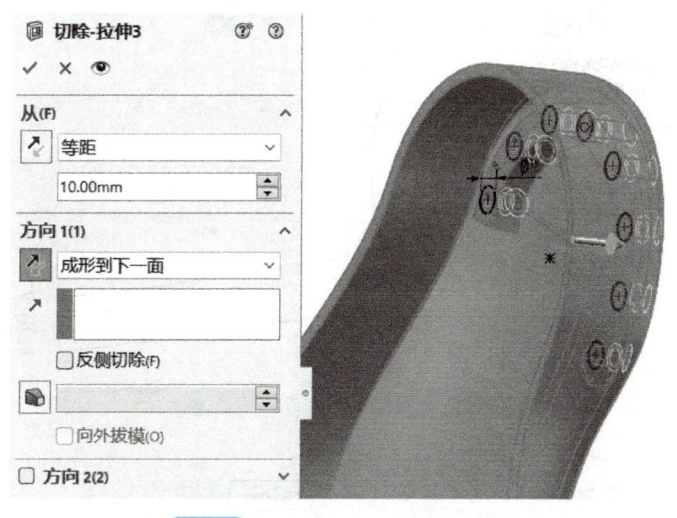

图 3-68　直径 12mm 孔拉伸切除

步骤 32　单击"圆角",在"圆角参数"下选择"对称",半径设为 2mm,如图 3-69 所示。

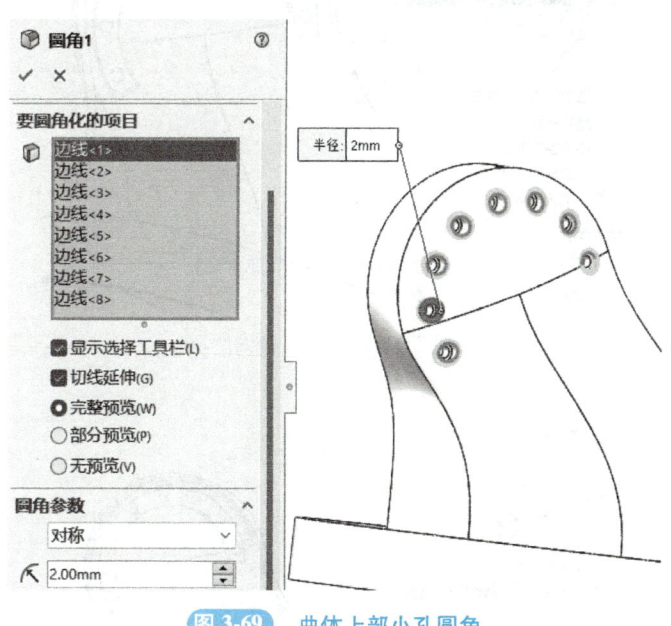

图 3-69　曲体上部小孔圆角

步骤 33　单击"圆角",在"圆角参数"下选择"对称",半径设为 20mm,如图 3-70 所示。

步骤 34　单击"圆角",在"圆角参数"下选择"对称",半径设为 2mm,如图 3-71 所示。

步骤 35　单击"圆角",在"圆角参数"下选择"对称",半径设为 10mm,如图 3-72 所示。

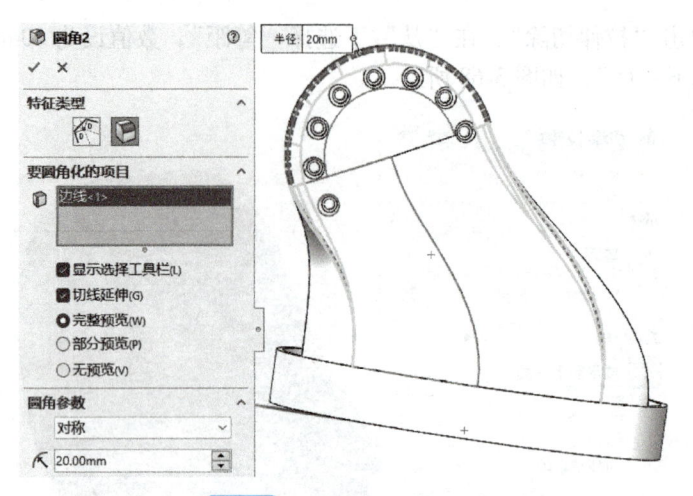

图 3-70 曲体外部轮廓圆角

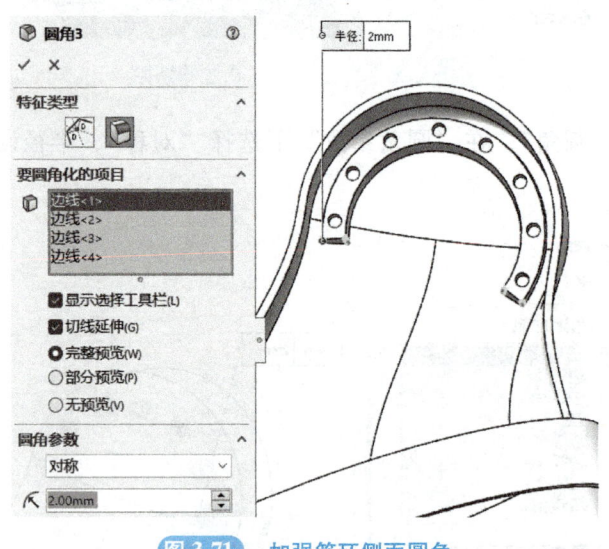

图 3-71 加强筋环侧面圆角

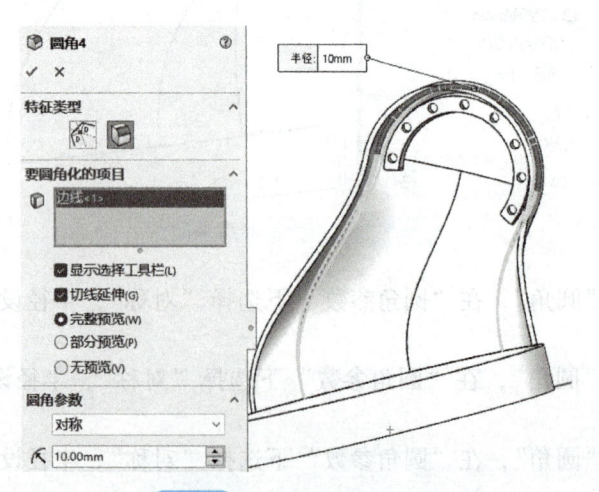

图 3-72 曲体内部轮廓圆角

步骤 36 选择上视基准面为草图平面,单击"草图绘制",绘制直径分别为 296mm 和 282mm 的两个同心圆,再绘制一个直径 2mm 的圆,其圆心距离中心 144mm,然后再圆周阵列 36 个,如图 3-73 所示。

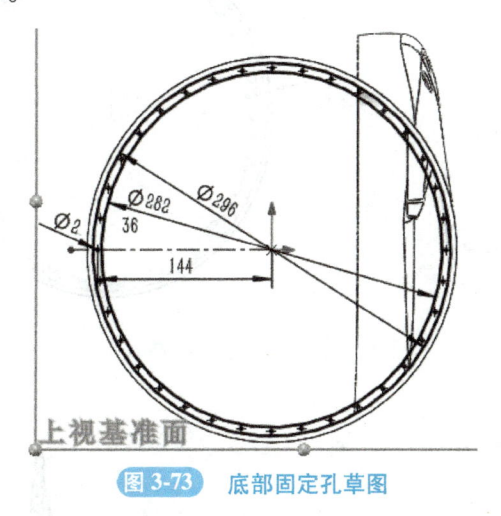

图 3-73 底部固定孔草图

步骤 37 单击"拉伸凸台",在"从"下选择"草图基准面",在"方向 1"下选择"给定深度",深度设为 4mm,如图 3-74 所示。

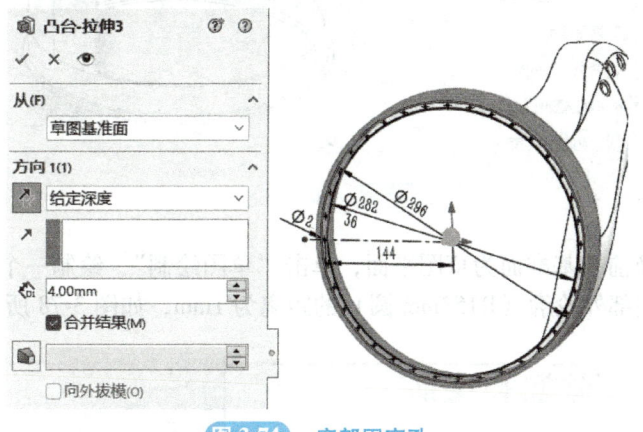

图 3-74 底部固定孔

步骤 38 选择上视基准面为草图平面,单击"草图绘制",将直径为 306mm 的圆边线"转换实体引用",再绘制一个同心圆,其边线与直径 306mm 圆的边线距离 5mm,如图 3-75 所示。

步骤 39 单击"拉伸凸台",在"从"下选择"等距",数值设为 6mm,在"方向 1"下选择"给定深度",深度设为 5mm,如图 3-76 所示。

步骤 40 单击"参考几何体"→"基准轴",在"选择"下选择"上视基准面"和"点 1@原点",如图 3-77 所示。

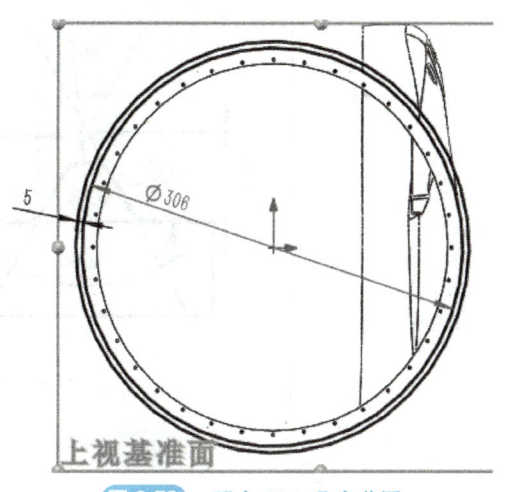

图 3-75 配合 J1-1 凸台草图

图 3-76 配合 J1-1 凸台

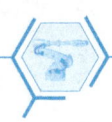

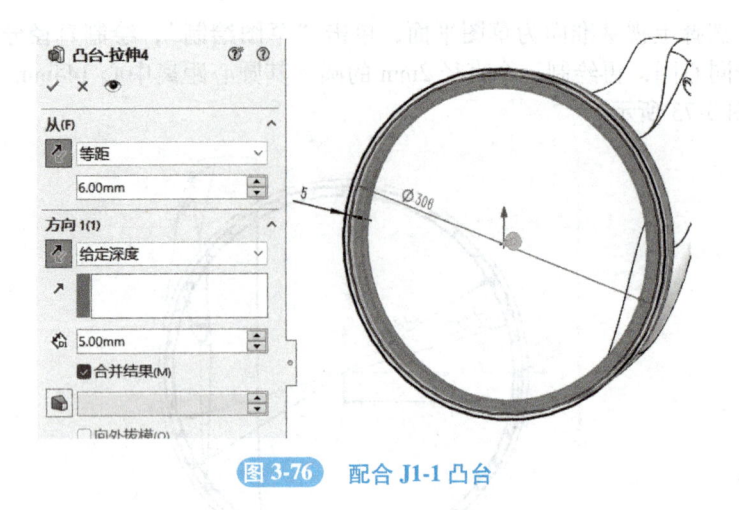

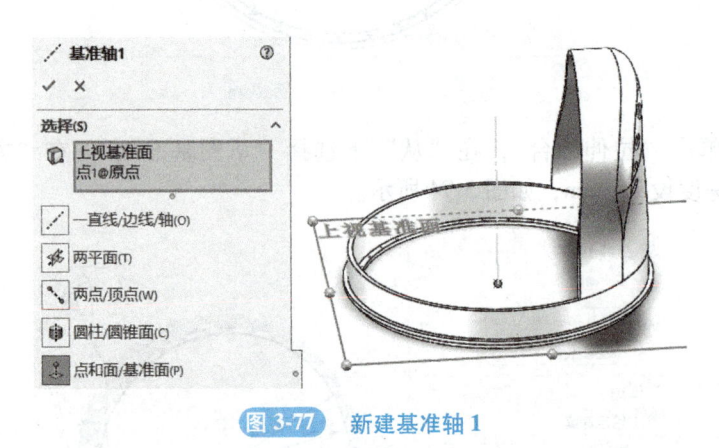

图 3-77 新建基准轴 1

步骤 41 选择前视基准面为草图平面,单击"草图绘制",绘制一个三角形槽,圆角半径为 0.5mm,与底部外轮廓(R153mm 圆)的距离为 1mm,如图 3-78 所示。

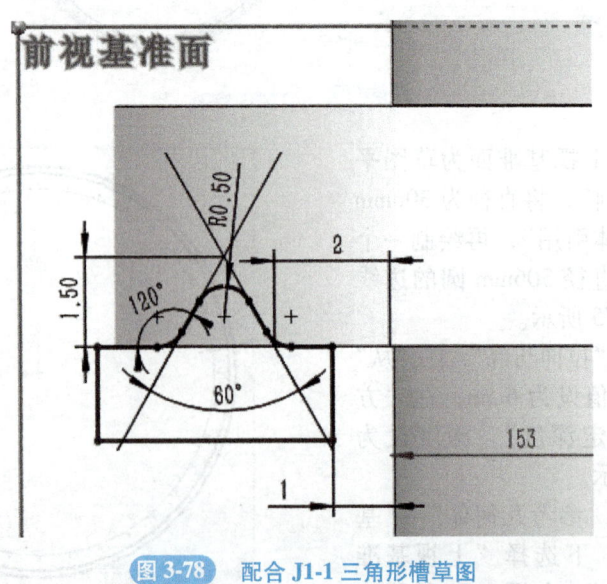

图 3-78 配合 J1-1 三角形槽草图

步骤 42 单击"旋转切除",在"旋转轴"下选择"基准轴 1",在"方向 1"下选择"给定深度"角度设为 360°,如图 3-79 所示。

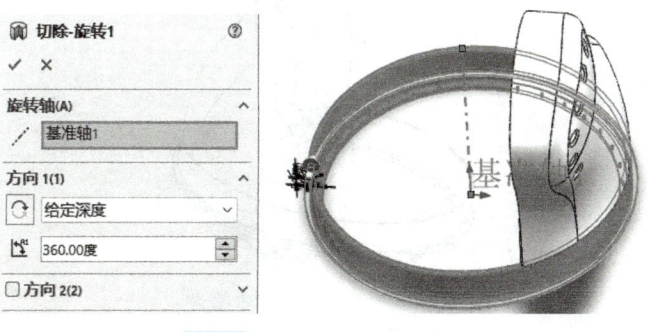

图 3-79　配合 J1-1 三角形槽

步骤 43 选择底座圆环上表面,单击"草图绘制",绘制半径分别为 151mm 和 152mm 的两个同心圆环,右侧线与曲面轮廓在上表面投影重合,截剪多余线段,如图 3-80 所示。

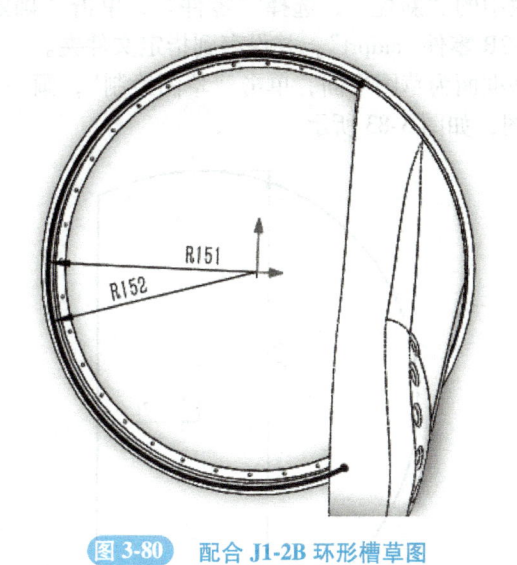

图 3-80　配合 J1-2B 环形槽草图

步骤 44 单击"拉伸切除",在"从"下选择"草图基准面",在"方向 1"下选择"给定深度",深度设为 2mm,如图 3-81 所示。

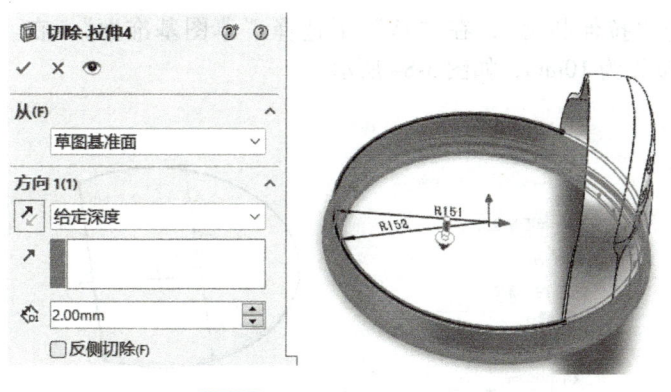

图 3-81　配合 J1-2B 环形槽

单击"确定",完成基座 J1-2A 零件的建模,如图 3-82 所示。

图 3-82　基座 J1-2A 零件

单击"保存",将该零件保存在指定位置。

三、基座 J1-2B 零件建模过程

步骤 1　单击工具栏中的"新建",选择"零件",单击"确定",新建一个零件,将该零件命名为"基座 J1-2B 零件.sldprt",并保存到指定文件夹。

步骤 2　选择上视基准面为草图平面,单击"草图绘制",画一个直径 306mm 的圆,与右侧直线构成一封闭草图,如图 3-83 所示。

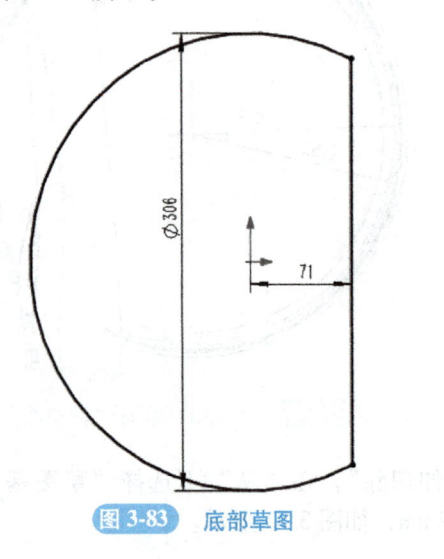

图 3-83　底部草图

步骤 3　单击"拉伸凸台",在"从"下选择"草图基准面",在"方向 1"下选择"给定深度",深度设为 10mm,如图 3-84 所示。

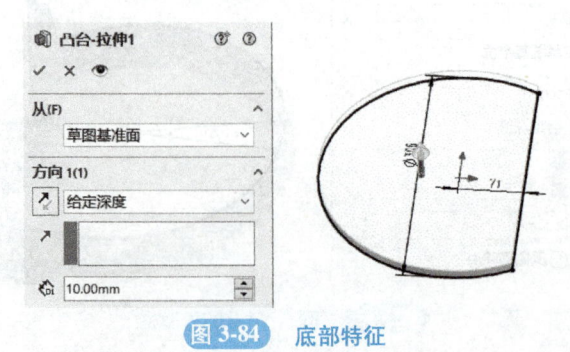

图 3-84　底部特征

步骤 4 新建基准面 1。单击"参考几何体"→"基准面",在"第一参考"下选择"右视基准面",偏移距离设为 71mm,如图 3-85 所示。

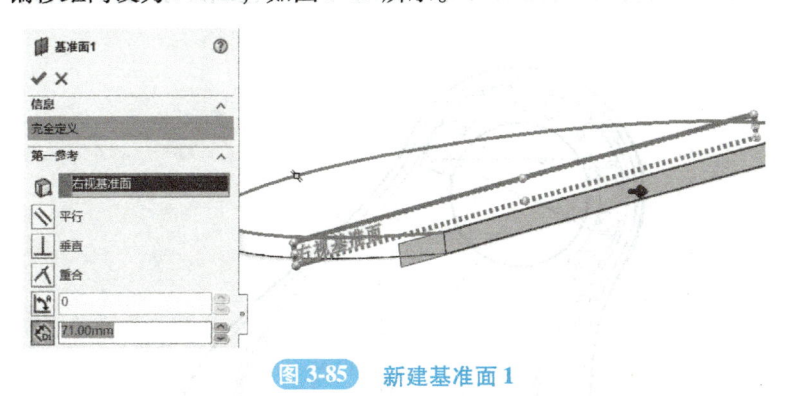

图 3-85　新建基准面 1

步骤 5 选中基准面 1,单击"草图绘制",新建草图 2。

> **注意**:J1-2B 零件中的基准面 1 与 J1-2A 零件中的基准面 1 在装配时重合,零件配合处曲面要求轮廓一致,因此 J1-2B 零件中草图 2 的轮廓应当与 J1-2A 零件中草图 2 的轮廓相同。此处提供的建模方法是,将 J1-2A 和 J1-2B 零件底部装配在一起(两个零件底部的圆孔同心、面重合,并且右视基准面重合),如图 3-86 所示。

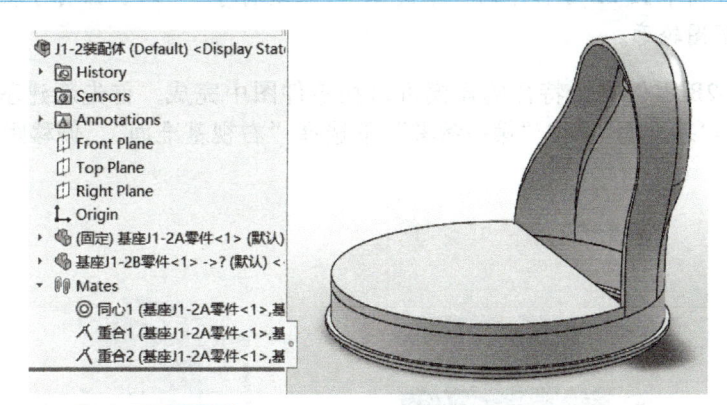

图 3-86　J1-2A 与 J1-2B 零件部分装配体

步骤 6 在装配体中,先打开 J1-2B 零件中的草图 2,单击"转换实体引用",再选中 J1-2A 零件中的草图 2,如图 3-87 所示。

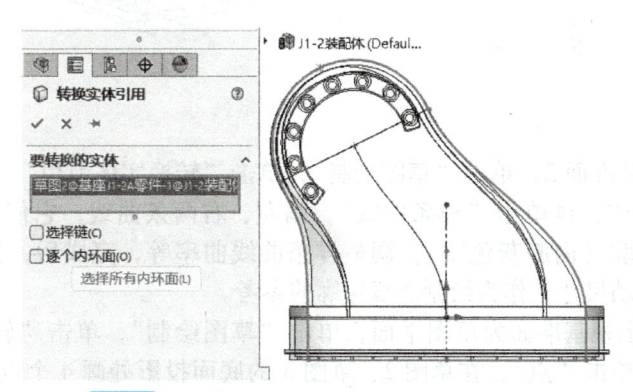

图 3-87　J1-2B 零件中的草图 2 转换实体引用

单击"确定",再将 J1-2B 零件中的草图 2 部分修改,草图底面与 J1-2B 底面重合,再画一个直径 90mm 的圆孔,它与曲面头部半圆同心(黑色线形成的曲线轮廓),如图 3-88 所示。

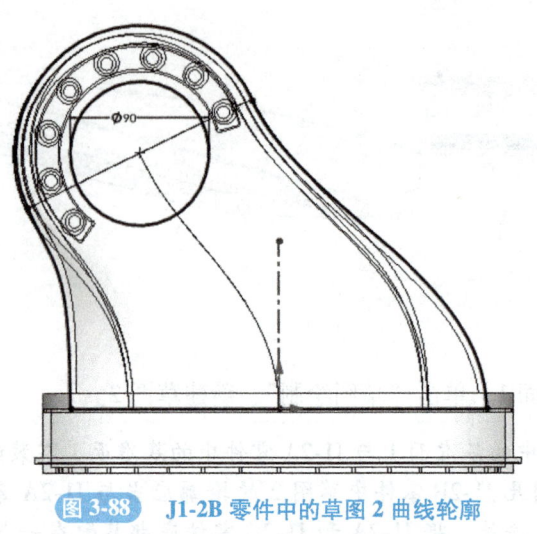

图 3-88　J1-2B 零件中的草图 2 曲线轮廓

> 注意:设计树中 J1-2B 零件中的"草图 2"中出现符号"->",该符号表明该草图参考其他零件中的草图轮廓。

步骤 7　J1-2B 零件剩余特征的建模可以在零件图中完成。首先新建基准面 2。单击"参考几何体"→"基准面",在"第一参考"下选择"右视基准面",偏移距离设为 60mm,如图 3-89 所示。

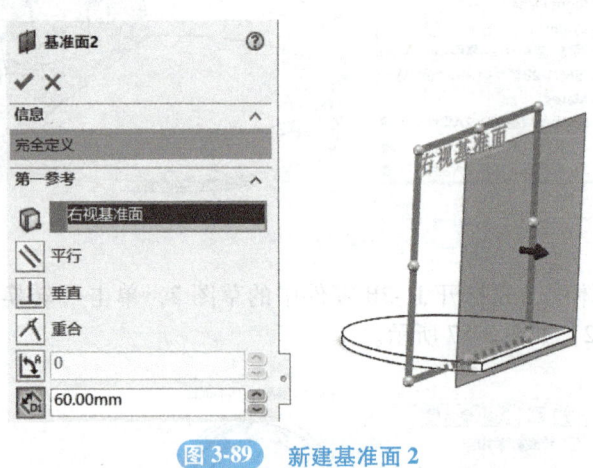

图 3-89　新建基准面 2

步骤 8　选中基准面 2,单击"草图绘制",单击"转换实体引用",将草图 2 中上部半圆、圆孔轮廓转实体,再单击"样条曲线",画左、右两条曲线,它们分别与底部边线重合,参考草图 2 轮廓(内腔灰色线),调整样条曲线曲率等,完成后,如图 3-90 所示。其中,灰色尺寸为从动尺寸,作为绘制曲线轮廓的参考。

步骤 9　选择上视基准面为草图平面,单击"草图绘制",单击"转换实体引用",先转换底部边线,再单击"点",在草图 2、草图 3 的底面投影处画 4 个点,保留 4 个点之间的两段线,去除多余轮廓,如图 3-91 所示。

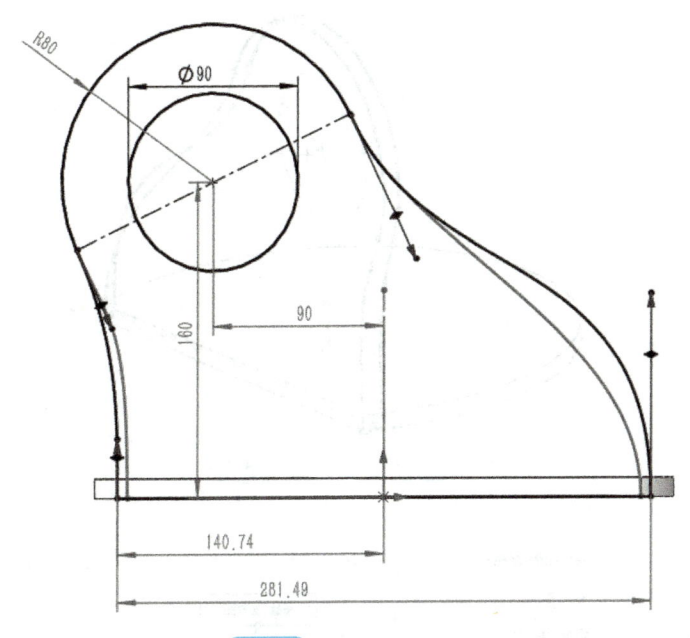

图 3-90 基准面 2 草图

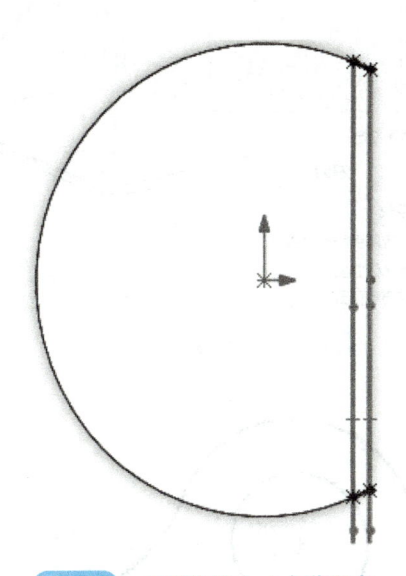

图 3-91 底部边线上 4 个草图点

步骤 10 单击"草图绘制"→"3D 草图",新建一个 3D 草图,单击"转换实体引用",选择前面草图 2、草图 3 和草图 4 中的部分轮廓,单击"确定",再去除多余线段,构成一立体轮廓,如图 3-92 所示。

步骤 11 单击"填充曲面",在"边线设定"下单击"交替面",选择"相触",如图 3-93 所示。

步骤 12 单击"草图绘制"→"3D 草图",新建一个 3D 草图,单击"转换实体引用",选择草图 3 中的曲线轮廓,单击"确定",再在底部上表面画一条直线,去除多余线段,如图 3-94 所示。

图 3-92　绘制 3D 草图 1

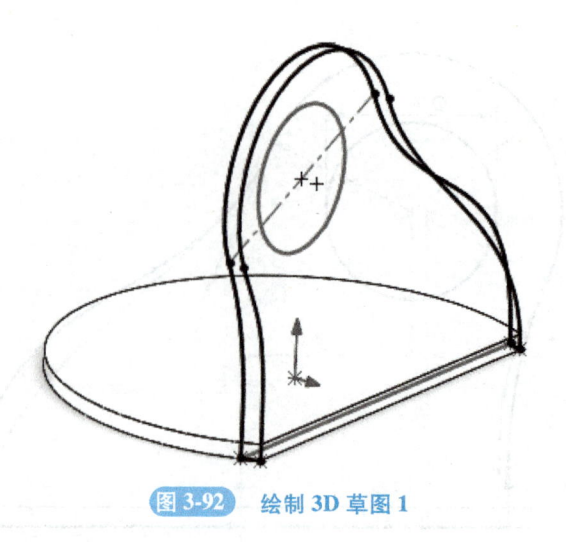

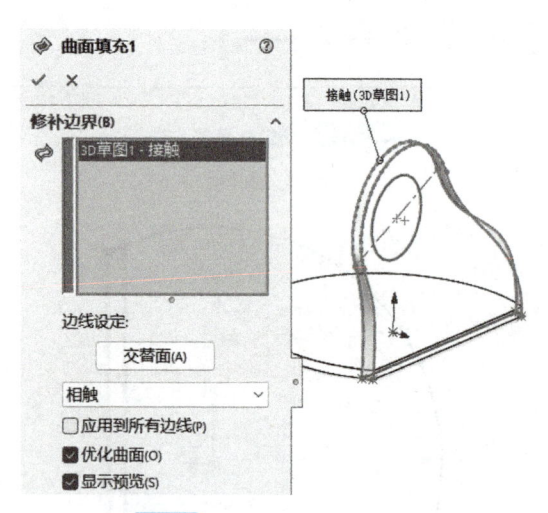

图 3-93　3D 草图 1 曲面填充

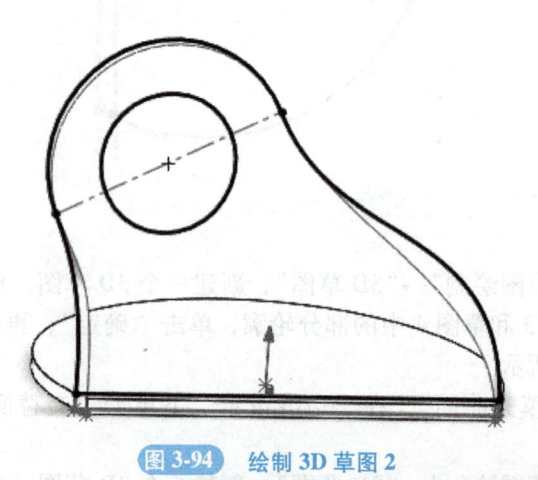

图 3-94　绘制 3D 草图 2

步骤 13　单击"填充曲面",在"边线设定"下单击"交替面",选择"相触",如图 3-95 所示。

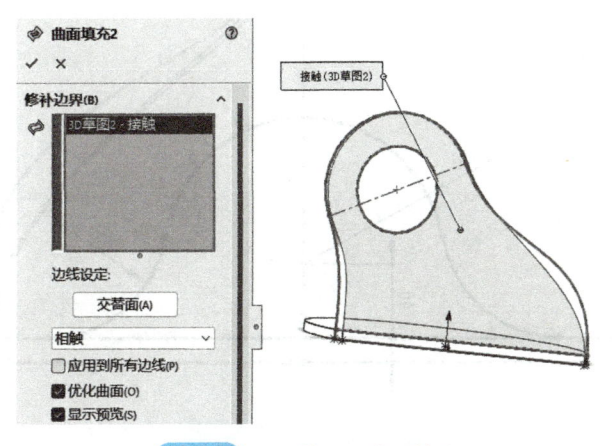

图 3-95　3D 草图 2 曲面填充

步骤 14　单击"缝合曲面",选择"曲面填充 1"和"曲面填充 2",如图 3-96 所示。

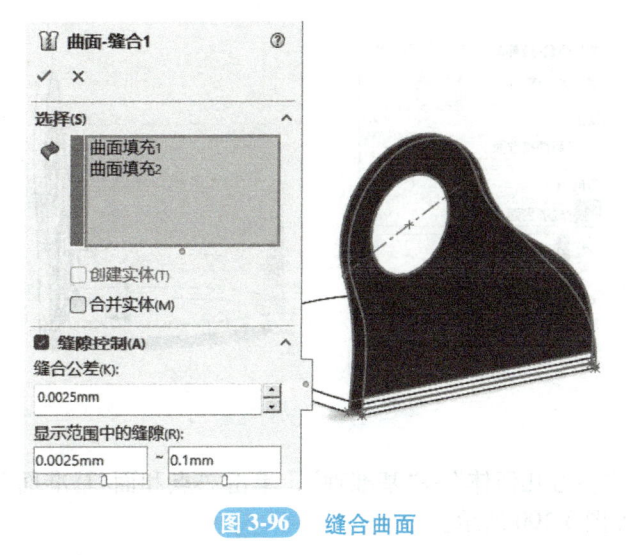

图 3-96　缝合曲面

步骤 15　单击"加厚",在"加厚参数"下选择"曲面-缝合 1",在"厚度"下选择"加厚侧边 1"(内侧),厚度设为 2mm,如图 3-97 所示。

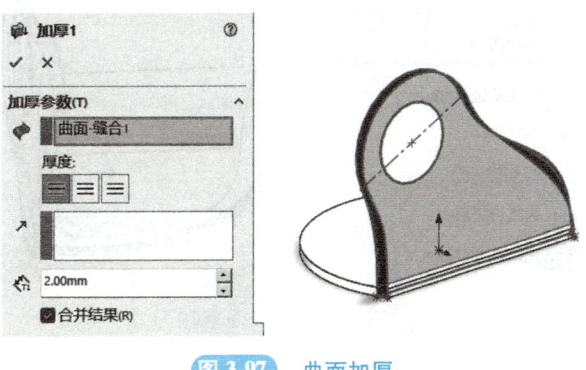

图 3-97　曲面加厚

步骤 16　选中基准面 2,单击"草图绘制",绘制一曲线轮廓,如图 3-98 所示。

图 3-98 左侧轮廓草图

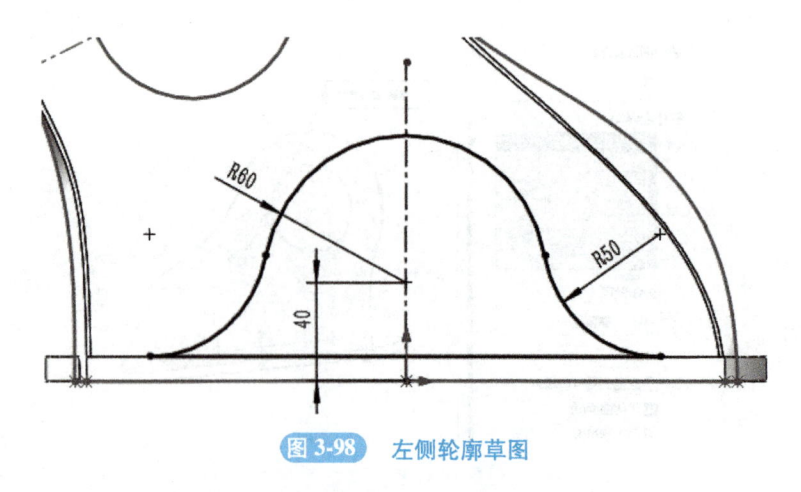

步骤 17　单击"拉伸凸台",在"方向 1"下选择"成形到面",然后选择底部外圆面,如图 3-99 所示。

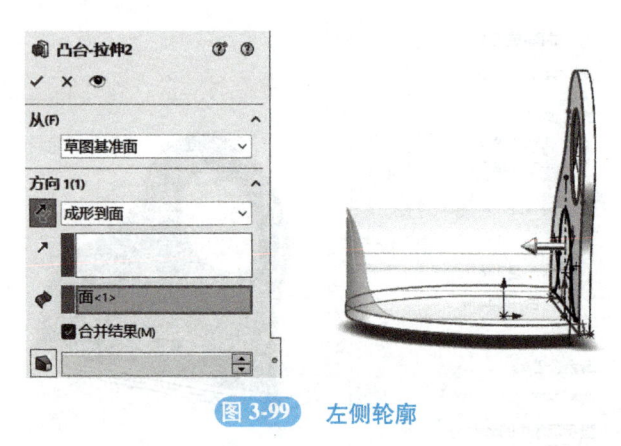

图 3-99 左侧轮廓

步骤 18　单击"参考几何体"→"基准轴",单击"点和面/基准面",参考实体选择底部上表面和原点,如图 3-100 所示。

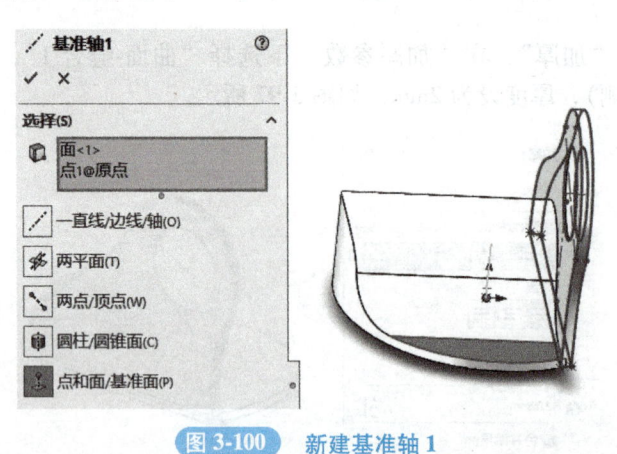

图 3-100 新建基准轴 1

步骤 19　选择前视基准面,单击"草图绘制",绘制一封闭草图,如图 3-101 所示。

步骤 20　单击"旋转切除",在"方向 1"下选择"两侧对称",角度设为 180°,如

图 3-102 所示。

图 3-101 左侧弧线草图

图 3-102 左侧弧线

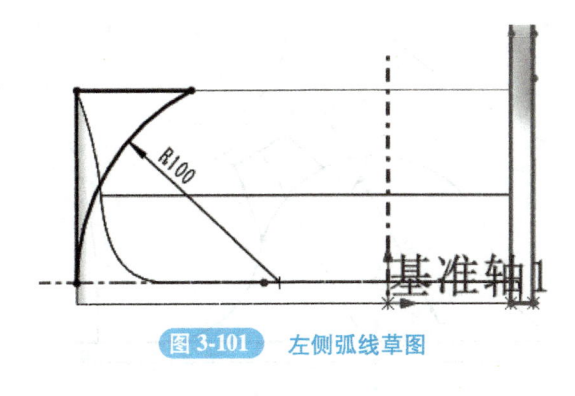

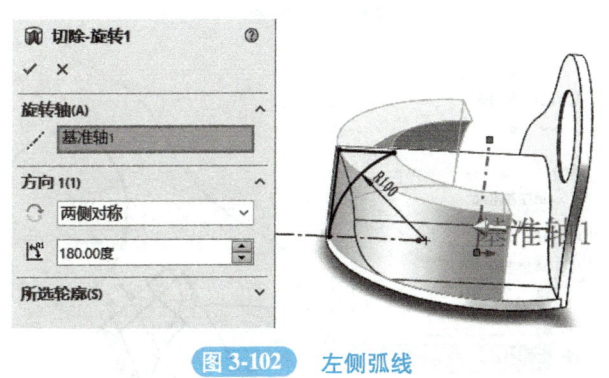

步骤 21 单击"参考几何体"→"基准面",在"第一参考"下选择"面<1>"(基准面2),偏移距离设为 20mm,如图 3-103 所示。

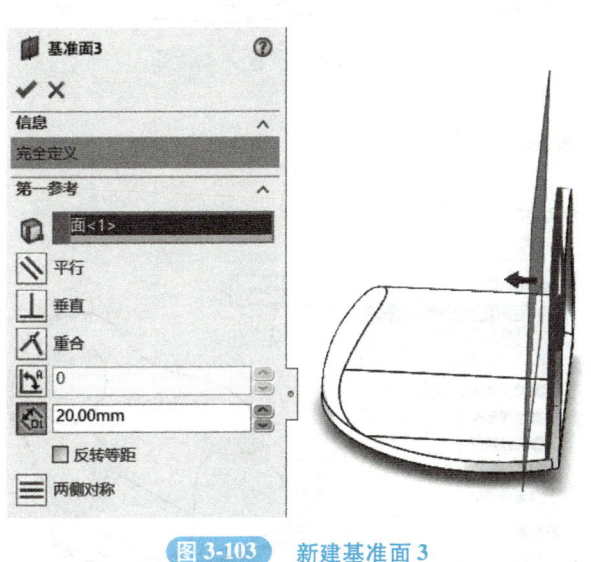

图 3-103 新建基准面 3

步骤 22 选中基准面 3,单击"草图绘制",绘制一小凸台草图,如图 3-104 所示。

步骤 23 单击"拉伸凸台",在"方向 1"下选择"成形到面"(基准面 2),如图 3-105 所示。

步骤 24 单击"圆角",圆角半径设为 20mm,如图 3-106 示。

图 3-104 基准面 3 上草图

图 3-105 基准面 3 上特征

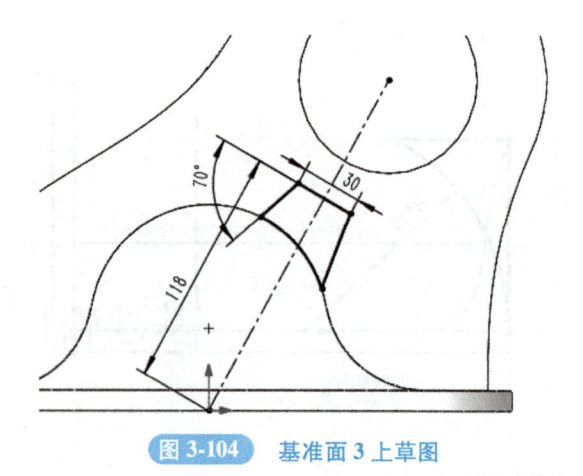

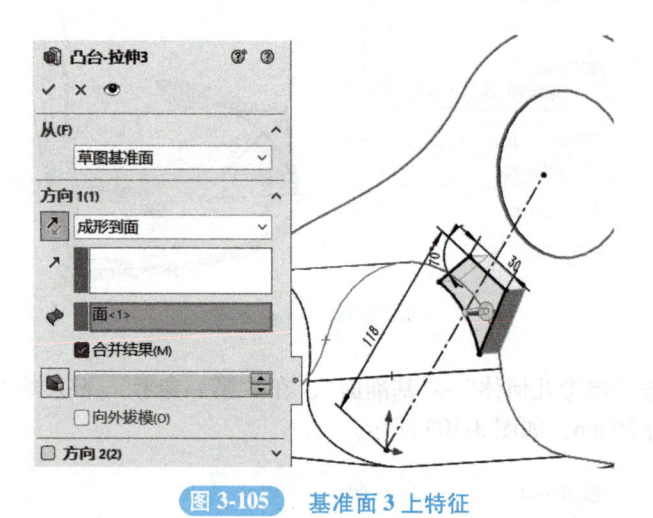

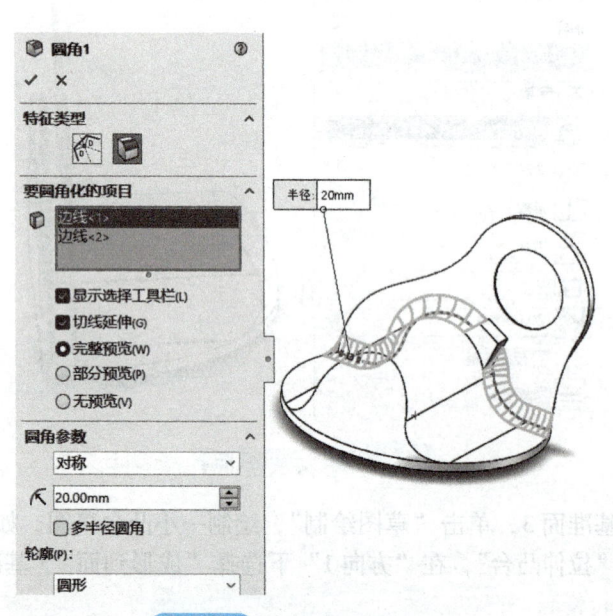

图 3-106 左右侧连接处圆角

步骤 25 单击"圆角",圆角半径设为 4mm,如图 3-107 所示。

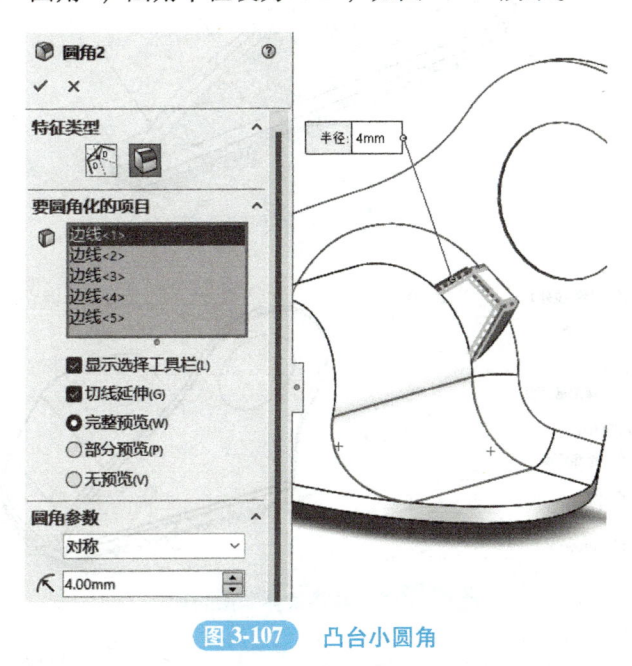

图 3-107 凸台小圆角

步骤 26 单击"圆角",圆角半径设为 4mm,如图 3-108 所示。

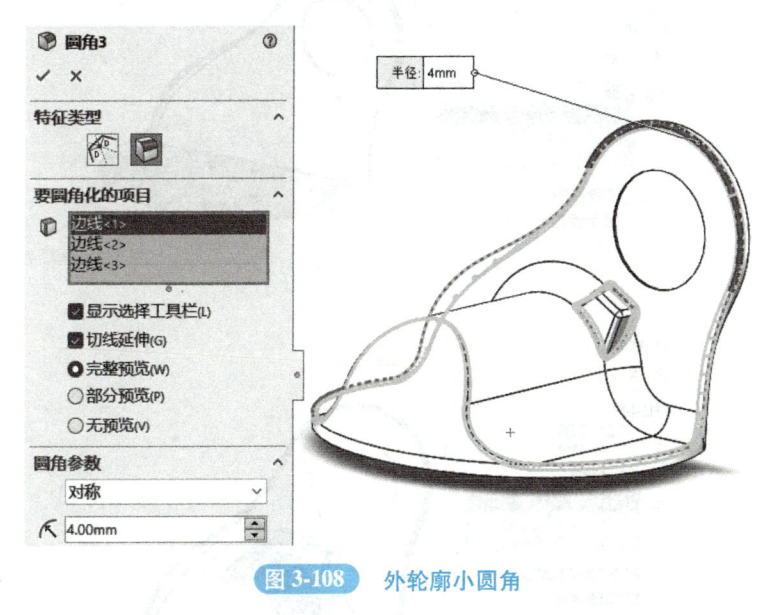

图 3-108 外轮廓小圆角

步骤 27 选中底部上表面,单击"草图绘制",单击"转换实体引用",选中曲面与平面相交处的各线段,生成一封闭草图,如图 3-109 所示。

步骤 28 单击"拉伸切除",在"方向 1"下选择"给定深度",深度设为 10mm,如图 3-110 所示。

步骤 29 单击"抽壳",厚度设为 2mm,移除的面选择底面和曲面,如图 3-111 所示。

步骤 30 单击"圆角",在"要圆角化的项目"下选择"边线<1>"(曲面内腔轮廓线),圆角半径设为 2mm,如图 3-112 所示。

图 3-109 转换实体草图

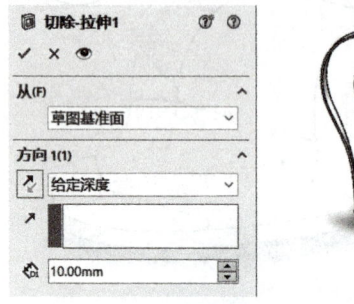

图 3-110 转换实体草图的特征

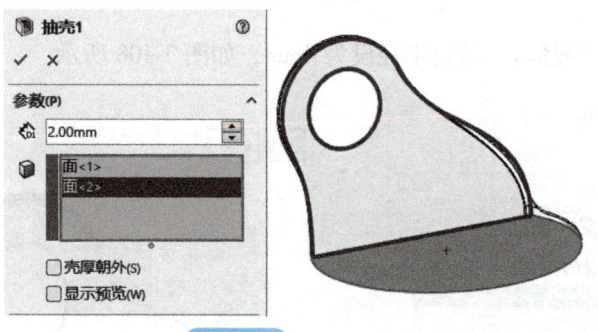

图 3-111 多面抽壳

图 3-112 内轮廓圆角

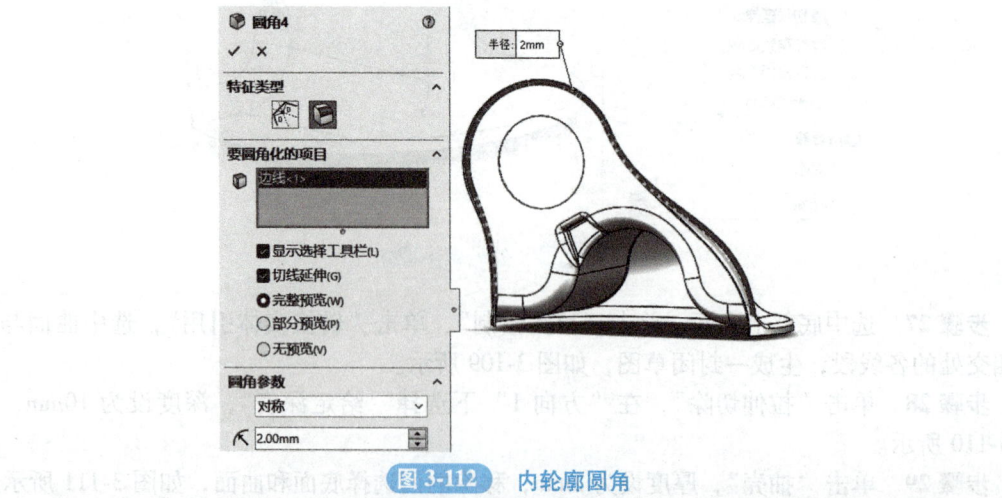

步骤 31 选中底部平面,单击"草图绘制",画一圆环形草图,内圈进行"转换实体引用",外圈与内圈距离为 1mm,端部圆点用直线封闭,如图 3-113 所示。

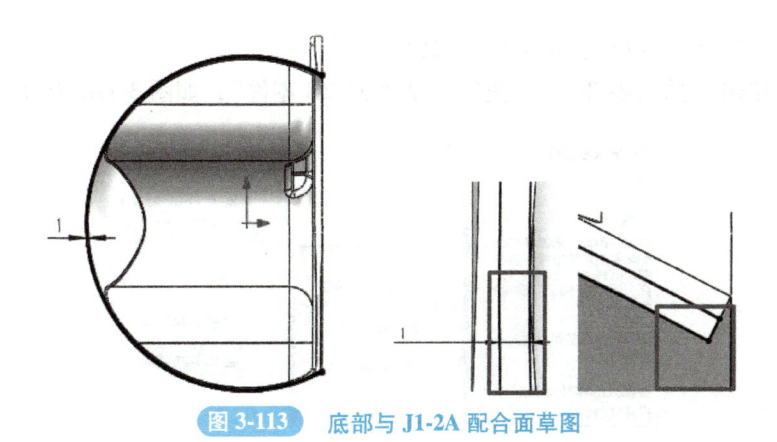

图 3-113　底部与 J1-2A 配合面草图

步骤 32　单击"拉伸凸台",在"方向 1"下选择"给定深度",深度设为 2mm,如图 3-114 所示。该环形槽是与 J1-2A 零件配合用。单击"确定",完成 J1-2B 零件的建模。

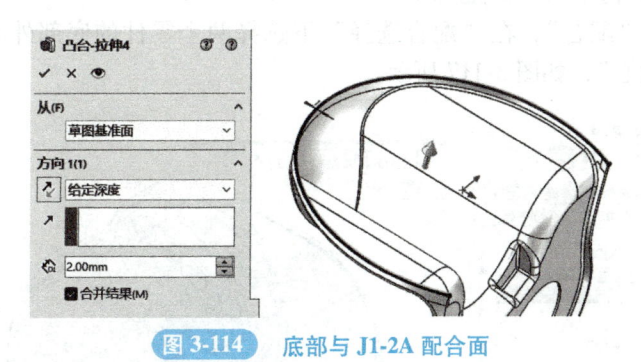

图 3-114　底部与 J1-2A 配合面

单击"保存",将该零件保存在指定位置。

四、基座 J1-2 零件建模过程

将 J1-2A 与 J1-2B 零件进行装配,并保存为零件图。

步骤 1　新建一装配体,浏览文件至"基座 J1-2A 零件"并单击,如图 3-115 所示。

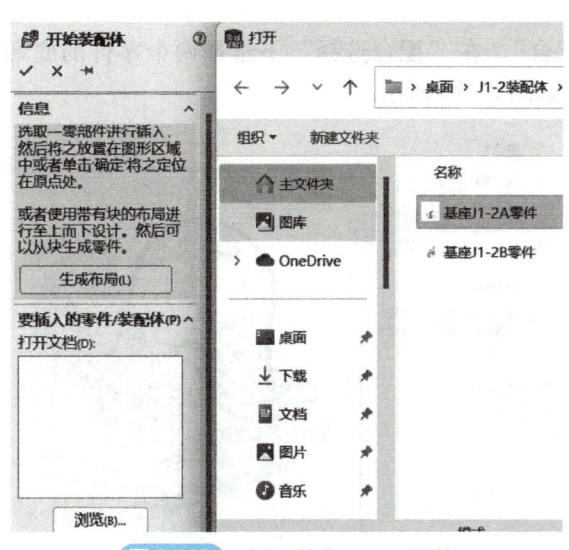

图 3-115　插入基座 J1-2A 零件

单击"打开"(右下角),再单击"确定"。

步骤 2　单击"插入零部件",找到"基座 J1-2B 零件",如图 3-116 所示。

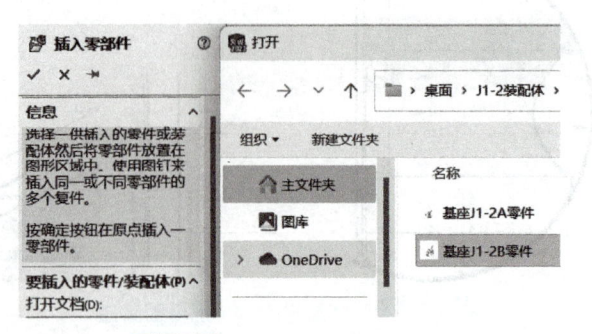

图 3-116　插入基座 J1-2B 零件

单击"打开",再单击"确定"。

步骤 3　单击"配合",在"配合选择"下选择两个零件的底部外圆面,在"配合类型"下选择"同轴心",如图 3-117 所示。

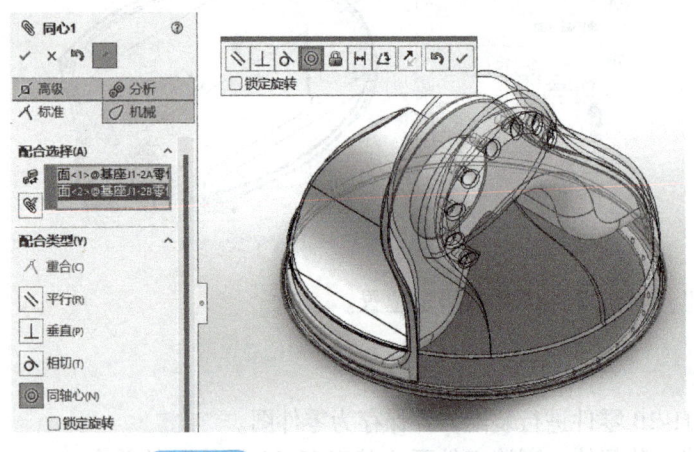

图 3-117　零件 J1-2A 与 J1-2B 面重合

步骤 4　单击"配合",在"配合选择"下选择两个零件的底部凹凸面,在"配合类型"下选择"重合",如图 3-118 所示。

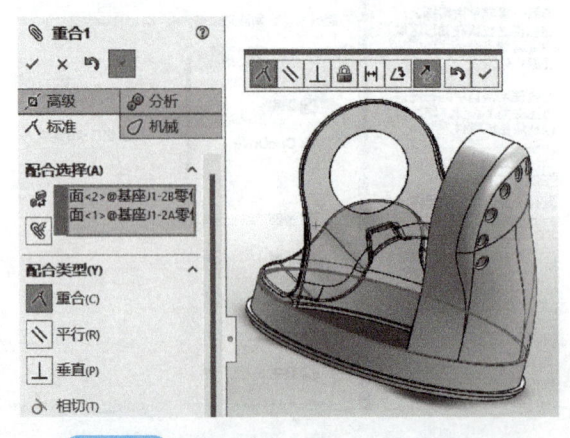

图 3-118　零件 J1-2A 与 J1-2B 配合面重合

步骤 5 单击"配合",在"配合选择"下选择两个零件的基准面 1,在"配合类型"下选择"重合",如图 3-119 所示。

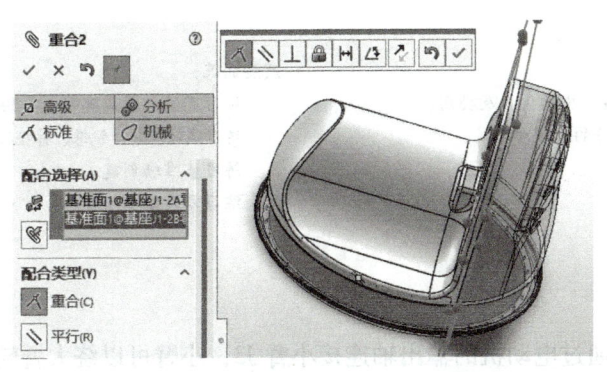

图 3-119 零件 J1-2A 与 J1-2B 基准面 1 重合

单击"确定",完成基座 J1-2 零件的装配。

步骤 6 单击"文件"→"另存为",保存类型选择"SOLIDWORKS Part(*.prt;*.sldprt)",文件名为"基座 J1-2 零件",如图 3-120 所示。

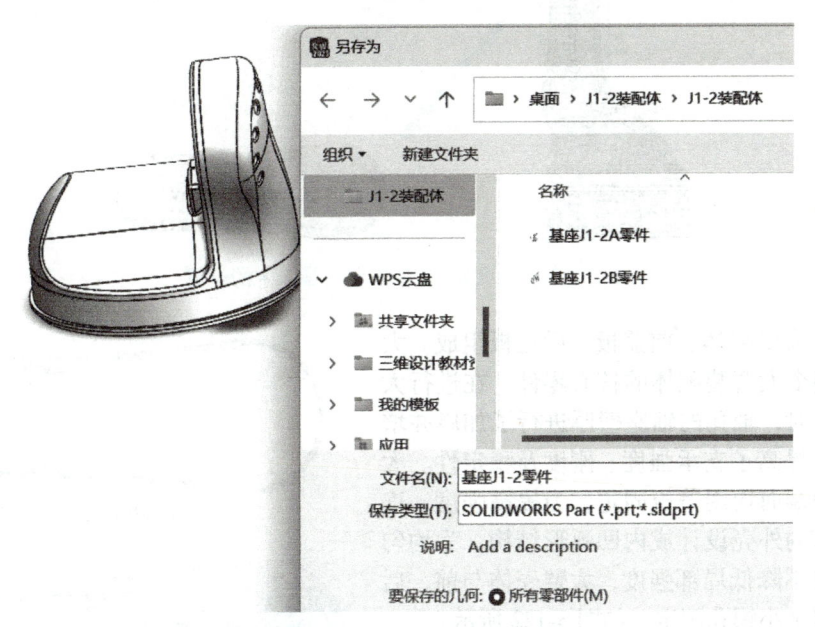

图 3-120 装配体另存为零件

单击"保存",将零件保存在指定位置。

任务小结

SolidWorks 软件的操作非常灵活,设计人员可以根据自己的习惯进行选择,也可以应用软件进行创新设计。

本任务是完成机器人基座转动部分 J1-2 零件的建模。在建模过程中多次使用 3D 草图、样条曲线,以及"曲面"工具栏中的填充曲面、缝合曲面、加厚等命令。每个命令根据设计的不同要求,选择不同的参数与配置。

任务3　大臂 J2 零件设计

任务目标：
了解大臂在工业机器人中的位置及功用。
掌握设计大臂 J2 零件的建模步骤。

技能训练：
练习圆弧、圆周阵列、等距、相切等草图命令。
练习线性阵列、镜像、异型孔向导、倒角等特征命令。
练习基准轴创建。
练习零件编辑外观。

一、任务引入

大臂 J2 的一端通过电动机的输出轴连接小臂 J3，小臂可以绕大臂转动；大臂 J2 的另一端连接基座 J1-2，大臂可以绕 J1-2 旋转。与小臂相比，大臂受力大，强度要求较高。大臂 J2 在工业机器人中的位置，如图 3-121 所示。

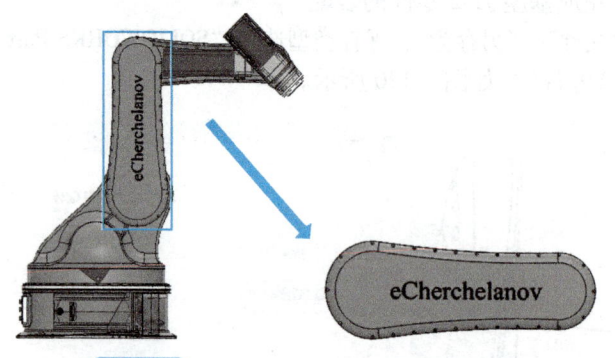

图 3-121　大臂 J2 在工业机器人中的位置

大臂由大臂壳体、前盖板、后盖板组成。大臂壳体是整个大臂装配体的核心零件，在进行大臂壳体设计时，轴孔的轴座壁厚进行了加厚并增设了隔板，提高了支承强度、刚度及稳定性。大臂壳体的两端面均用盖板固定，为提高强度，连接两轴承座的外壳设计成内凹弧形结构。为均匀受力，同时不降低局部强度，大臂壳体与前、后盖板采用多个小螺孔固定。如图 3-122 所示。

限于教材篇幅，此处只介绍大臂壳体 J2-A 建模过程，前盖板 J2-B 和后盖板 J2-C 建模过程，以及大臂 J2 装配体放在教材电子资料中供大家参考。

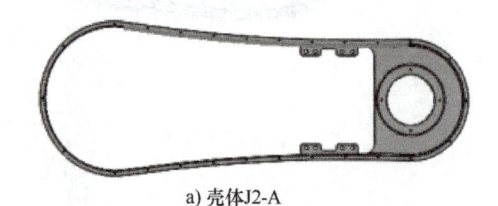

a) 壳体 J2-A

b) 前盖板 J2-B

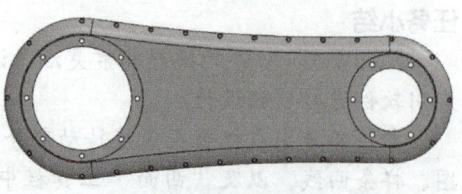

c) 后盖板 J2-C

图 3-122　大臂 J2

二、大臂 J2-A 零件建模过程

步骤1　单击工具栏中的"新建"，单击"零件"，单击"确定"，新建一个零件，将该零件命名为"大臂 J2-A 零件.sldprt"，并保存到指定文件夹。

步骤 2 选择前视基准面为草图平面,单击"草图绘制",绘制一腰形封闭轮廓,尺寸如图 3-123 所示。

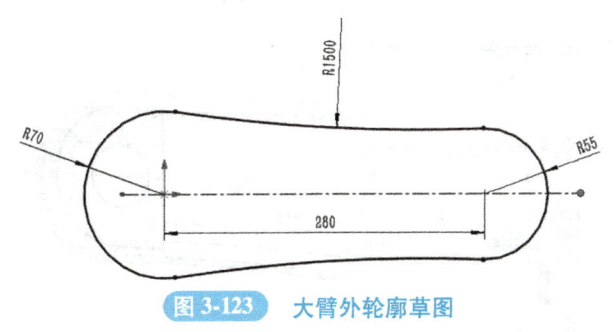

图 3-123　大臂外轮廓草图

步骤 3 单击"等距实体",在"参数"下将等距距离设为 5mm,勾选"反向",如图 3-124 所示。

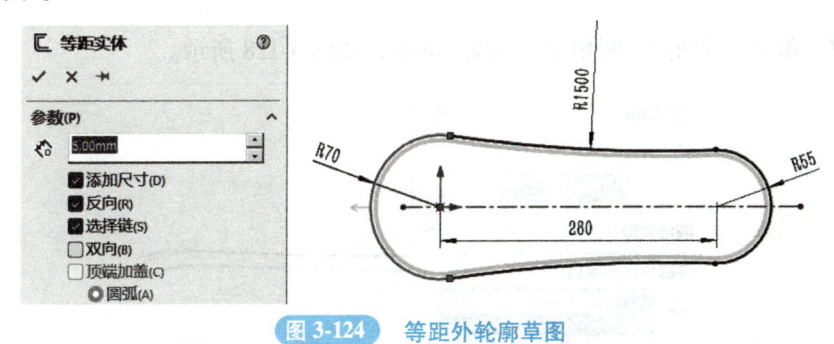

图 3-124　等距外轮廓草图

步骤 4 单击"拉伸凸台",在"从"下选择"草图基准面",在"方向1"下选择"两侧对称",深度设为 58mm,如图 3-125 所示。

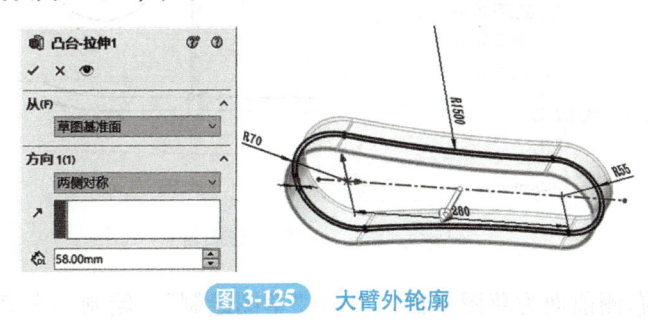

图 3-125　大臂外轮廓

步骤 5 选择前视基准面为草图平面,单击"草图绘制",绘制一带孔草图,如图 3-126 所示。

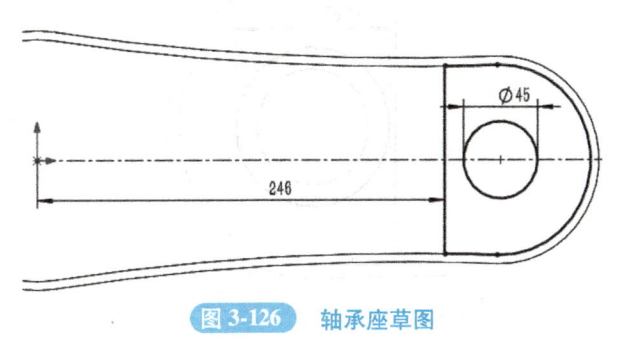

图 3-126　轴承座草图

步骤 6 单击"拉伸凸台",在"从"下选择"等距",数值设为 25mm,在"方向 1"下选择"给定深度",深度设为 4mm,如图 3-127 所示。

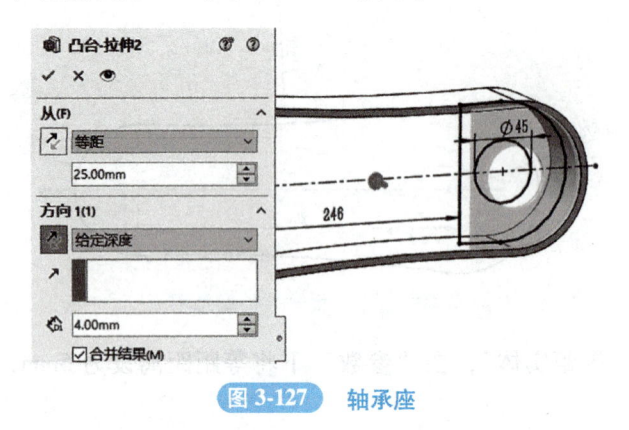

图 3-127 轴承座

步骤 7 单击"圆角",圆角半径设为 10mm,如图 3-128 所示。

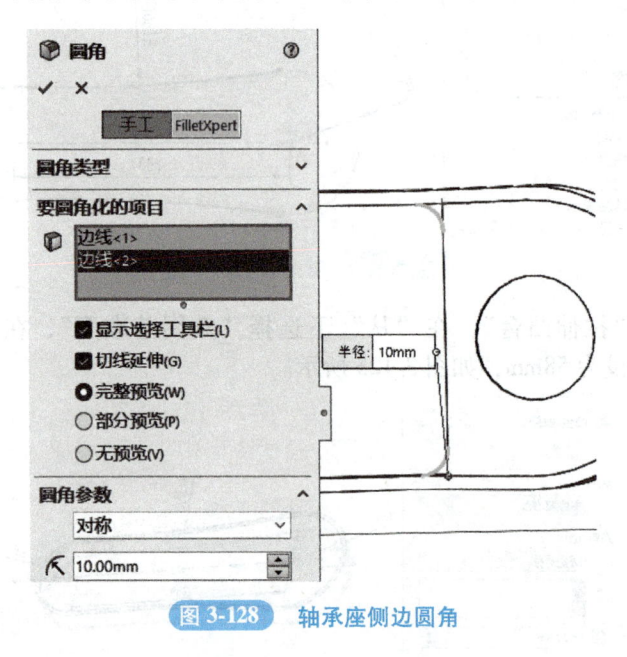

图 3-128 轴承座侧边圆角

步骤 8 选择右侧前面为草图平面,单击"草图绘制",绘制一个直径 63mm 的圆孔,另一圆孔进行"转换实体引用",如图 3-129 所示。

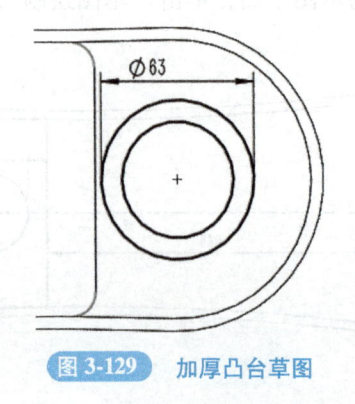

图 3-129 加厚凸台草图

步骤9 单击"拉伸凸台",在"从"下选择"草图基准面",在"方向 1"(向前)下选择"给定深度",深度设为 2.5mm,在"方向 2"(向后)下选择"给定深度",深度设为 6.5mm,如图 3-130 所示。

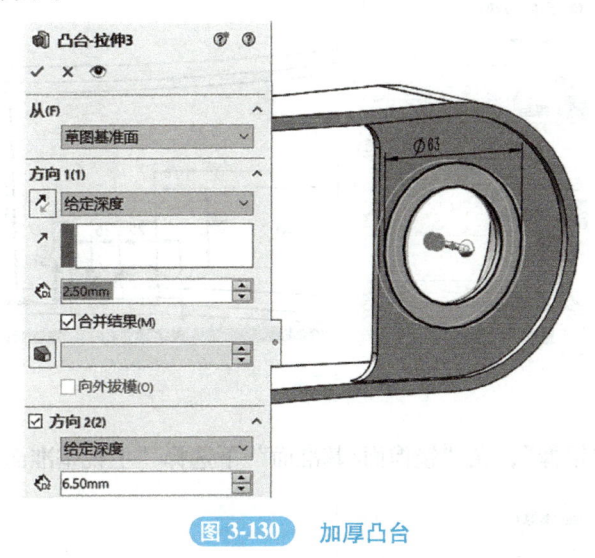

图 3-130　加厚凸台

步骤10 单击"圆角",圆角半径设为 1mm,如图 3-131 所示。

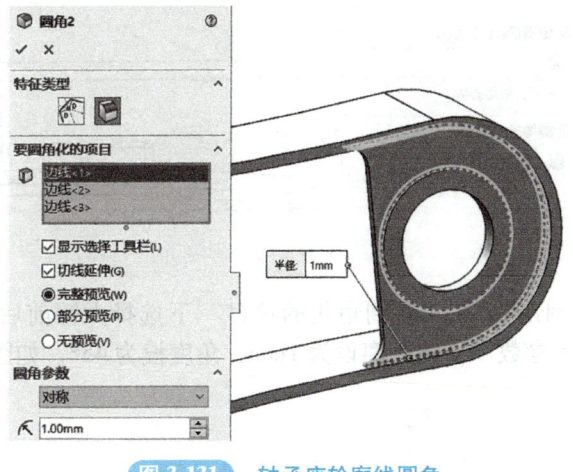

图 3-131　轴承座轮廓线圆角

步骤11 选择前视基准面为草图平面,单击"草图绘制",绘制一小凸台草图,如图 3-132 所示。

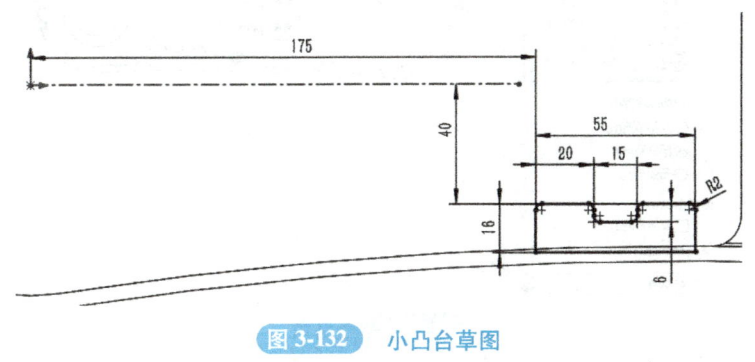

图 3-132　小凸台草图

步骤 12　单击"拉伸凸台",在"从"下选择"等距",数值设为 6mm,在"方向 1"下选择"给定深度",深度设为 20mm,如图 3-133 所示。

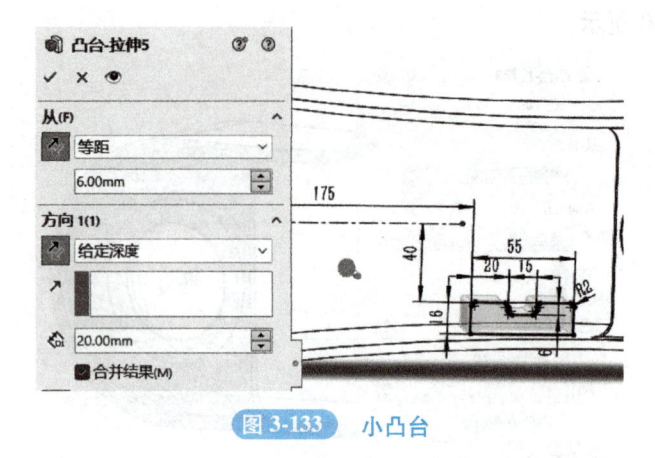

图 3-133　小凸台

步骤 13　单击"镜像",在"镜像面/基准面"下选择"上视基准面",如图 3-134 所示。

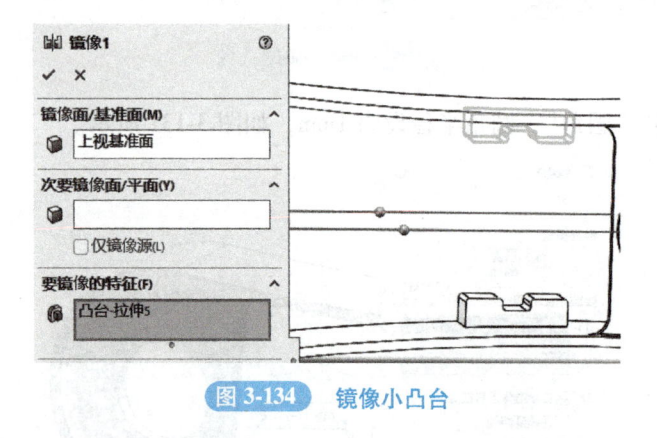

图 3-134　镜像小凸台

步骤 14　单击"倒角",在"要倒角化的项目"下选择大臂前后内轮廓边线、右侧凸台圆孔边线,在"倒角参数"下将距离设为 1mm,角度设为 45°,如图 3-135 所示。

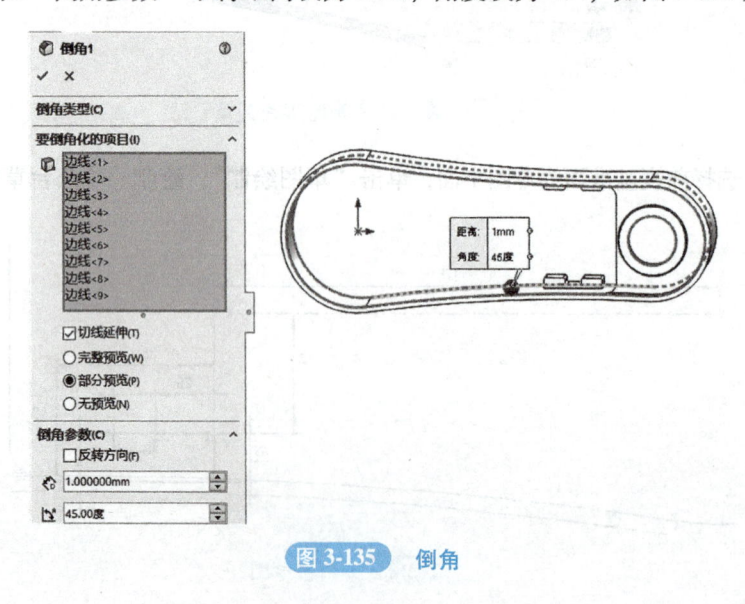

图 3-135　倒角

步骤 15 单击"异型孔向导",在"类型"选项卡中,孔类型选择"直螺纹孔"(第 2 行第 1 列),大小选择"M4";单击"位置"选项卡,选择小凸台表面(任意位置打两个小孔),如图 3-136 所示。

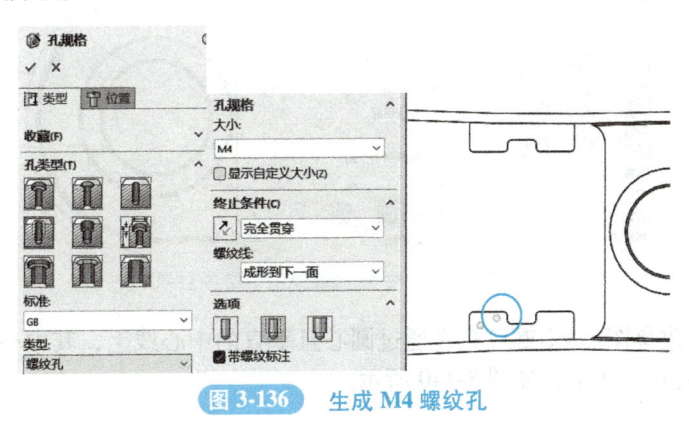

图 3-136　生成 M4 螺纹孔

步骤 16 修改草图。使两个螺纹孔的中心相距 9mm,如图 3-137 所示。

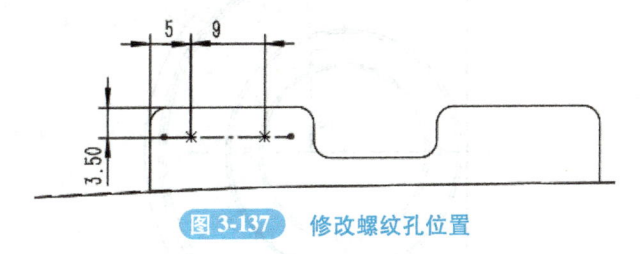

图 3-137　修改螺纹孔位置

步骤 17 单击"线性阵列",在"方向 1"下选择"边线<1>"(水平线),在"方向 2"下选择"边线<2>"(垂直线),如图 3-138 所示。

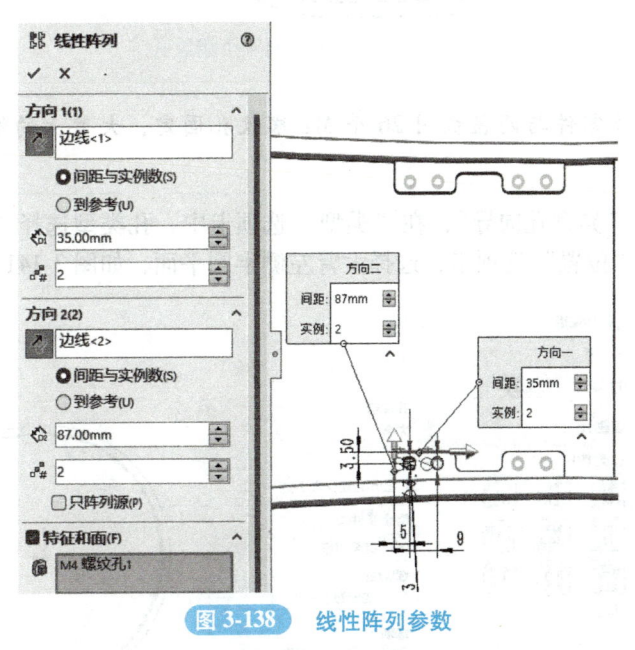

图 3-138　线性阵列参数

步骤 18 单击"异型孔向导",在"类型"选项卡中,孔类型选择"直螺纹孔",大小选择"M2",单击"位置"选项卡,选择右侧圆凸台平面,如图 3-139 所示。

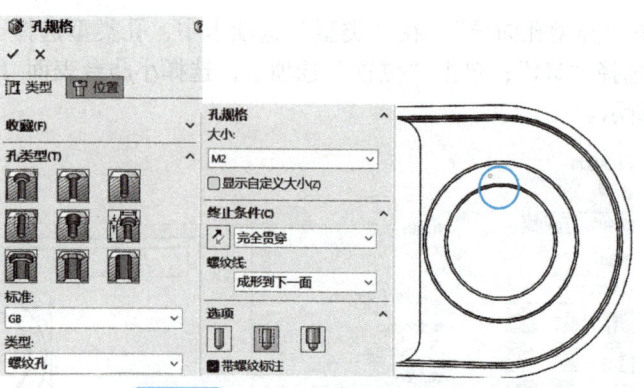

图 3-139　生成轴承座的 M2 螺纹孔

步骤 19　修改草图。M2 螺纹孔在通过圆心且垂直的中心线上，其中心与圆凸台中心相距 27mm，再圆周阵列 4 个，如图 3-140 所示。

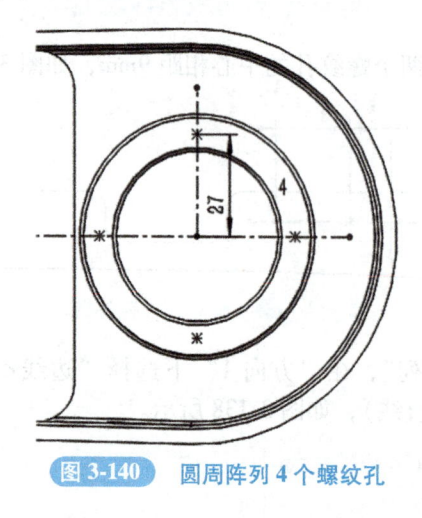

图 3-140　圆周阵列 4 个螺纹孔

> **注意**：大臂壳体零件与两盖板用 26 个 M2 螺纹孔固定，大臂上的螺纹孔分左侧、中间、右侧三段。

步骤 20　单击"异型孔向导"，在"类型"选项卡中，孔类型选择"直螺纹孔"，大小选择"M2"，单击"位置"选项卡，选择大臂左侧半圆平面，如图 3-141 所示。

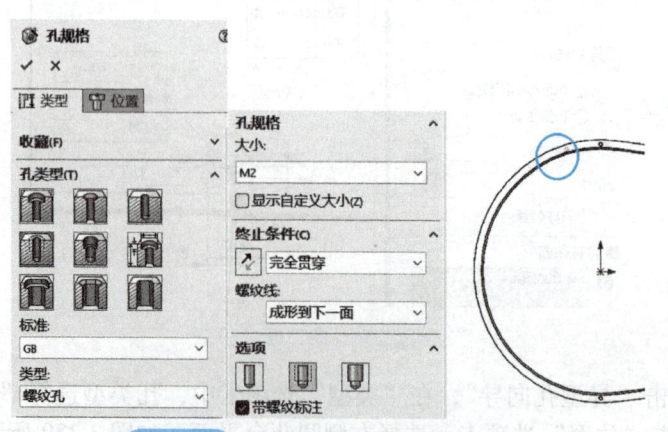

图 3-141　生成大臂左侧的 M2 螺纹孔

步骤 21 修改草图。M2 螺纹孔中心、倾斜 45°中心线、与 R70mm 轮廓等距 2.5mm 的构造线三者交叉，再圆周阵列 3 个，如图 3-142 所示。

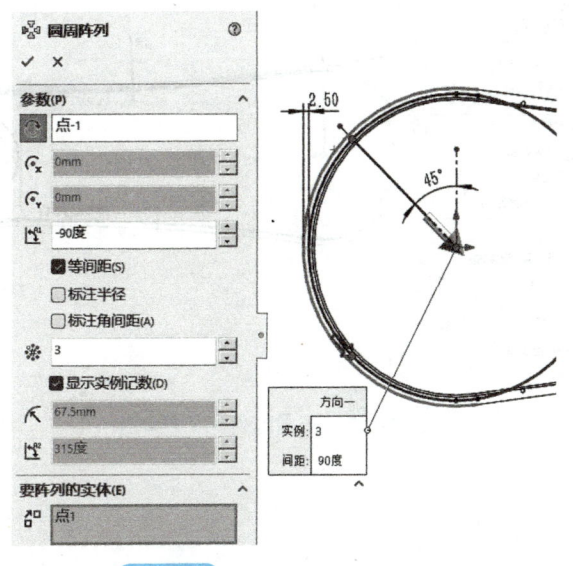

图 3-142　圆周阵列 3 个螺纹孔

步骤 22 单击"异型孔向导"，在"类型"选项卡中，孔类型选择"直螺纹孔"，大小选择"M2"，单击"位置"选项卡，选择大臂中间段平面，如图 3-143 所示。

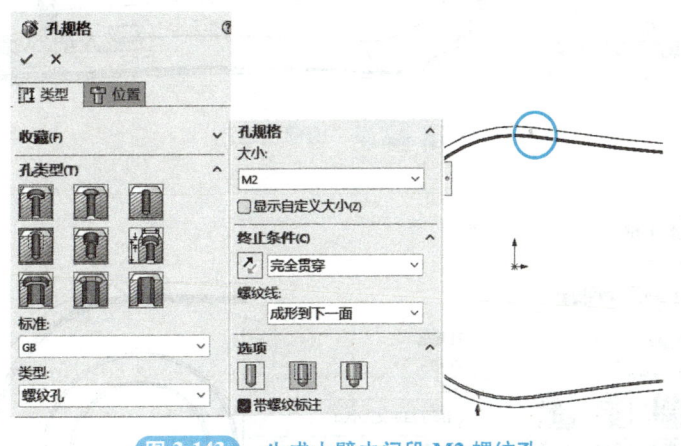

图 3-143　生成大臂中间段 M2 螺纹孔

步骤 23 修改草图。M2 螺纹孔中心、通过圆心且垂直的中心线、与 R1500mm 轮廓等距 2.5mm 的构造线三者交叉，再圆周阵列 9 个。圆周阵列参数如下：阵列轴选择"边线<2>"（R1500mm 边线），角度设为−9.5°（"−"号表示方向），实例数设为 9，如图 3-144 所示。

步骤 24 单击"镜像"，在"镜像面/基准面"下选择"上视基准面"，如图 3-145 所示。

步骤 25 单击"异型孔向导"，在"类型"选项卡中，孔类型选择"直螺纹孔"，大小选择"M2"，单击"位置"选项卡，选择大臂右侧半圆平面，如图 3-146 所示。

图 3-144　圆周阵列 9 个螺纹孔

图 3-145　镜像螺纹孔

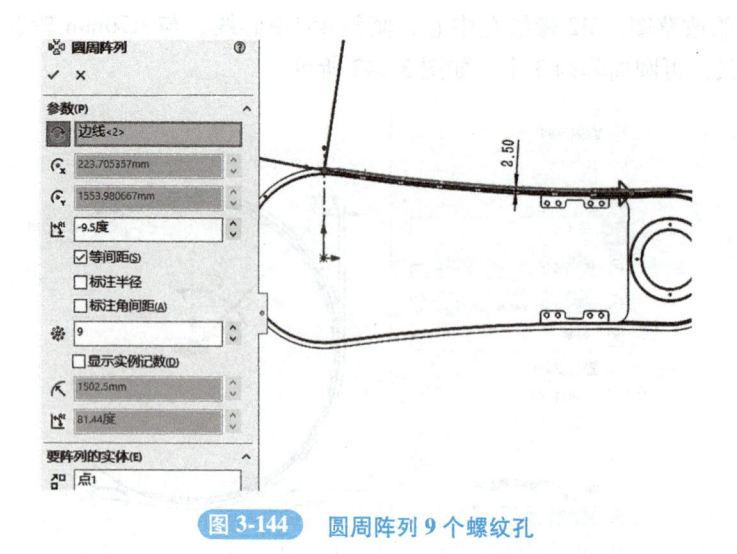

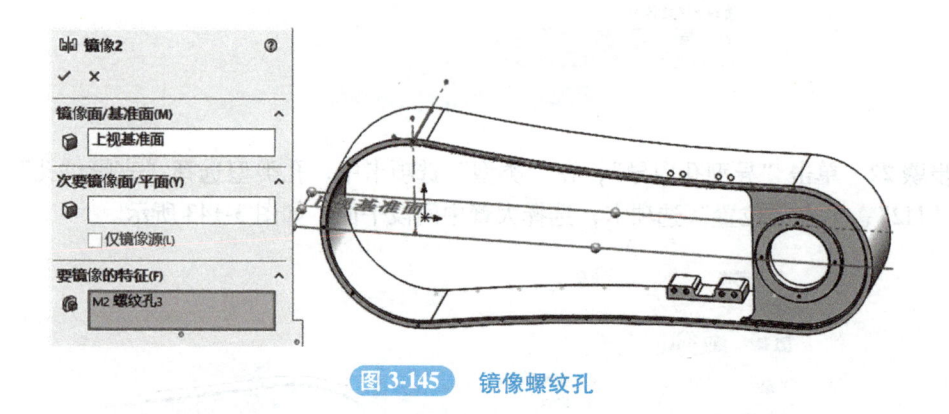

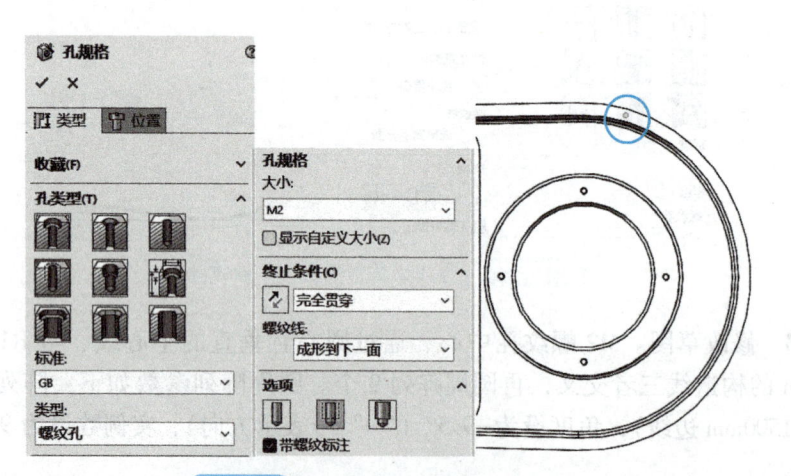

图 3-146　生成大臂右侧的 M2 螺纹孔

步骤 26　修改草图。M2 螺纹孔中心、通过圆心且垂直的中心线、与 R55mm 轮廓等距 2.5mm 的构造线三者交叉，再圆周阵列 5 个，如图 3-147 所示。

单击"确定"，生成 5 个孔，如图 3-148 所示。至此，完成大臂连接孔的绘制。

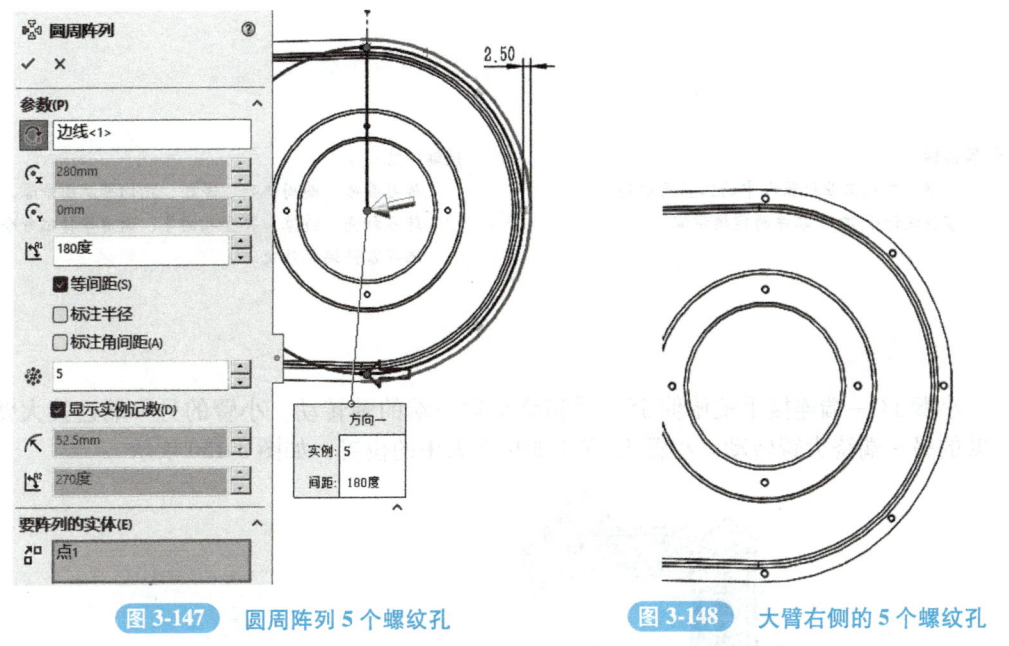

图 3-147　圆周阵列 5 个螺纹孔　　　　图 3-148　大臂右侧的 5 个螺纹孔

步骤 27　单击"编辑外观",在"所选几何体"下选择"大臂 J2-A 零件",如图 3-149 所示。单击"确定",完成大臂零件的建模。

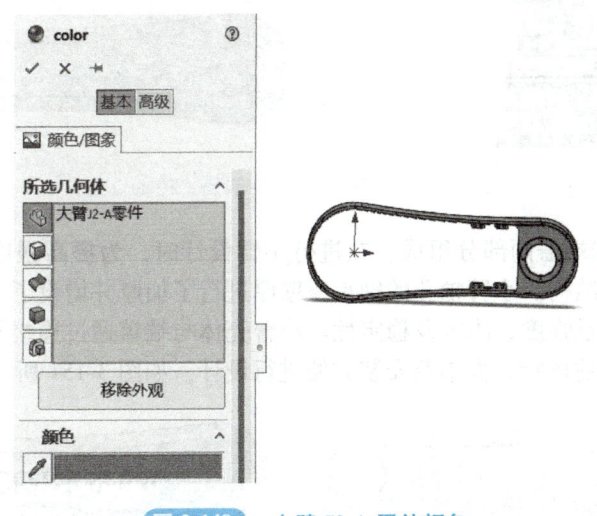

图 3-149　大臂 J2-A 零件颜色

单击"保存",将该零件保存到指定位置。

任务小结

本任务是机器人大臂 J2 零件的建模。在建模过程中,草图绘制使用了直线、矩形、圆、圆弧、等距、剪裁实体、镜像实体、转换实体引用、线性草图阵列、圆周草图阵列等命令,特征建模主要使用了拉伸凸台、异型孔向导、圆角、抽壳、筋、线性阵列、圆周阵列、镜像等命令。每个命令根据设计的不同要求,选择不同的参数与配置。

任务 4　小臂 J3 零件设计

任务目标：
了解小臂在工业机器人中的位置及功用。
掌握设计小臂 J3 零件的建模步骤。

技能训练：
练习圆弧、圆周阵列、等距、相切等草图命令。
练习抽壳、镜像、异型孔向导、倒角等特征命令。
练习零件编辑外观。

一、任务引入

小臂 J3 一端连接手腕俯仰 J5，手腕绕小臂一端的轴转动，小臂的另一端连接大臂 J2，小臂的另一端绕大臂转动。小臂 J3 在工业机器人中的位置，如图 3-150 所示。

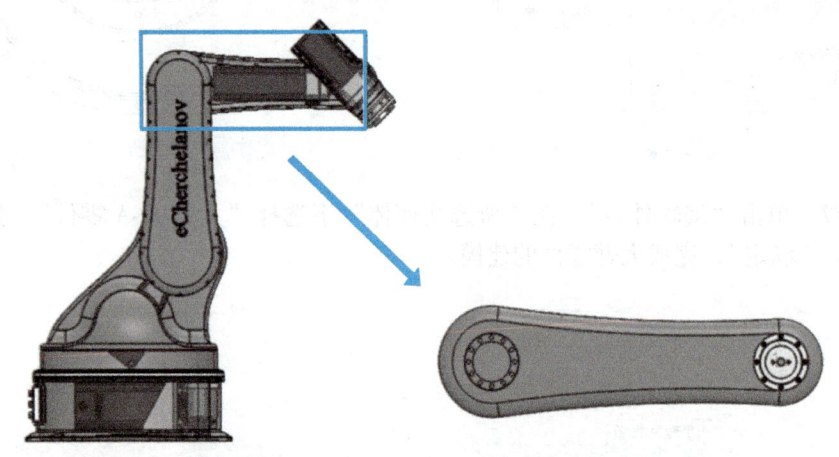

图 3-150　小臂 J3 在工业机器人中的位置

小臂 J3 由壳体和端盖两部分组成。在进行小臂设计时，为提高强度，连接两轴承座的外壳设计成内凹弧形结构。小臂轴孔的轴承座壁厚进行了加厚并增设了凸台，在近大臂端设置了加强筋以提高支承强度、刚度及稳定性。小臂壳体与端盖通过连接孔固定或连接。在内腔中，根据安装零件的形状、大小及安装方便进行设计，如图 3-151 所示。

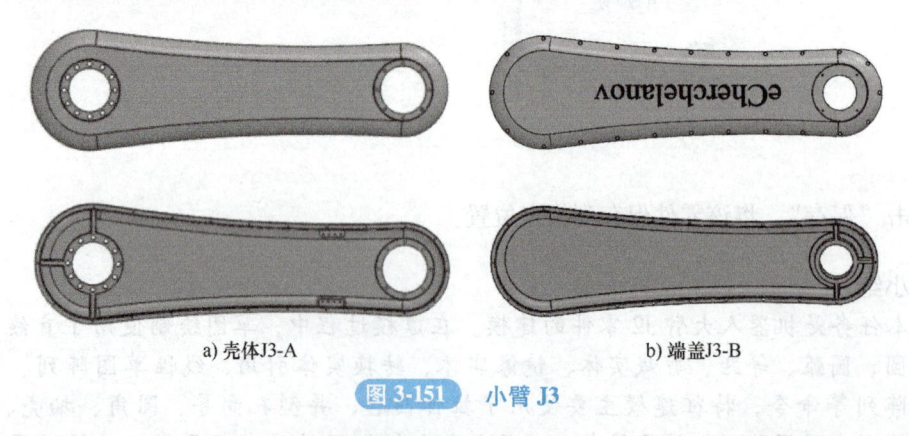

a) 壳体J3-A　　　　b) 端盖J3-B

图 3-151　小臂 J3

此处只介绍小臂壳体 J3-A 零件建模过程，端盖 J3-B 零件与 J3-A 结构相似，有兴趣的读者可以自行完成。

二、小臂 J3-A 零件建模过程

步骤 1　单击工具栏中的"新建",单击"零件",单击"确定",新建一个零件,将该零件命名为"小臂 J3-A 零件 .sldprt",并保存到指定文件夹。

步骤 2　选择前视基准面为草图平面,单击"草图绘制",绘制零件壳体轮廓草图,如图 3-152 所示。

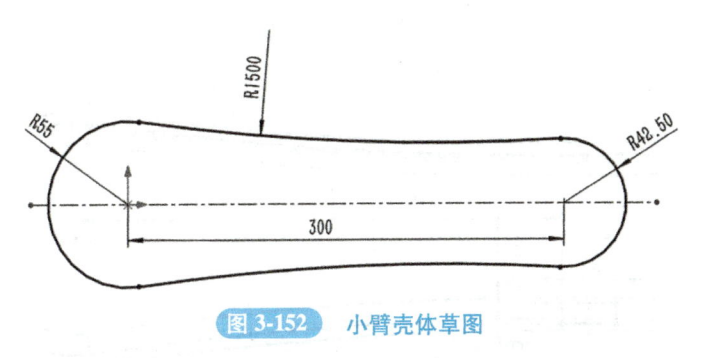

图 3-152　小臂壳体草图

步骤 3　单击"拉伸凸台",在"从"下选择"草图基准面",在"方向 1"下选择"给定深度",深度设为 48mm,如图 3-153 所示。

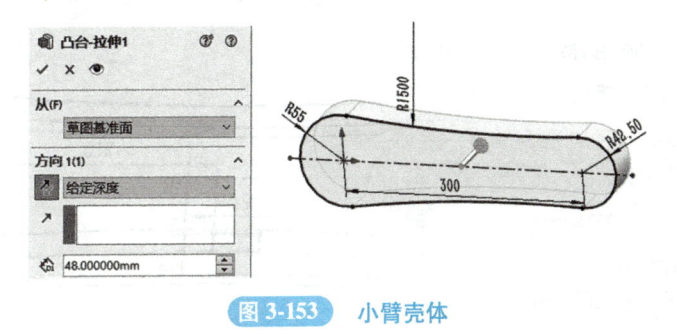

图 3-153　小臂壳体

步骤 4　单击"圆角",圆角半径设为 14mm,如图 3-154 所示。

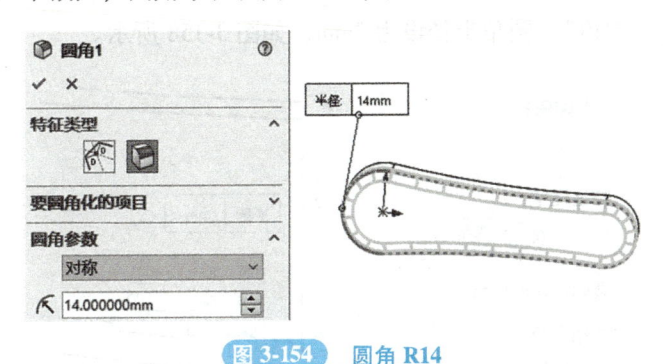

图 3-154　圆角 R14

步骤 5　单击"抽壳",厚度设为 5mm,如图 3-155 所示。

步骤 6　选择壳体内腔为草图平面,单击"草图绘制",绘制一 24mm×9mm 的小矩形,如图 3-156 所示。

步骤 7　单击"拉伸凸台",在"从"下选择"等距",数值设为 17mm,在"方向 1"下选择"成形到下一面",如图 3-157 所示。

图 3-155 壳体抽壳

图 3-156 矩形凸台草图

图 3-157 矩形凸台

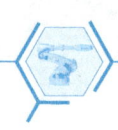

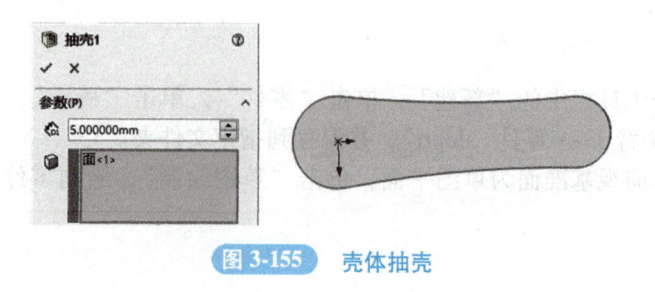

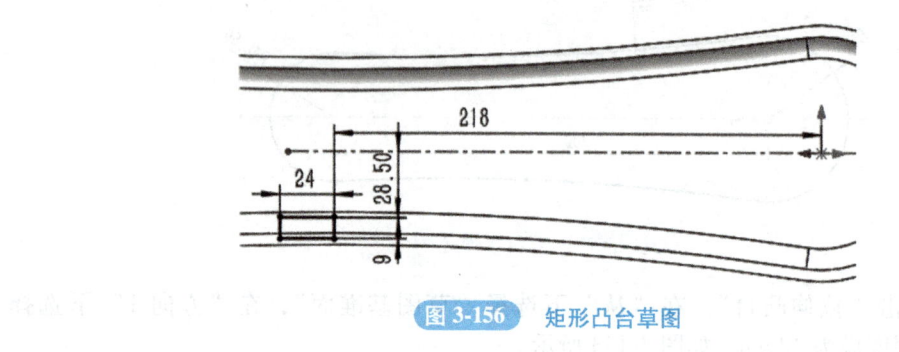

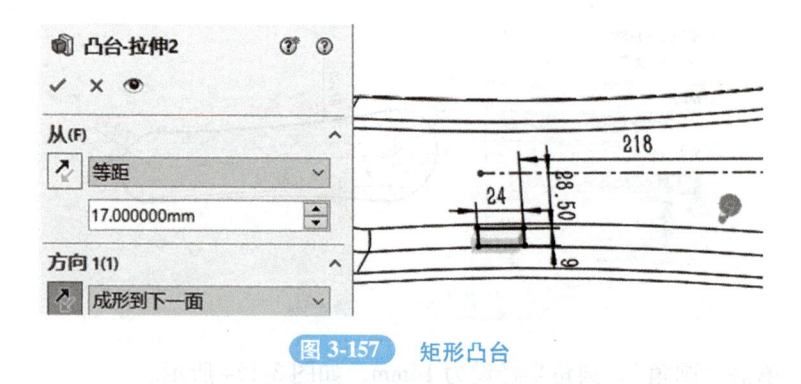

步骤 8 单击"圆角",圆角半径设为 2mm,如图 3-158 所示。

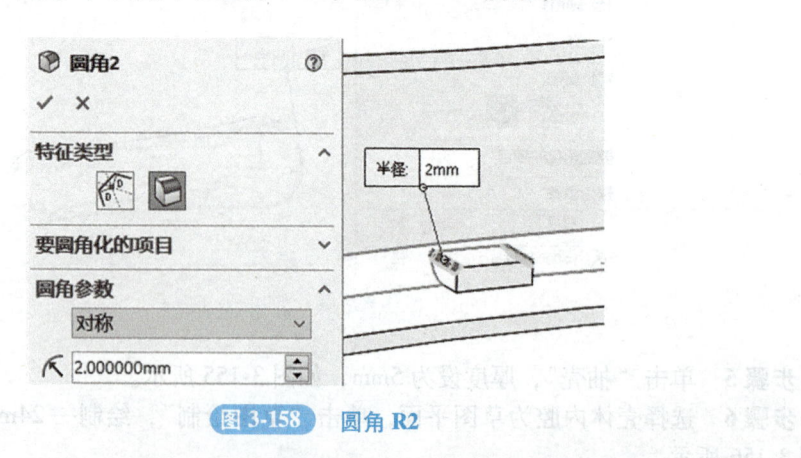

图 3-158 圆角 R2

步骤 9 单击"镜像",在"镜像面/基准面"下选择"上视基准面",如图 3-159 所示。

图 3-159　镜像小凸台

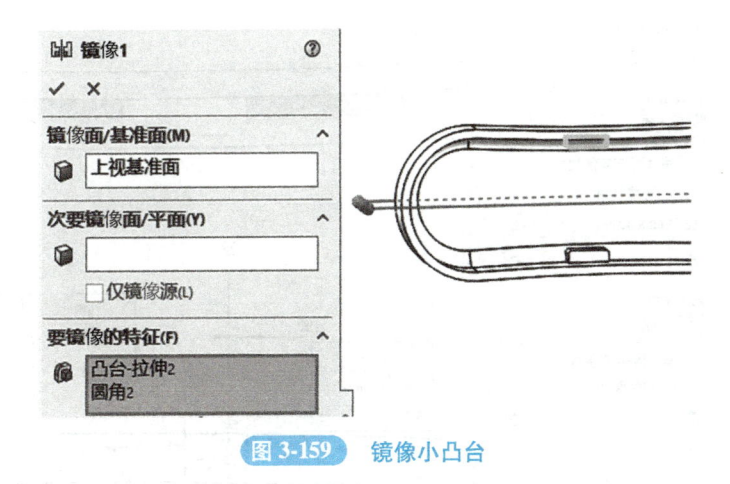

步骤 10　单击"异型孔向导",在"类型"选项卡中,孔类型选择"直螺纹孔",大小选择"M2",单击"位置"选项卡,选择小凸台平面,如图 3-160 所示。

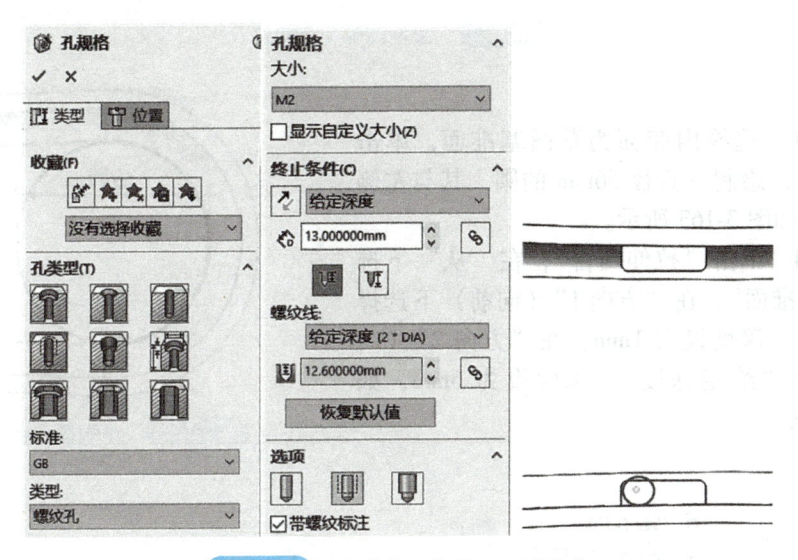

图 3-160　生成小凸台的 M2 螺纹孔

步骤 11　修改草图。M2 螺纹孔中心距左侧 3.6mm,距上侧 2.45mm,如图 3-161 所示。

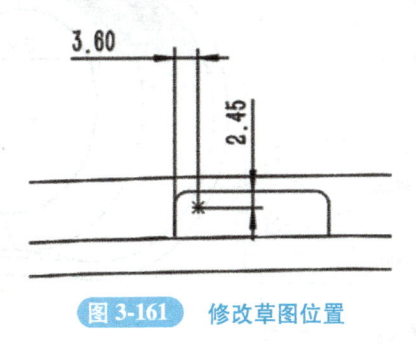

图 3-161　修改草图位置

步骤 12　单击"线性阵列",在"方向 1"下选择"边线<1>"(水平线),在"方向 2"下选择"边线<2>"(垂直线),如图 3-162 所示。

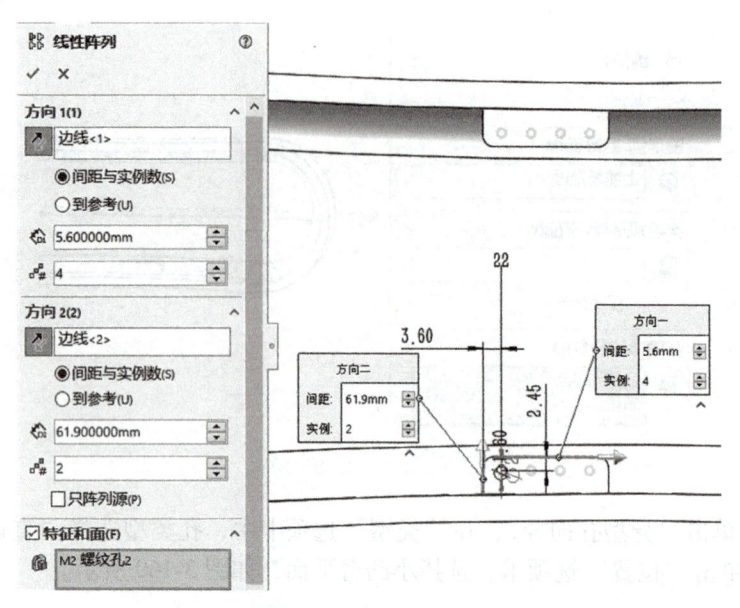

图 3-162 线性阵列 8 个螺纹孔

步骤 13 选择内腔面为草图基准面,单击"草图绘制",绘制一直径 56mm 的圆,其与左侧半圆同心,如图 3-163 所示。

步骤 14 单击"拉伸凸台",在"从"下选择"草图基准面",在"方向 1"(向前)下选择"给定深度",深度设为 1mm,在"方向 2"(向后)下选择"给定深度",深度设为 6mm,如图 3-164 所示。

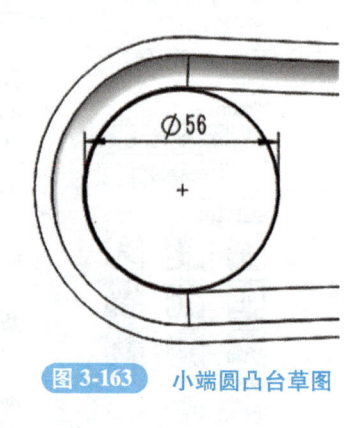

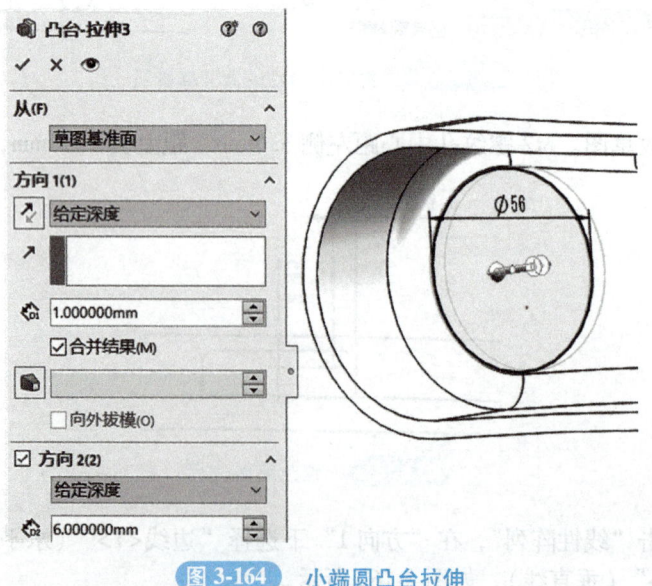

图 3-163 小端圆凸台草图

图 3-164 小端圆凸台拉伸

步骤 15 选择圆凸台面为草图基准面，单击"草图绘制"，绘制一直径 44mm 的圆，其与直径为 56mm 的圆同心，如图 3-165 所示。

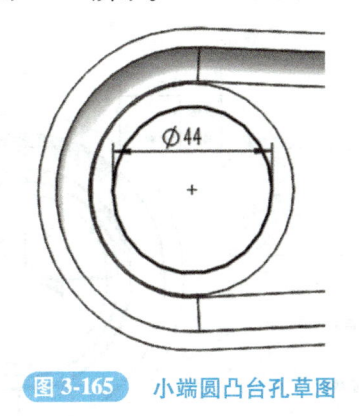

图 3-165 小端圆凸台孔草图

步骤 16 单击"拉伸切除"，在"从"下选择"草图基准面"，在"方向 1"下选择"完全贯穿"，如图 3-166 所示。

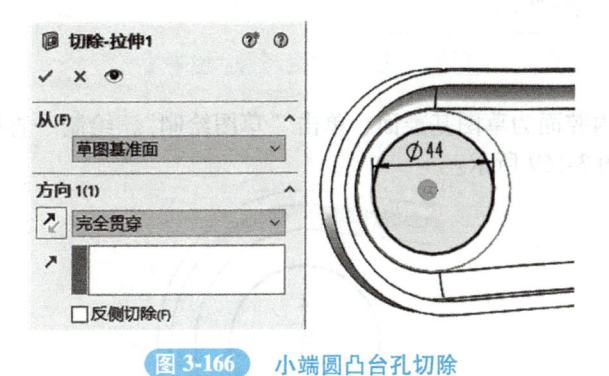

图 3-166 小端圆凸台孔切除

步骤 17 单击"异型孔向导"，在"类型"选项卡中，孔类型选择"直螺纹孔"，大小选择"M3"，单击"位置"选项卡，选择小端圆环凸台平面，如图 3-167 所示。

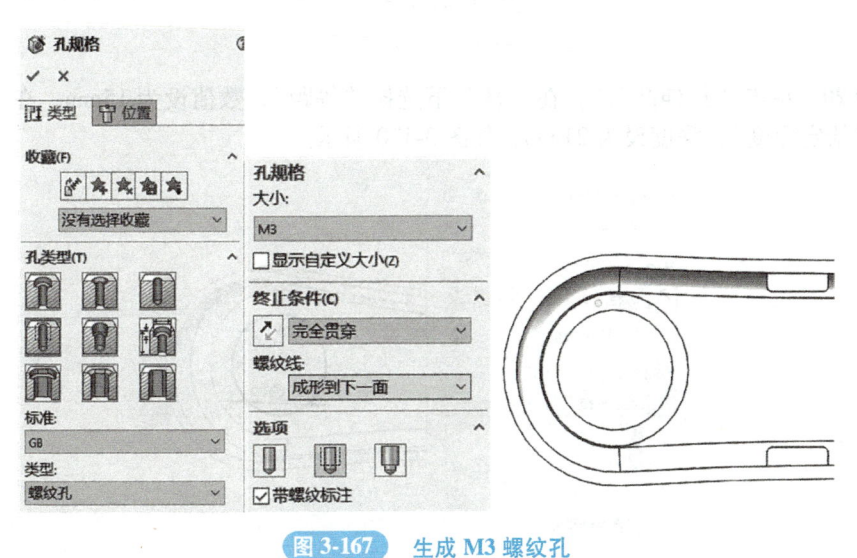

图 3-167 生成 M3 螺纹孔

步骤 18 修改草图。M3 螺纹孔中心、通过圆心且垂直的中心线、φ50mm 构造线三者交叉，再圆周阵列 8 个，如图 3-168 所示。

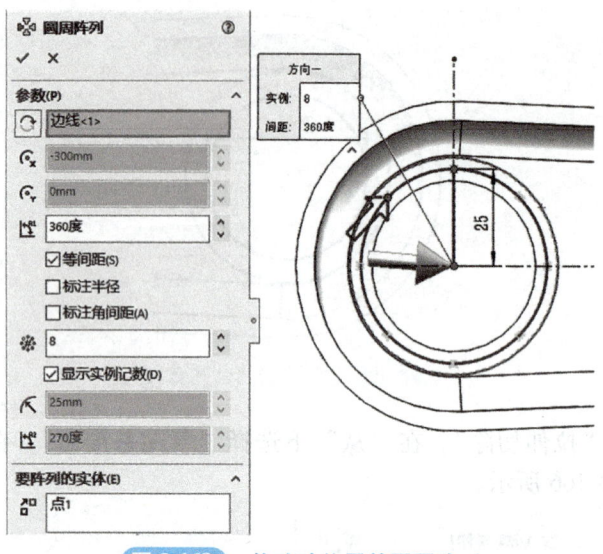

图 3-168　修改孔位置并圆周阵列

步骤 19 选择内腔面为草图基准面，单击"草图绘制"，绘制一直径 56mm 的圆，其与右侧半圆同心，如图 3-169 所示。

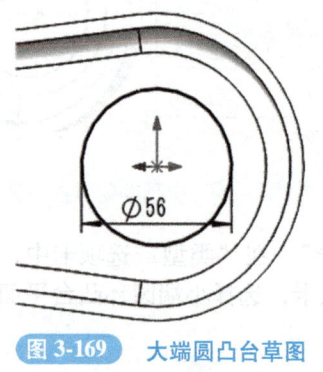

图 3-169　大端圆凸台草图

步骤 20 单击"拉伸凸台"，在"从"下选择"等距"，数值设为 15mm，在"方向 1"下选择"给定深度"，深度设为 21mm，如图 3-170 所示。

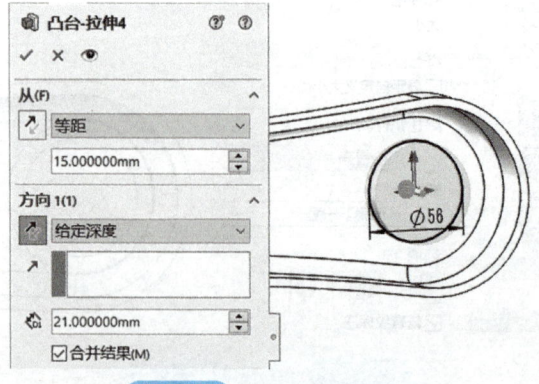

图 3-170　大端圆凸台拉伸

步骤 21 选择圆凸台面为草图基准面,单击"草图绘制",绘制一直径 40mm 的圆,其与直径为 56mm 的圆同心,如图 3-171 所示。

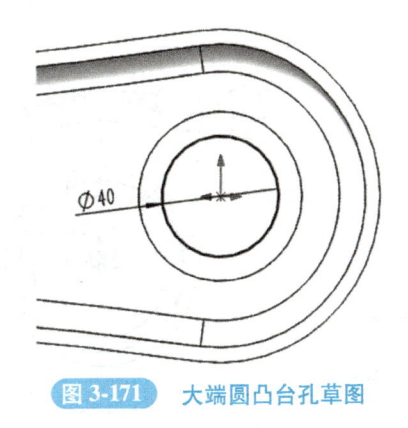

图 3-171 大端圆凸台孔草图

步骤 22 单击"拉伸切除",在"从"下选择"草图基准面",在"方向 1"下选择"完全贯穿",如图 3-172 所示。

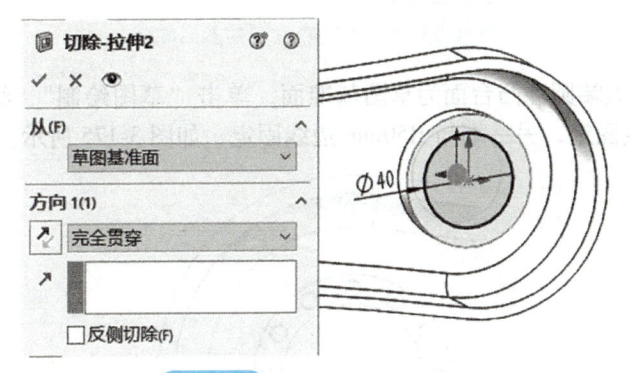

图 3-172 大端圆凸台孔切除

步骤 23 单击"异形孔向导",在"类型"选项卡中,孔类型选择"直螺纹孔",大小选择"M5",单击"位置"选项卡,选择大端圆环凸台平面,如图 3-173 所示。

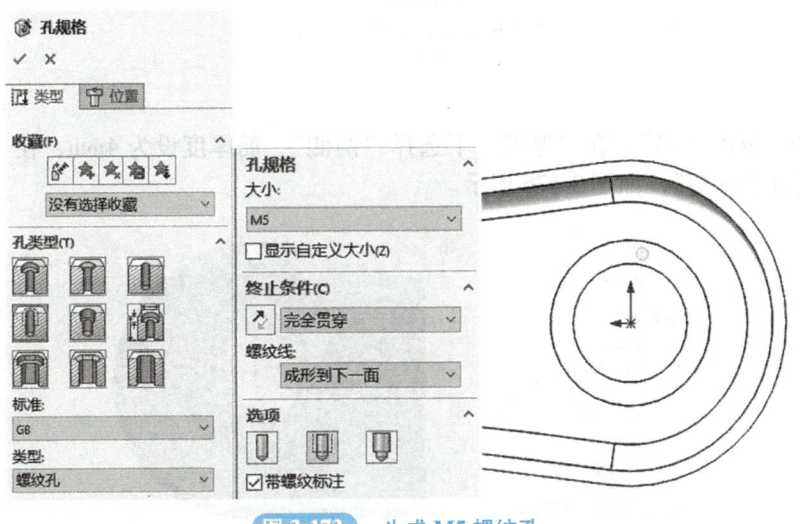

图 3-173 生成 M5 螺纹孔

步骤 24 修改草图。M5 螺纹孔中心、通过圆心且垂直的中心线、φ48mm 构造线三者交叉，再圆周阵列 12 个，如图 3-174 所示。

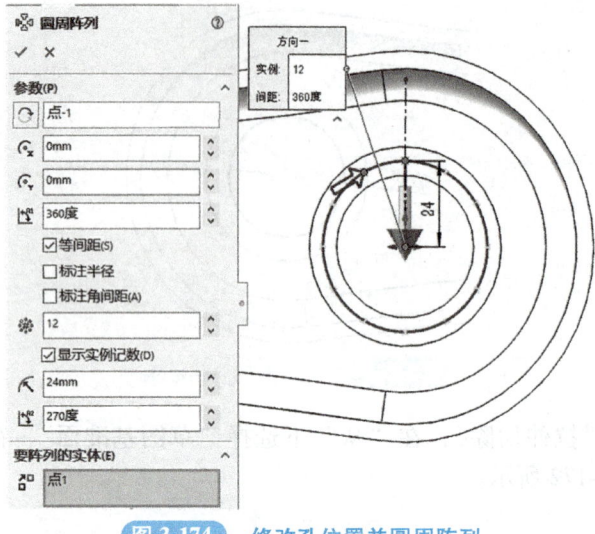

图 3-174 修改孔位置并圆周阵列

步骤 25 选择大端圆环凸台面为草图基准面，单击"草图绘制"，绘制一加强筋草图，一端与 φ56mm 边线固定，另一端与 R50mm 边线固定，如图 3-175 所示。

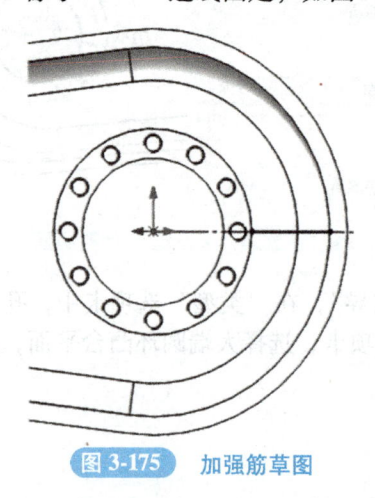

图 3-175 加强筋草图

步骤 26 单击"筋"，在"厚度"下选择"两侧"，筋厚度设为 4mm，在"拉伸方向"下选择"垂直于草图"，如图 3-176 所示。

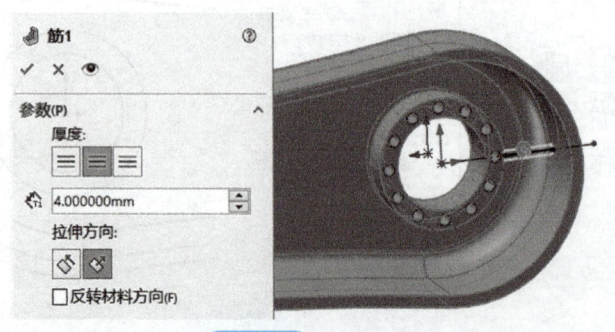

图 3-176 加强筋

步骤 27 单击"圆周阵列",实例数设为 4,在"可跳过的实例"下选择"(D1,3)",如图 3-177 所示。

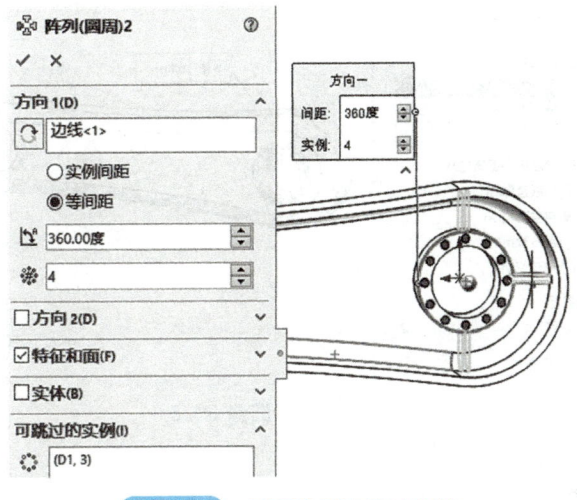

图 3-177 圆周阵列及跳过实例

步骤 28 单击"圆角",在"要圆角化的项目",下选择加强筋及圆环凸台底边,圆角半径设为 0.8mm,如图 3-178 所示。

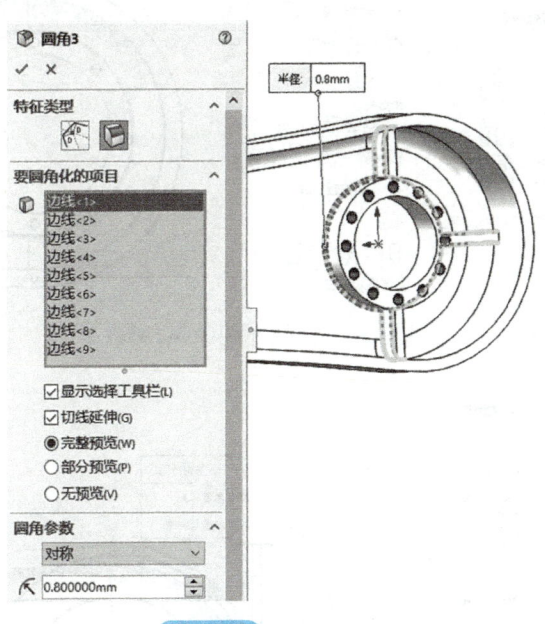

图 3-178 圆角 R0.8

步骤 29 单击"圆角",在"要圆角化的项目"下选择圆凸台底边,圆角半径设为 0.5mm,如图 3-179 所示。

步骤 30 单击"异型孔向导",在"类型"选项卡中,孔类型选择"直螺纹孔",大小选择"M2",单击"位置"选项卡,选择小端(左侧)平面,如图 3-180 所示。

步骤 31 修改草图。M2 螺纹孔中心、45°倾斜的中心线、与 ϕ55mm 轮廓等距 2.5mm 的构造线三者交叉,再圆周阵列 3 个,如图 3-181 所示。

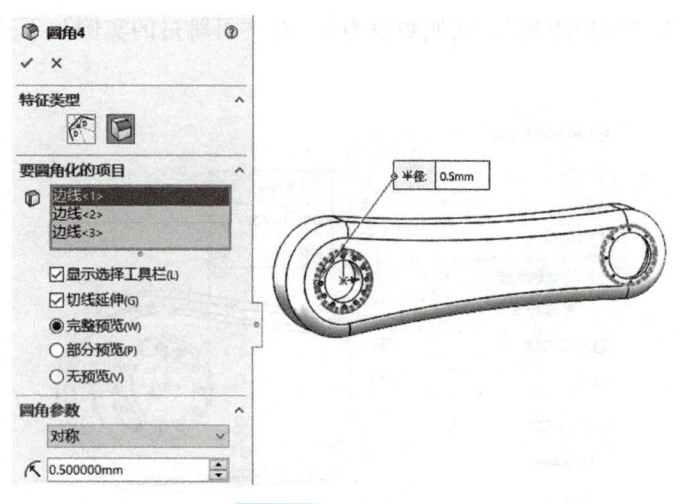

图 3-179 圆角 R0.5

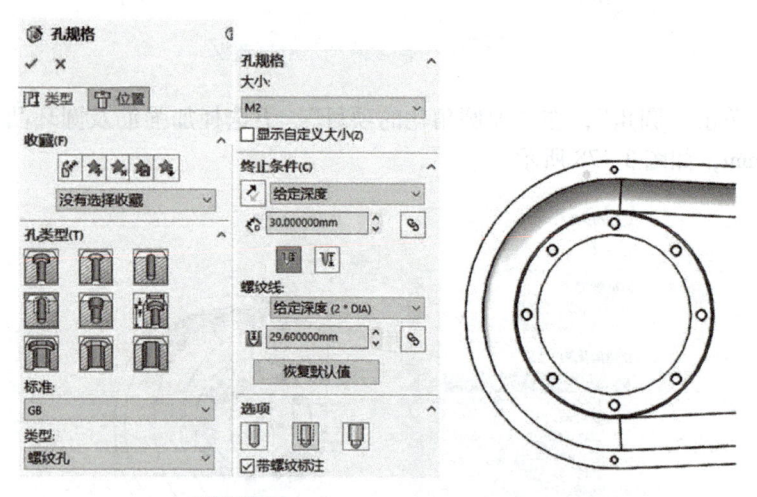

图 3-180 生成小端面的 M2 螺纹孔

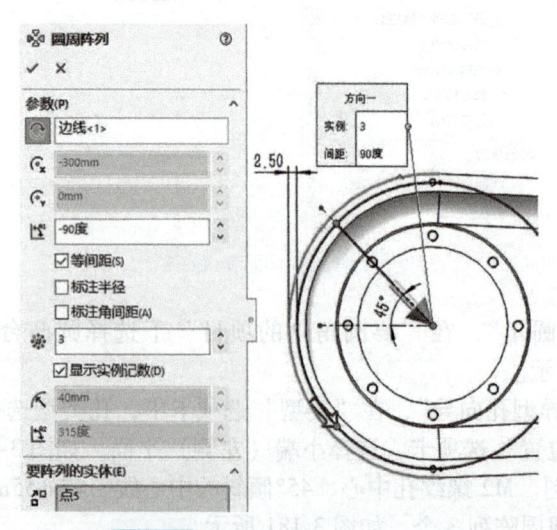

图 3-181 修改孔位置并圆周阵列

步骤 32 单击"异型孔向导",在"类型"选项卡中,孔类型选择"直螺纹孔",大小选择"M2",单击"位置"选项卡,选择中间圆弧平面,如图 3-182 所示。

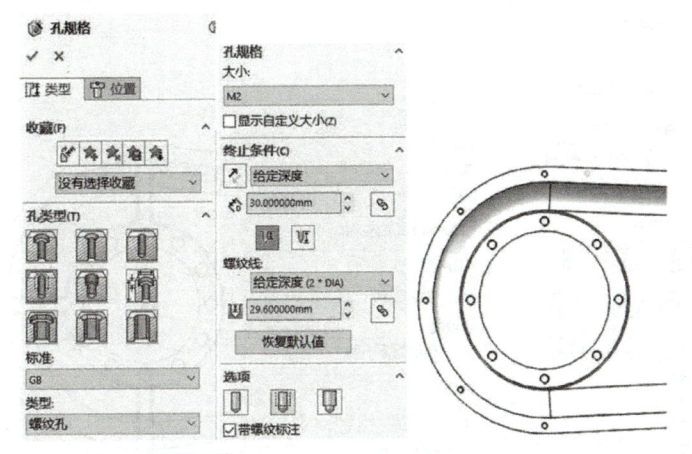

图 3-182 生成中间圆弧面的 M2 螺纹孔

步骤 33 修改草图。M2 螺纹孔中心、通过圆心且垂直的中心线、与 R1500mm 轮廓等距 2.5mm 的构造线三者交叉,再圆周阵列 7 个,如图 3-183 所示。

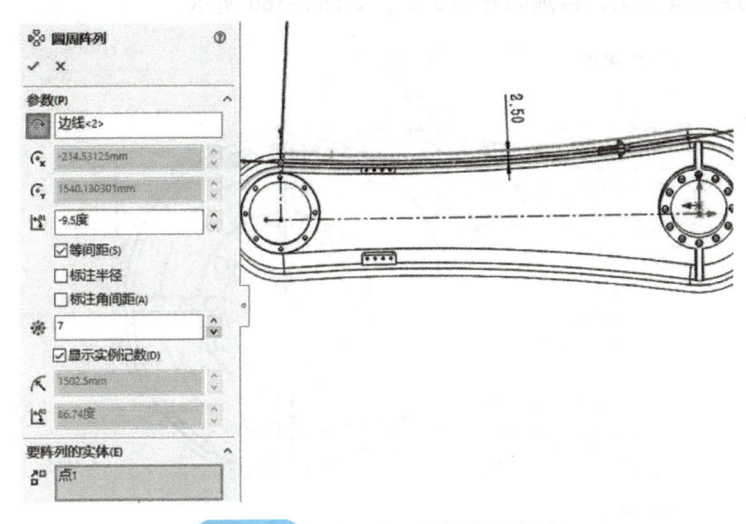

图 3-183 修改孔位置并圆周阵列

步骤 34 单击"镜像",在"镜像面/基准面"下选择"上视基准面",如图 3-184 所示。

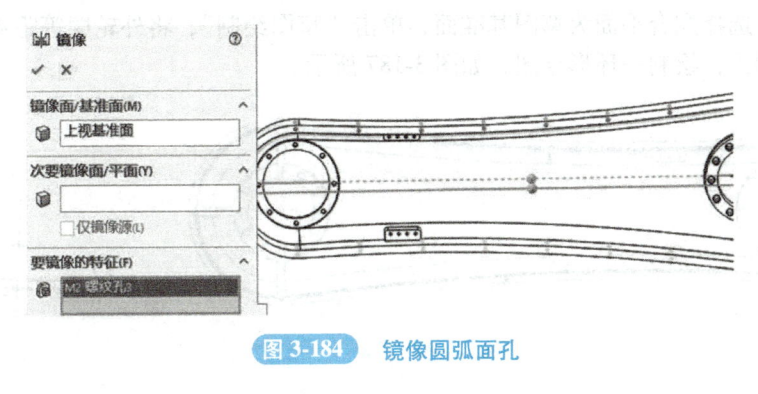

图 3-184 镜像圆弧面孔

步骤 35　单击"异型孔向导",在"类型"选项卡中,孔类型选择"直螺纹孔",大小选择"M2",单击"位置"选项卡,选择大端(右侧)平面,如图 3-185 所示。

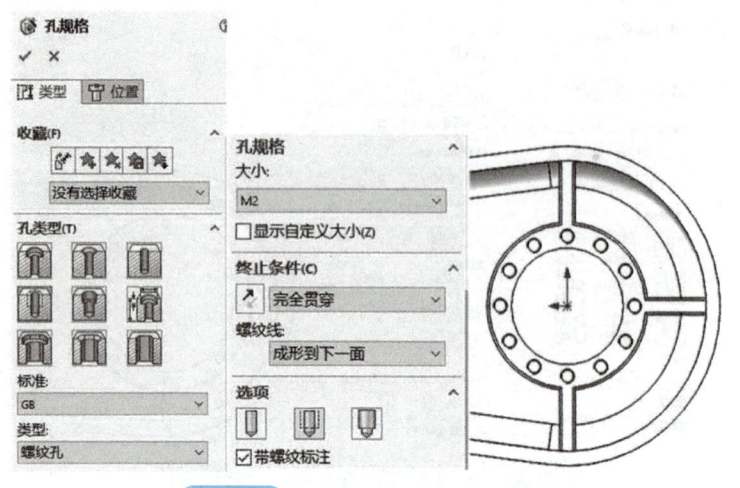

图 3-185　生成大端面的 M2 螺纹孔

步骤 36　修改草图。M2 螺纹孔中心、通过圆心且垂直的中心线、与 R70mm 轮廓等距 2.5mm 的构造线三者交叉,再圆周阵列 5 个,如图 3-186 所示。

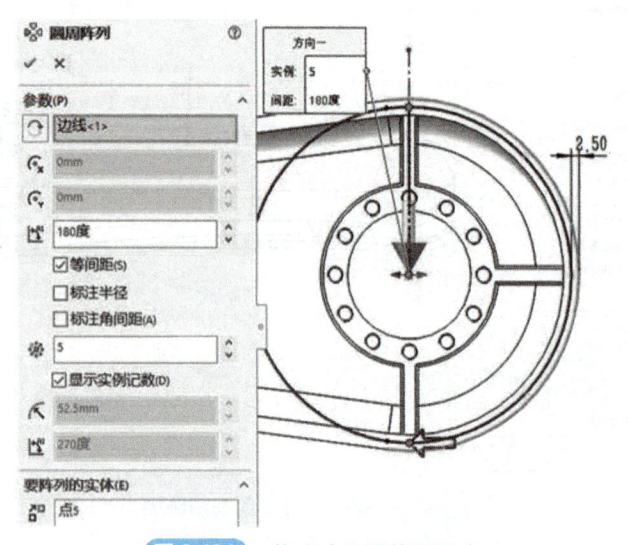

图 3-186　修改孔位置并圆周阵列

步骤 37　选择配合平面为草图基准面,单击"草图绘制",将外轮廓等距 4mm,内轮廓"转换实体引用",绘制一环形草图,如图 3-187 所示。

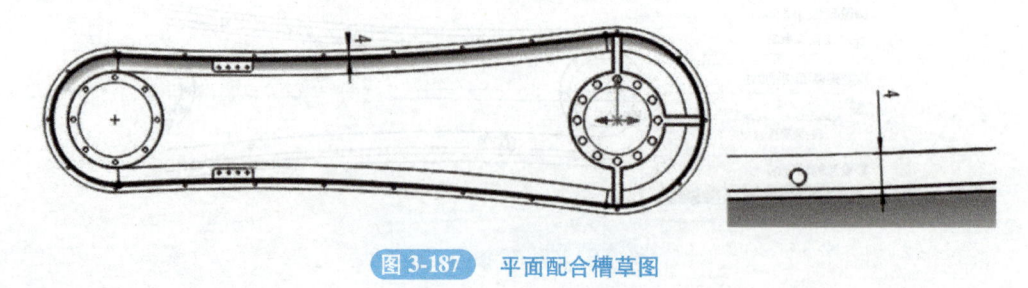

图 3-187　平面配合槽草图

步骤 38 单击"拉伸切除",在"从"下选择"草图基准面",在"方向1"下选择"给定深度",深度设为1mm,如图 3-188 所示。

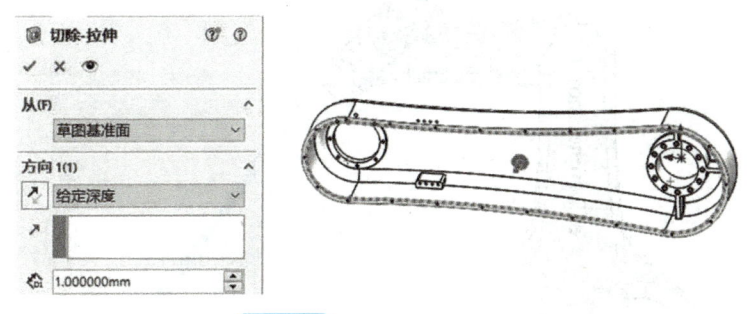

图 3-188 平面配合槽切除

单击"确认",完成小臂壳体零件的建模,如图 3-189 所示。

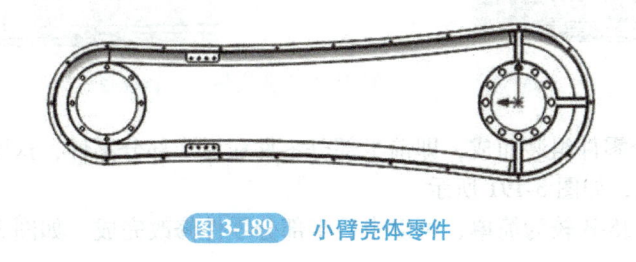

图 3-189 小臂壳体零件

单击"保存",将该零件保存在指定位置。

> **任务小结**
> 本任务是机器人小臂 J3 零件的建模,介绍了如何创建草图、草图基准平面的选择、草图命令的应用方法、对草图进行尺寸标注及设置几何约束等操作。在建模过程中多次使用了圆周阵列、抽壳、镜像、线性阵列、拉伸凸台、拉伸切除、异型孔向导、筋、圆角、倒角等命令。该零件建模的难点是在小臂连接面均匀生成螺纹孔,这些螺纹孔在实际小臂装配中可以使端面连接得更加固定可靠。

任务 5　手腕 J5 零件设计

任务目标:
了解手腕 J5 在工业机器人中的位置及功用。
掌握设计手腕 J5 零件的建模步骤。

技能训练:
练习中心矩形、转换实体引用、镜像、等距等草图命令。
练习放样凸台、旋转凸台、线性阵列、异型孔向导、倒角等特征命令。
练习基准面创建。

一、任务引入

手腕 J5 是连接小臂 J3 和末端法兰的部件,可实现末端执行器在空间内的俯仰运动。手腕 J5 的驱动机构连接减速行星齿轮行星齿轮减速机构的花键连接轴承,实现轴承的自转运

动。手腕 J5 在工业机器人中的位置如图 3-190 所示。

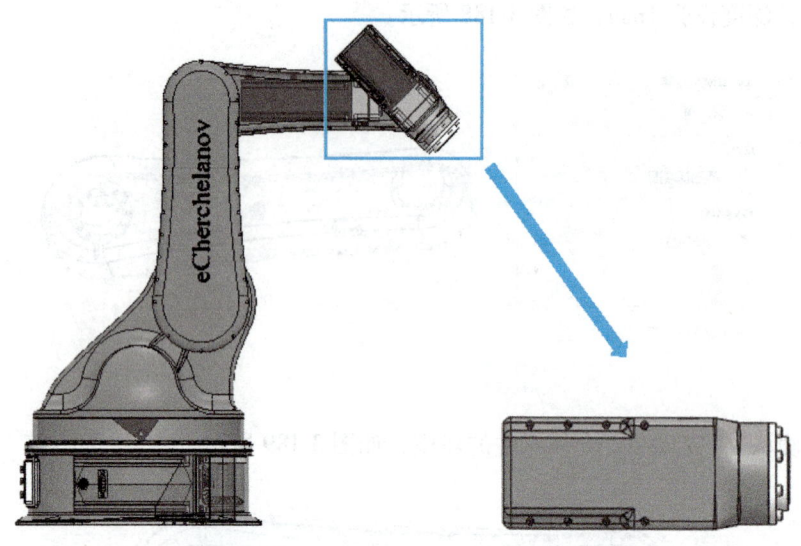

图 3-190　手腕 J5 在工业机器人中的位置

手腕 J5 由两个零件组装而成，即前半部分零件和后半部分零件，这两个零件结构类似。后半部分零件 J5-A，如图 3-191 所示。

前半部分零件 J5-B 较为简单，可以由后半部分零件修改完成，如图 3-192 所示。

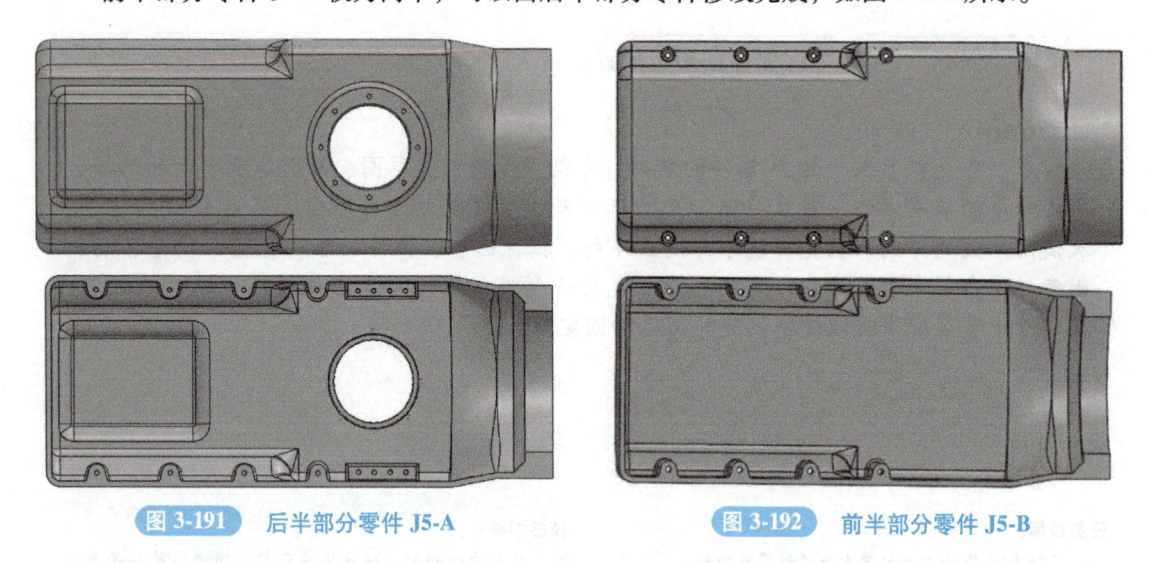

图 3-191　后半部分零件 J5-A

图 3-192　前半部分零件 J5-B

二、手腕 J5-A 零件建模过程

步骤 1　单击工具栏中的"新建"，单击"零件"，单击"确定"，新建一个零件，将该零件命名为"手腕 J5-A.sldprt"，并保存到指定文件夹。

步骤 2　选择前视基准面为草图平面，单击"草图绘制"，画一 144mm×72mm 的中心矩形，如图 3-193 所示。

步骤 3　单击"拉伸凸台"，在"从"下选择"草图基准面"，在"方向 1"下选择"两侧对称"，深度设为 72mm，如图 3-194 所示。

图 3-193　中心矩形草图

图 3-194　中心矩形拉伸

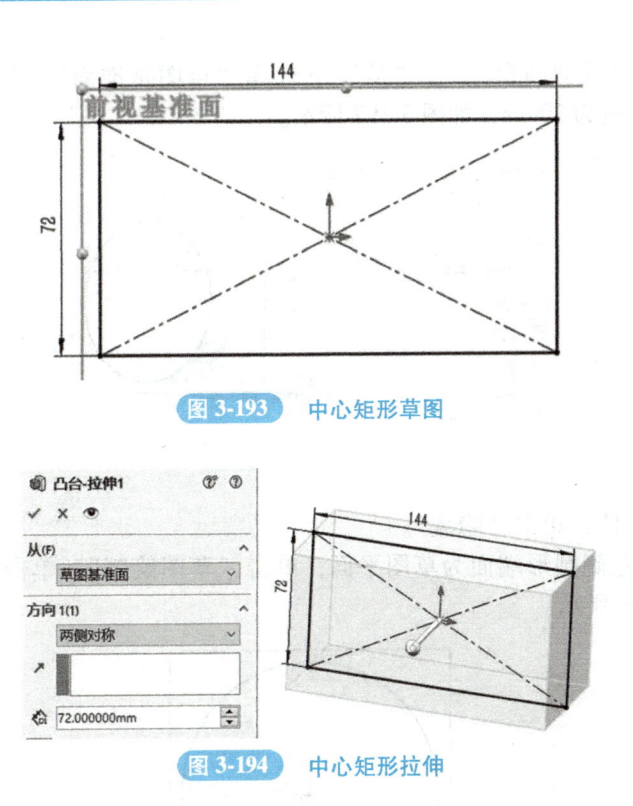

步骤 4　单击"参考几何体"→"基准面",在"第一参考"下选择"右视基准面",如图 3-195 所示。

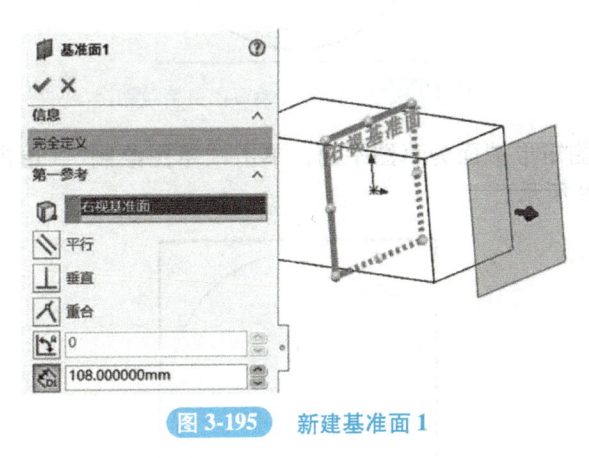

图 3-195　新建基准面 1

步骤 5　以基准面 1 为草图平面,单击"草图绘制",绘制一直径 66mm 的圆,如图 3-196 所示。

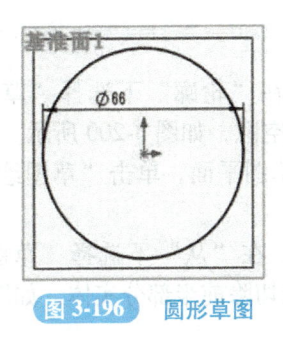

图 3-196　圆形草图

步骤 6 单击"拉伸凸台",在"从"下选择"草图基准面",在"方向1"下选择"给定深度",深度设为 20mm,如图 3-197 所示。

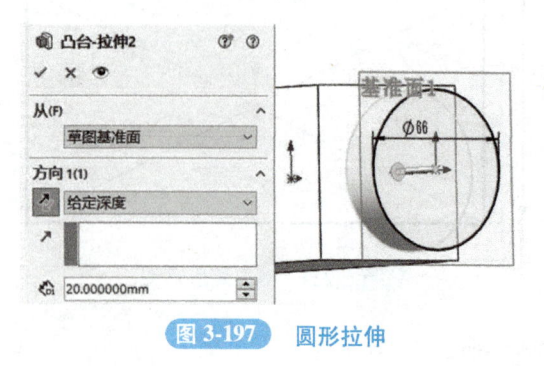

图 3-197 圆形拉伸

选中"基准面1",单击"隐藏"。

步骤 7 选择左侧圆形端面为草图平面,单击"草图绘制",单击"转换实体引用",草图为圆如图 3-198 所示。

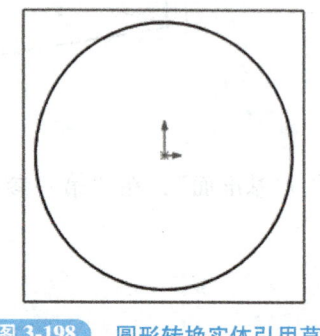

图 3-198 圆形转换实体引用草图

步骤 8 选择右侧矩形端面为草图平面,单击"草图绘制",单击"转换实体引用",草图为矩形如图 3-199 所示。

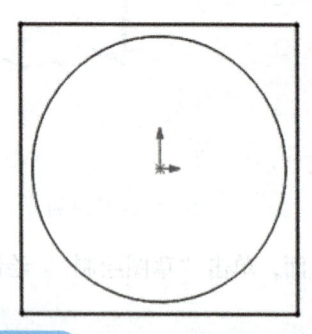

图 3-199 正方形转换实体引用草图

步骤 9 单击"放样凸台",在"轮廓"下选择"草图4"(矩形)和"草图3"(圆形),以连接圆柱体和矩形体之间空隙,如图 3-200 所示。

步骤 10 选择前视基准面为草图平面,单击"草图绘制",单击"转换实体引用",如图 3-201 所示。

步骤 11 单击"拉伸切除",在"从"下选择"草图基准面",在"方向1"下选择"给定深度",深度设为 50mm,以切除前半部分实体,如图 3-202 所示。

图 3-200 放样凸台

图 3-201 中心矩形转换实体引用草图

图 3-202 中心矩形切除

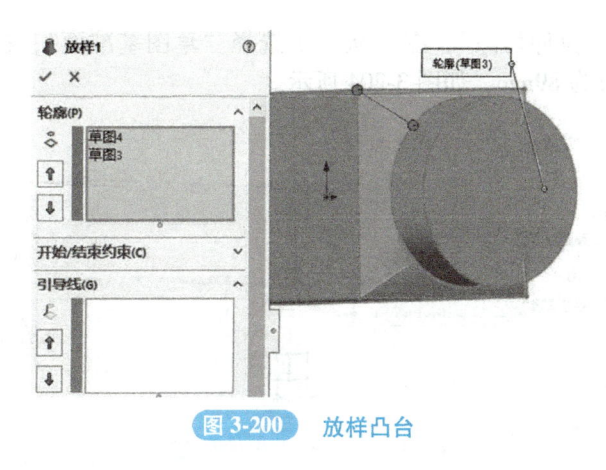

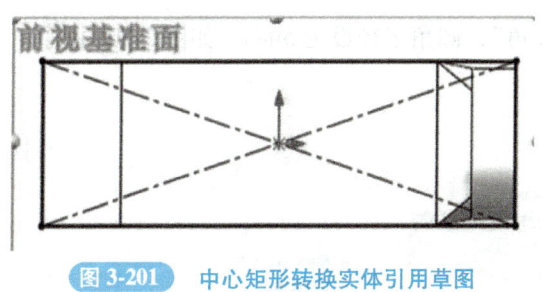

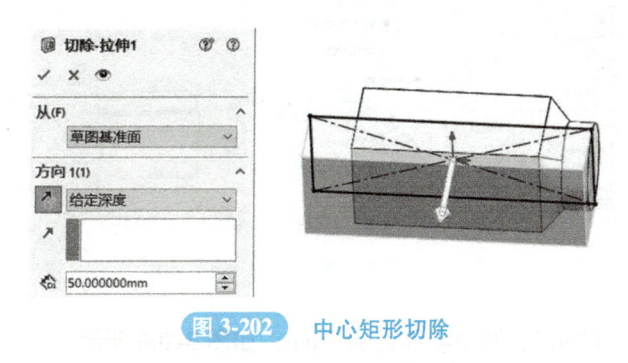

步骤 12 选择矩形侧面为草图平面，单击"草图绘制"，画一 10mm×10mm 的矩形，再镜像一个，如图 3-203 所示。

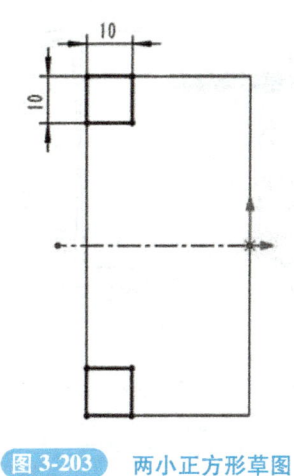

图 3-203 两小正方形草图

步骤 13 单击"拉伸切除",在"从"下选择"草图基准面",在"方向 1"下选择"给定深度",深度设为 89mm,如图 3-204 所示。

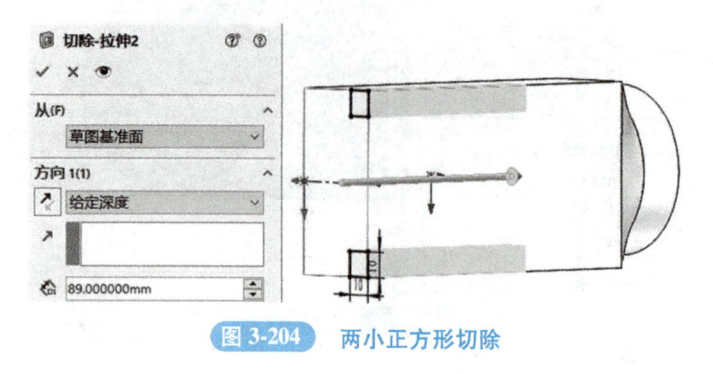

图 3-204　两小正方形切除

步骤 14 单击"圆角",圆角半径设为 5mm,如图 3-205 所示。

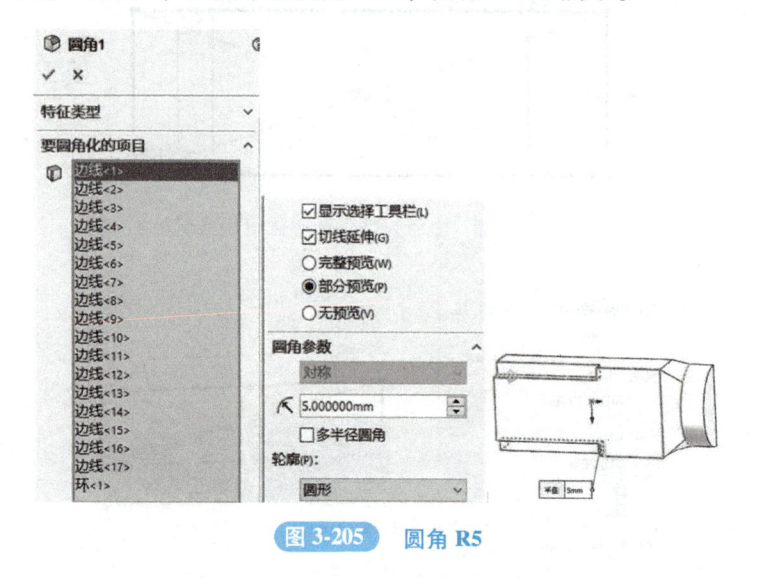

图 3-205　圆角 R5

步骤 15 单击"圆角",圆角半径设为 3mm,如图 3-206 所示。

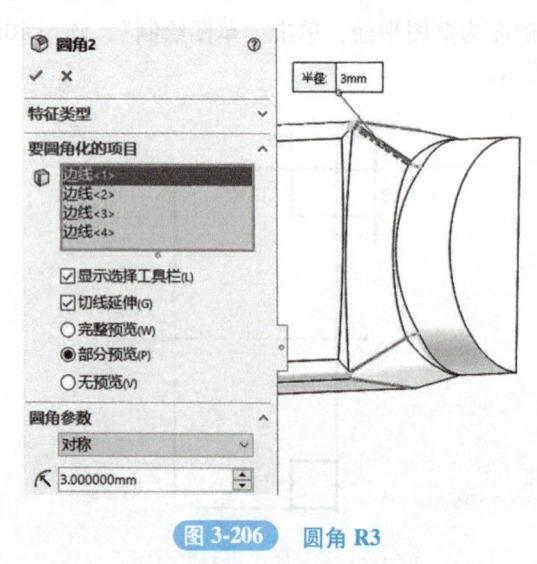

图 3-206　圆角 R3

步骤 16 选择外侧平面为草图平面,单击"草图绘制",画一 48mm×35mm 的矩形,如图 3-207 所示。

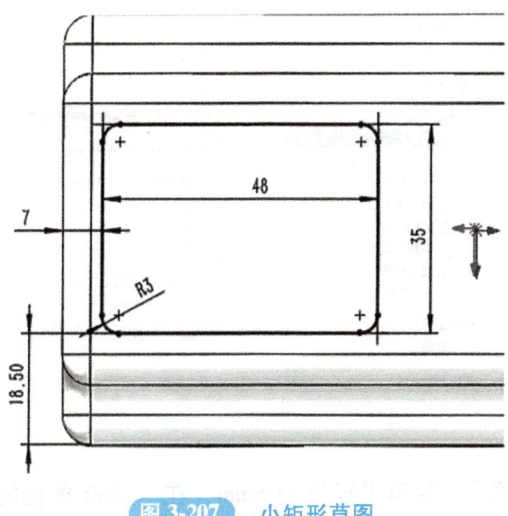

图 3-207　小矩形草图

步骤 17 单击"拉伸凸台",在"从"下选择"等距",数值设为 20mm,在"方向 1"下选择"成形到面",面<1>:外侧平面,如图 3-208 所示。

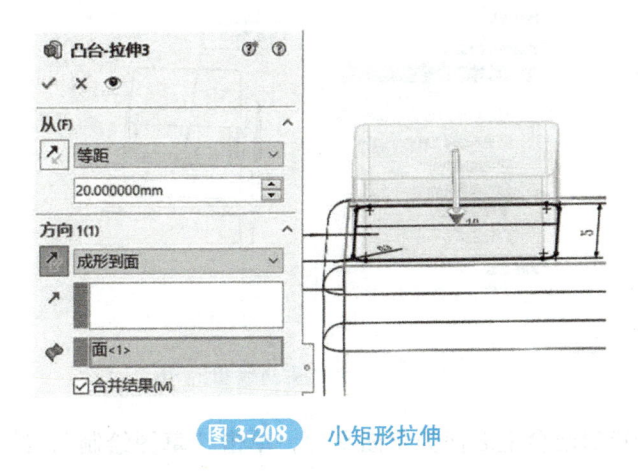

图 3-208　小矩形拉伸

步骤 18 单击"抽壳",厚度设为 2mm,如图 3-209 所示。

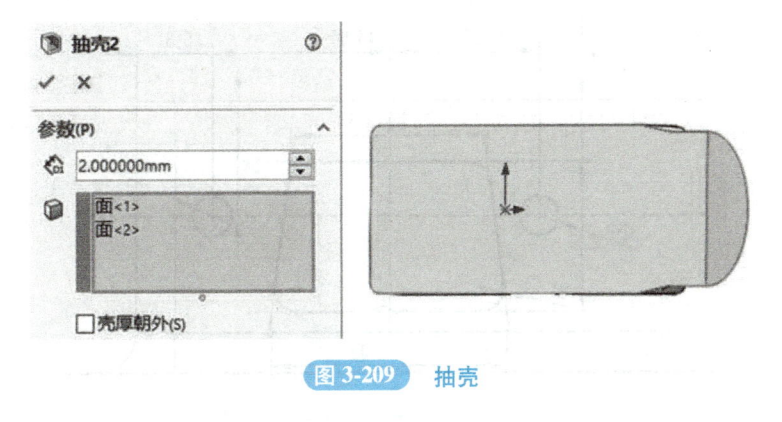

图 3-209　抽壳

步骤 19 单击"圆角",圆角半径设为 3mm,在"要圆角化的项目"下选择矩形凸台内腔边线,如图 3-210 所示。

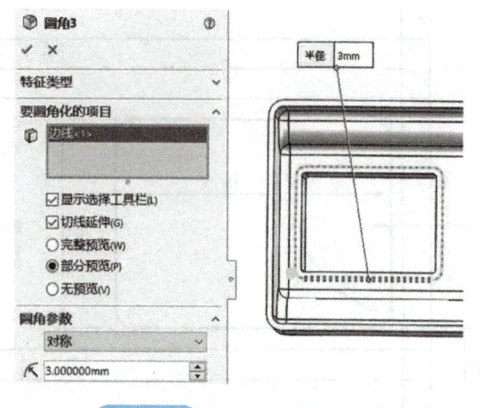

图 3-210　内腔边线圆角 R3

步骤 20 单击"圆角",圆角半径设为 5mm,在"要圆角化的项目"下选择矩形凸台外轮廓边线,如图 3-211 所示。

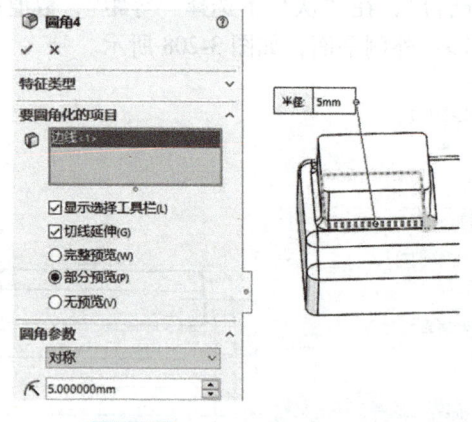

图 3-211　外轮廓边线圆角 R5

步骤 21 选择矩形凸台上表面为草图平面,单击"草图绘制",绘制一个梯形和两个圆,如图 3-212 所示。

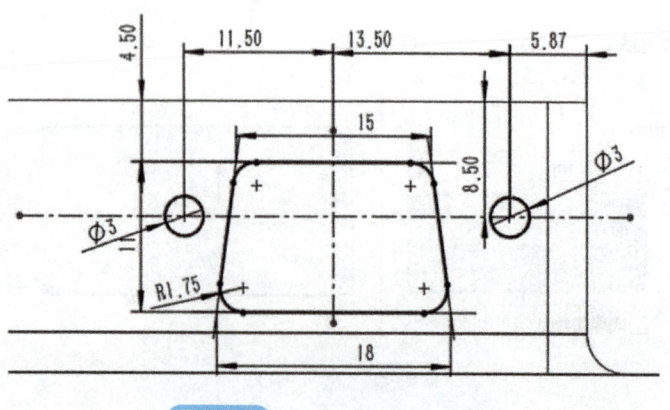

图 3-212　小梯形和两个圆草图

步骤 22 单击"拉伸切除",在"从"下选择"草图基准面",在"方向 1"下选择"给定深度",深度设为 2mm,如图 3-213 所示。

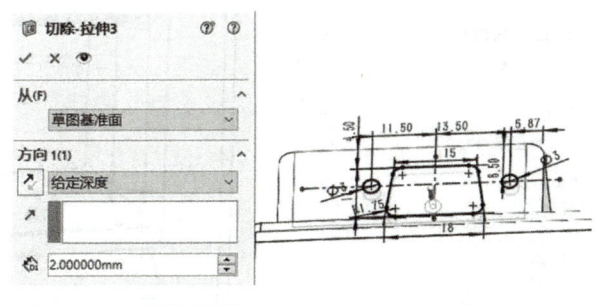

图 3-213 小梯形和两圆切除

步骤 23 选择前视基准面为草图平面,单击"草图绘制",通过"转换实体引用"等方法完成一封闭草图,如图 3-214 所示。

步骤 24 单击"旋转凸台",在"方向 1"下选择"给定深度",角度设为 180°,如图 3-215 所示。

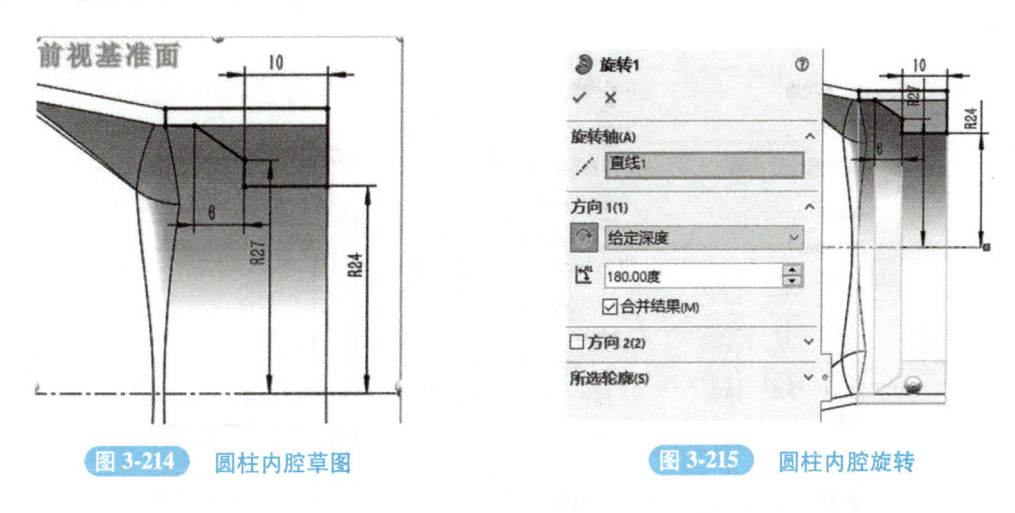

图 3-214 圆柱内腔草图

图 3-215 圆柱内腔旋转

步骤 25 选择前视基准面为草图平面,单击"草图绘制",画一半圆凸台草图,如图 3-216 所示。

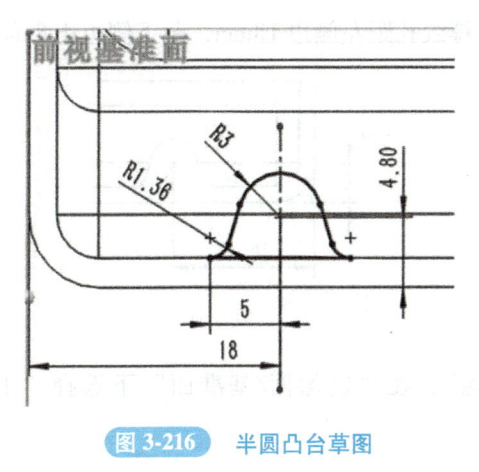

图 3-216 半圆凸台草图

步骤 26 单击"拉伸凸台",在"从"下选择"草图基准面",在"方向1"下选择"成形到下一面",如图 3-217 所示。

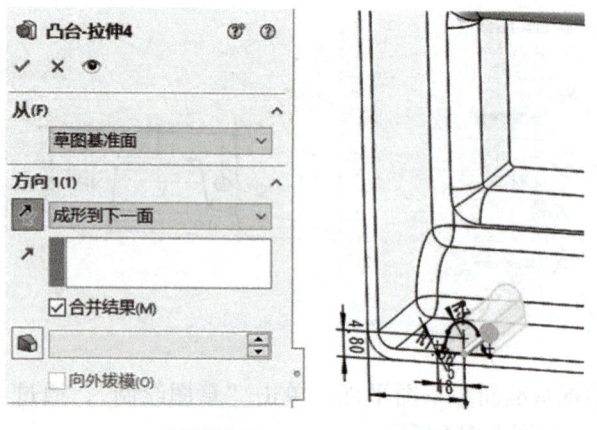

图 3-217 半圆凸台拉伸

步骤 27 单击"异型孔向导",孔类型选择"直螺纹孔",大小选择"M2",如图 3-218 所示。

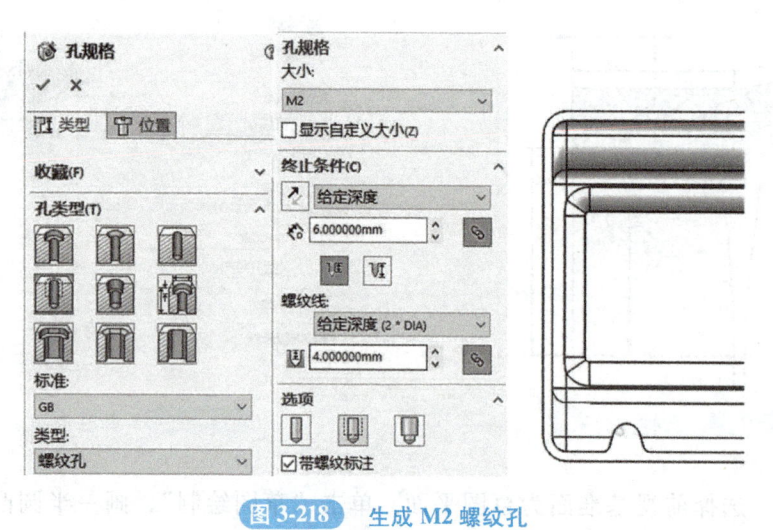

图 3-218 生成 M2 螺纹孔

步骤 28 修改草图。螺纹孔距左侧边 18mm,距下侧边 4.8mm,如图 3-219 所示。

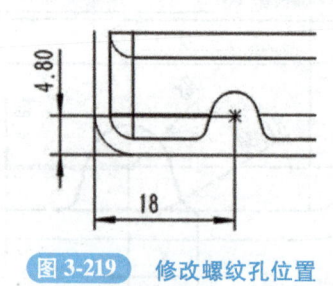

图 3-219 修改螺纹孔位置

步骤 29 单击"镜像",在"镜像面/基准面"下选择"上视基准面",如图 3-220 所示。

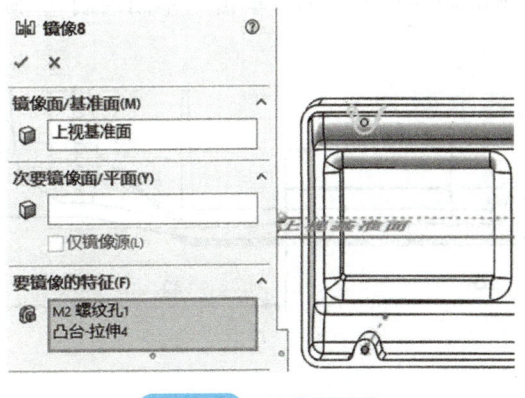

图 3-220　镜像螺纹孔

步骤 30　单击"线性阵列",实例数设为 4,间距设为 26mm,如图 3-221 所示。

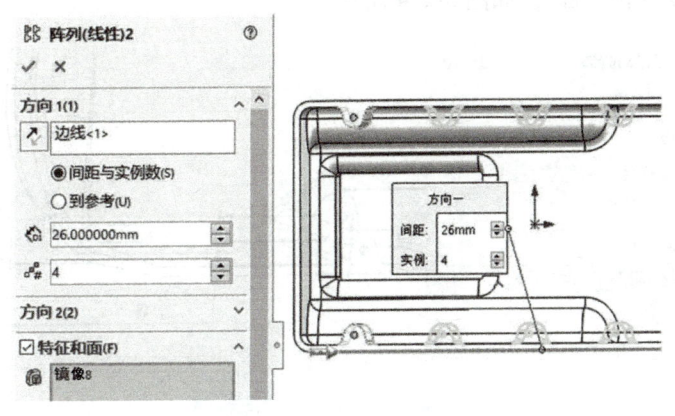

图 3-221　线性阵列螺纹孔

步骤 31　单击"圆角",圆角半径设为 1mm,如图 3-222 所示。

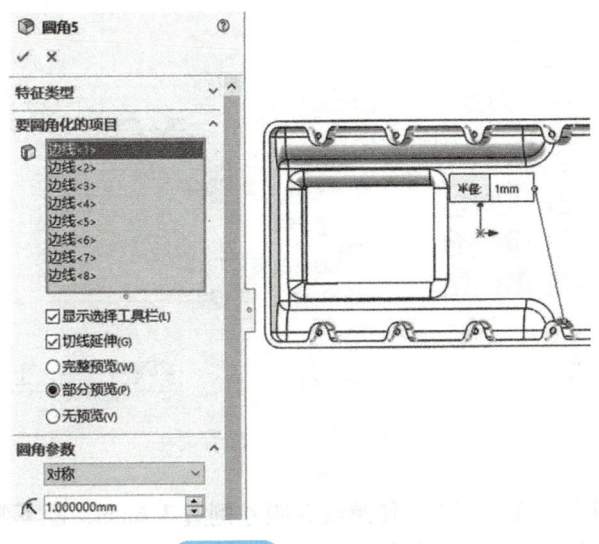

图 3-222　内腔圆角 R1

步骤 32　选择前视基准面为草图平面，单击"草图绘制"，画一 24mm×5mm 的矩形，如图 3-223 所示。

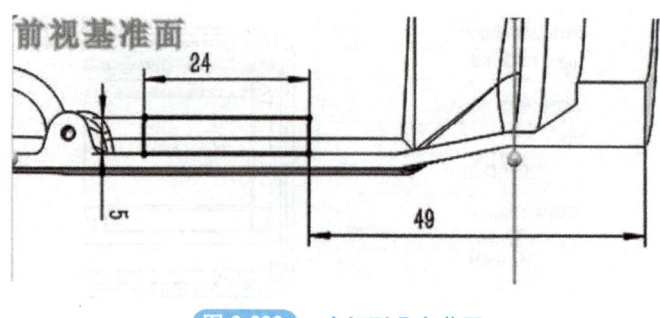

图 3-223　小矩形凸台草图

步骤 33　单击"拉伸凸台"，在"从"下选择"等距"，数值设为 15.5mm，在"方向 1"下选择"成形到下一面"，如图 3-224 所示。

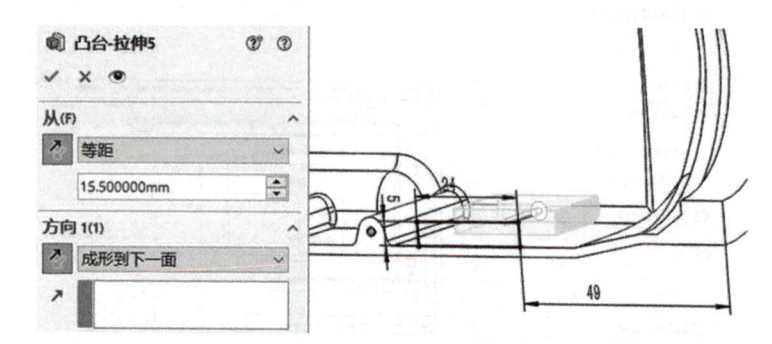

图 3-224　小矩形凸台拉伸

步骤 34　单击"异型孔向导"，孔类型选择"直螺纹孔"，大小选择"M2"，如图 3-225 所示。

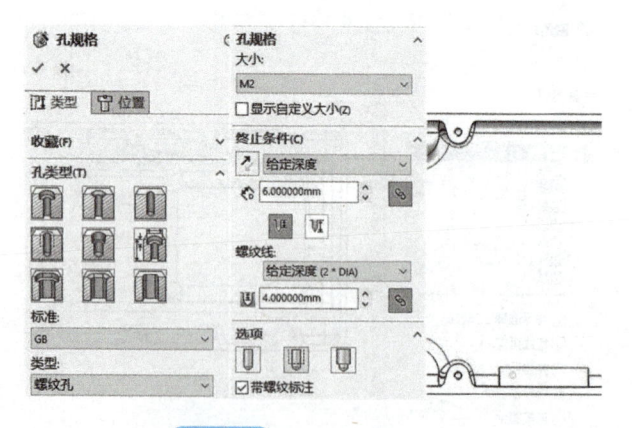

图 3-225　生成 M2 螺纹孔

步骤 35　修改草图。在草图中，使螺纹孔距左侧边 3.6mm，距下侧边 5mm，再线性阵列 4 个，间距设为 5.6mm，如图 3-226 所示。

步骤 36　单击"镜像"，在"镜像面/基准面"下选择"上视基准面"，如图 3-227 所示。

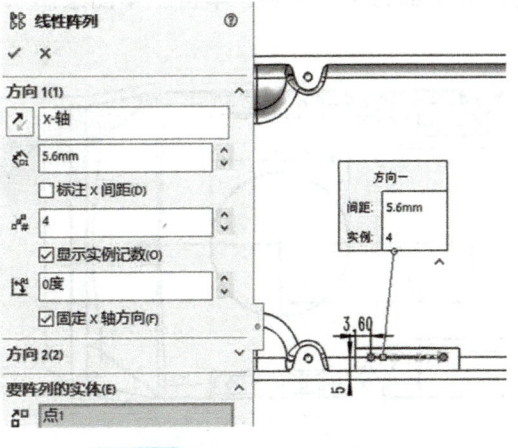

图 3-226　线性阵列 4 个螺纹孔

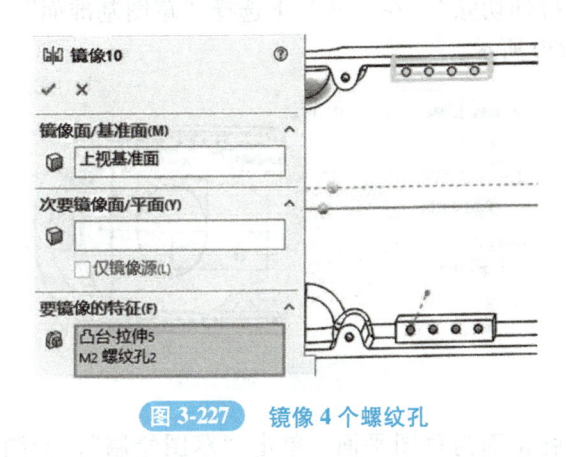

图 3-227　镜像 4 个螺纹孔

步骤 37　单击"圆角",圆角半径设为 1mm,如图 3-228 所示。

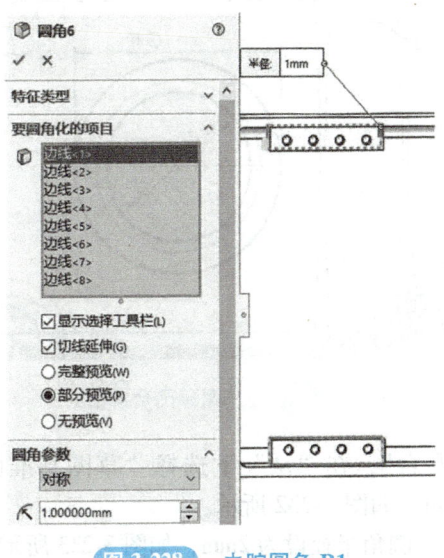

图 3-228　内腔圆角 R1

步骤 38 选择手腕内腔平面为草图平面,单击"草图绘制",绘制一个直径 32mm 的圆,如图 3-229 所示。

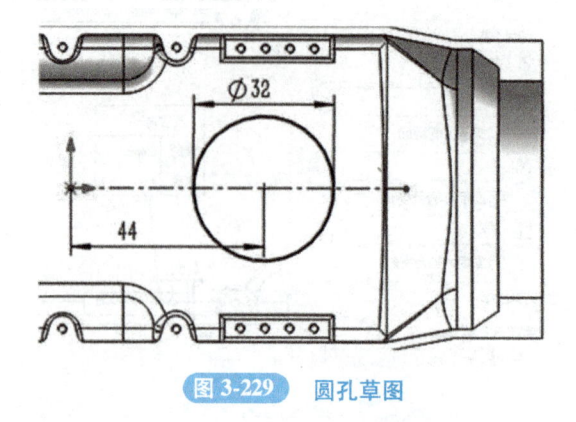

图 3-229 圆孔草图

步骤 39 单击"拉伸切除",在"从"下选择"草图基准面",在"方向 1"下选择"完全贯穿",如图 3-230 所示。

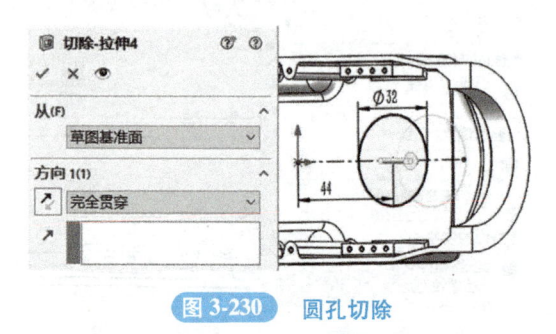

图 3-230 圆孔切除

步骤 40 选择手腕正面为草图平面,单击"草图绘制",绘制直径分别为 28mm 和 40mm 的两同心圆,如图 3-231 所示。

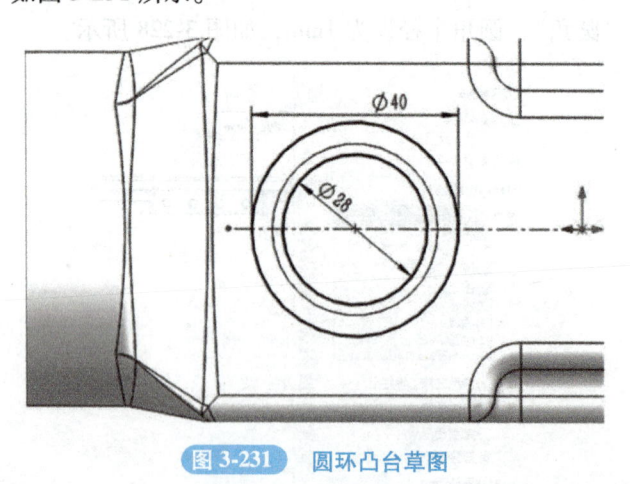

图 3-231 圆环凸台草图

步骤 41 单击"拉伸凸台",在"从"下选择"草图基准面",在"方向 1"下选择"给定深度",深度设为 4mm,如图 3-232 所示。

步骤 42 单击"圆角",圆角半径设为 2mm,如图 3-233 所示。

图 3-232　圆环凸台拉伸

图 3-233　圆角 R2

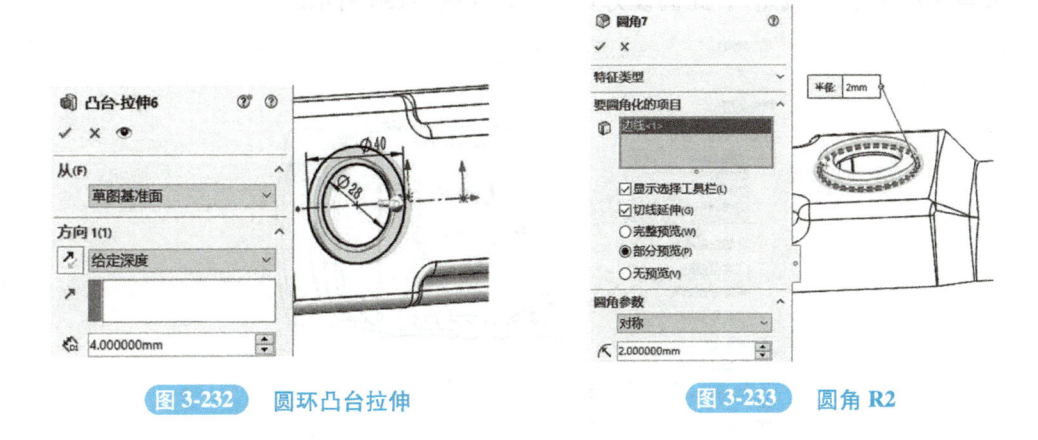

步骤 43　单击"异型孔向导",孔类型选择"直螺纹孔",大小选择"M2",如图 3-234 所示。

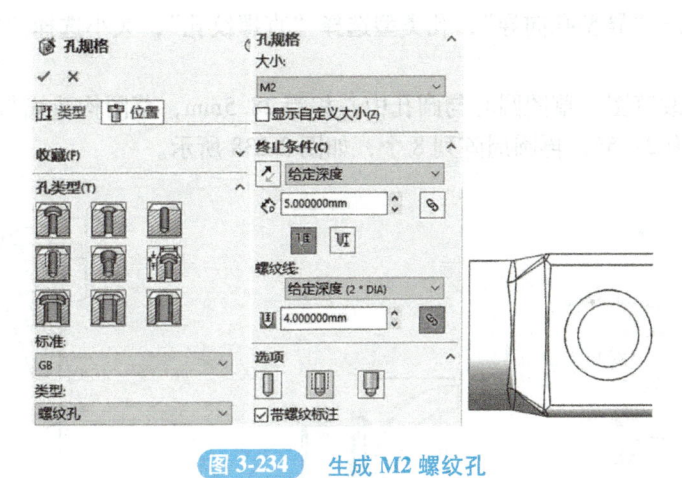

图 3-234　生成 M2 螺纹孔

步骤 44　修改草图。异型孔中心在通过圆心且垂直的中心线上,与圆凸台中心相距 17mm,再圆周阵列 8 个,如图 3-235 所示。

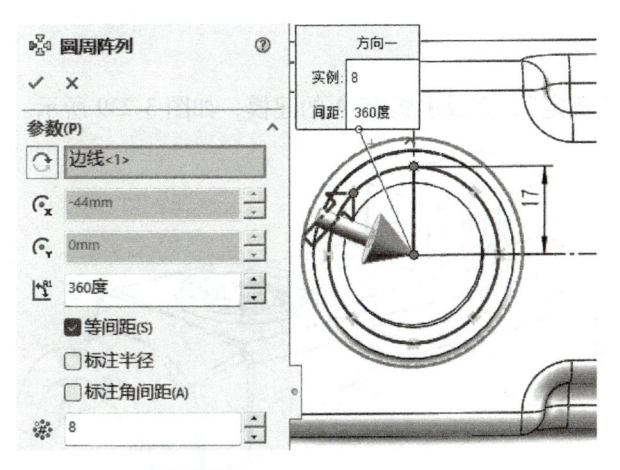

图 3-235　圆周阵列 8 个螺纹孔

步骤 45　单击"倒角",距离设为 0.5mm,如图 3-236 所示。

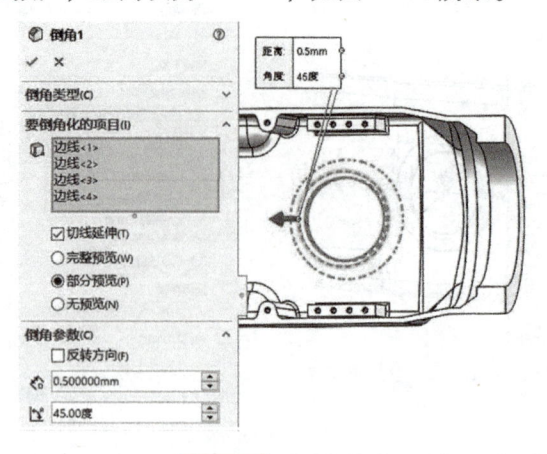

图 3-236　倒角 R0.5

步骤 46　单击"异型孔向导",孔类型选择"直螺纹孔",大小选择"M4",如图 3-237 所示。

步骤 47　修改草图。草图圆心与圆孔中心相距 28.5mm,草图构造线与通过圆心且垂直的中心线的夹角为 22.5°,再圆周阵列 8 个,如图 3-238 所示。

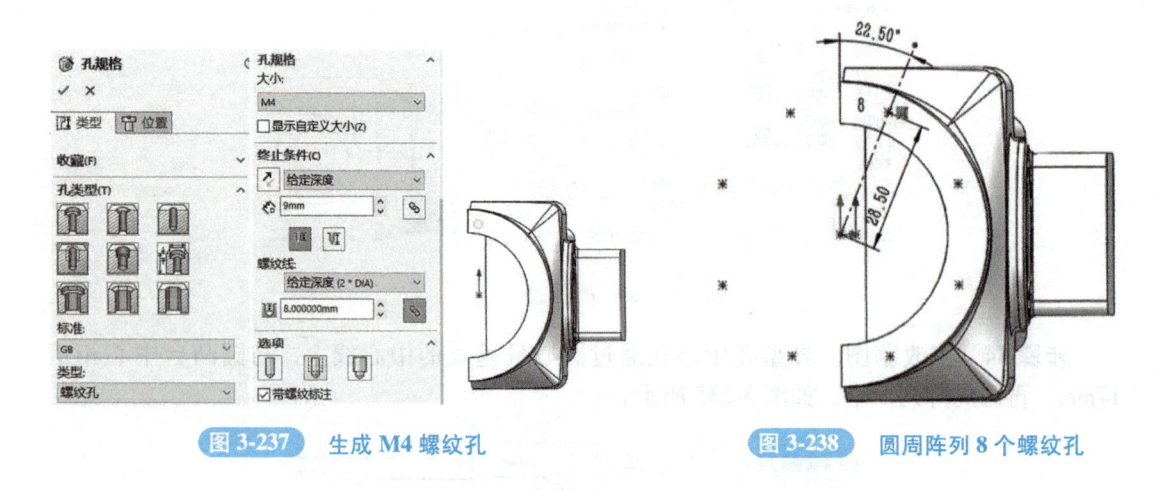

图 3-237　生成 M4 螺纹孔

图 3-238　圆周阵列 8 个螺纹孔

步骤 48　单击"确定",完成手腕 J5-A 的建模,如图 3-239 所示。

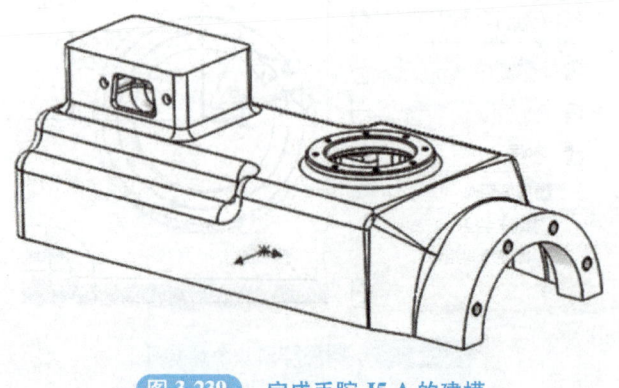

图 3-239　完成手腕 J5-A 的建模

单击"保存",将该零件保存在指定位置。

三、手腕 J5-B 零件建模过程

手腕 J5-B 与 J5-A 的大部分特征相同,需修改之处为去掉长方形凸台,去掉圆通孔和圆凸台,去掉螺纹孔,如图 3-240 所示。

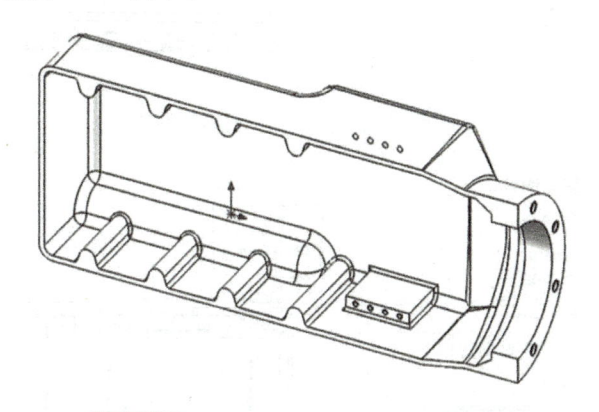

图 3-240　手腕 J5-B 与 J5-A 的相同特征

步骤 1　在螺纹孔位置增加阶梯通孔。选择半圆凸台平面为草图基准面,单击"草图绘制",画一直径 2mm 的圆,再线性阵列 8 个,如图 3-241 所示。

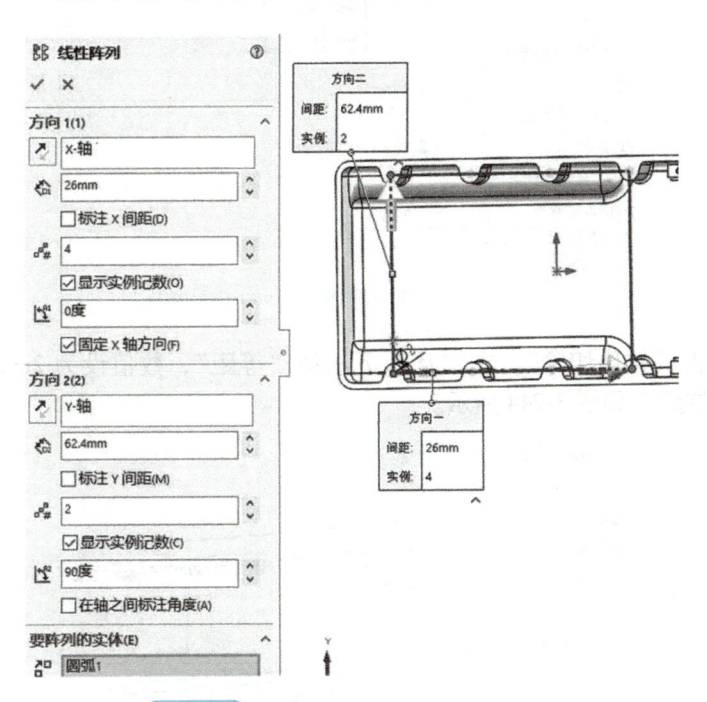

图 3-241　线性阵列直径 2mm 小孔草图

步骤 2　单击"拉伸切除",在"从"下选择"草图基准面",在"方向 1"下选择"给定深度",深度设为 2mm,如图 3-242 所示。

步骤 3　选择半圆凸台平面为草图基准面,单击"草图绘制",画一直径 4mm 的圆,再线性阵列 8 个,如图 3-243 所示。

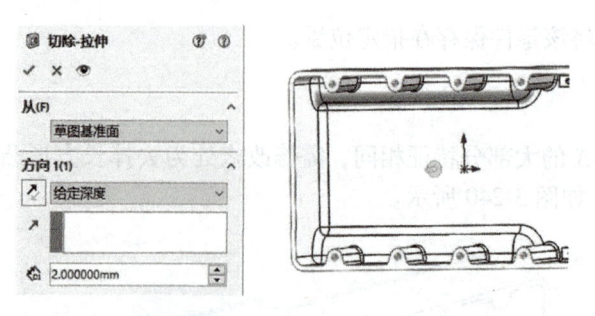

图 3-242　直径 2mm 小孔切除

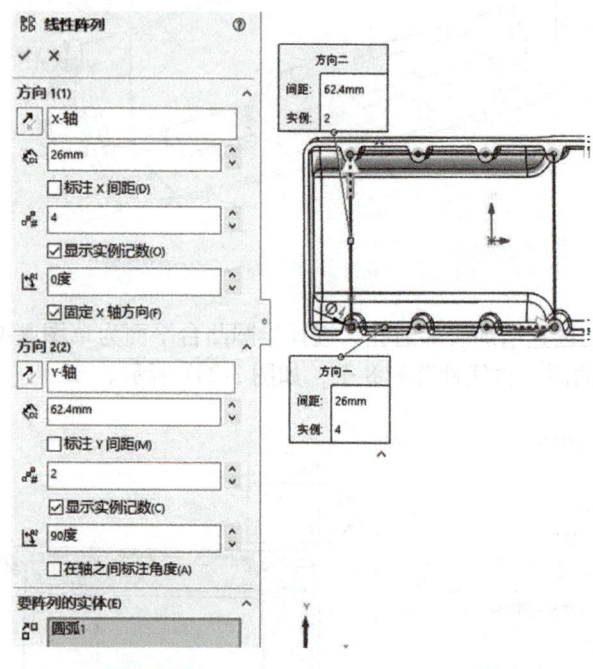

图 3-243　线性阵列直径 4mm 小孔草图

步骤 4　单击"拉伸切除",在"从"下选择"等距",数值设为 2mm,在"方向 1"下选择"完全贯穿",如图 3-244 所示。

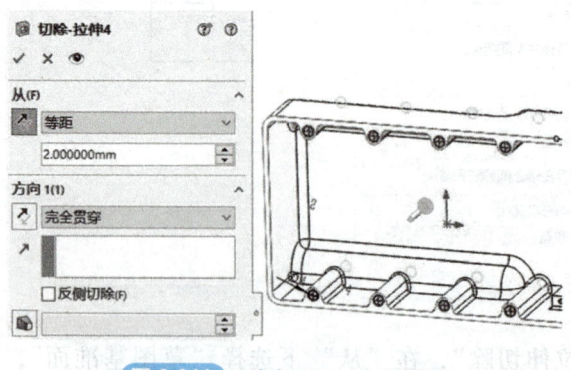

图 3-244　直径 4mm 小孔切除

步骤 5　单击"圆角",圆角半径设为 0.8mm,如图 3-245 所示。

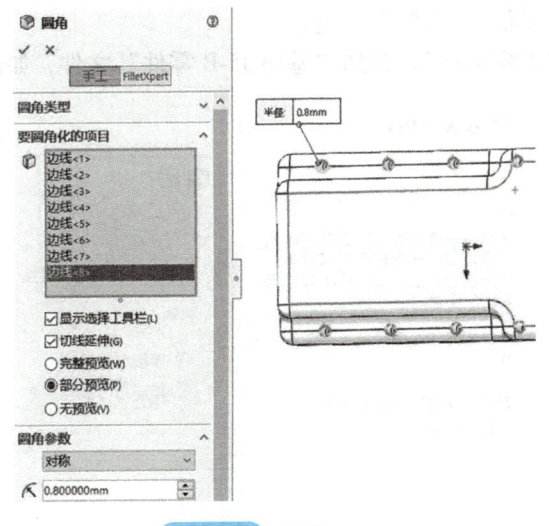

图 3-245　圆角 R0.8

步骤 6　单击"确定",完成手腕 J5-B 的建模,如图 3-246 所示。

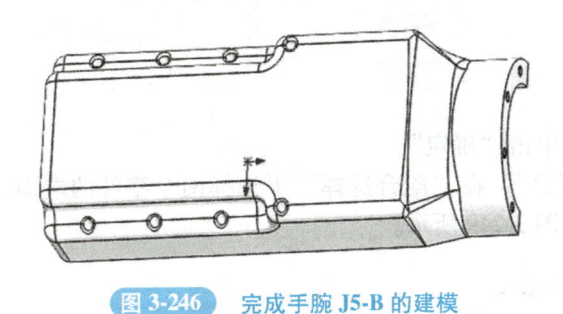

图 3-246　完成手腕 J5-B 的建模

单击"保存",将该零件命名为"手腕 J5-B.sldprt",并保存在指定位置。

四、手腕 J5 零件建模过程

步骤 1　新建一装配体,浏览文件至"手腕 J5-A 零件"文件并单击,如图 3-247 所示。

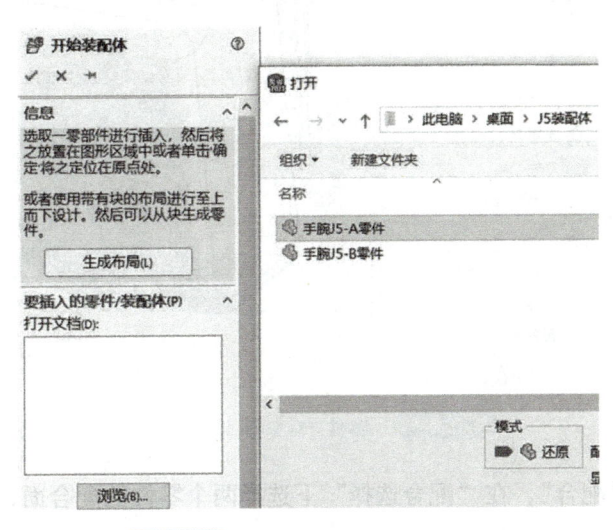

图 3-247　插入手腕 J5-A 零件文件

135

单击"打开"(右下角),再单击"确定"。

步骤 2 单击"插入零部件",找到"基座 J5-B 零件"文件,如图 3-248 所示。

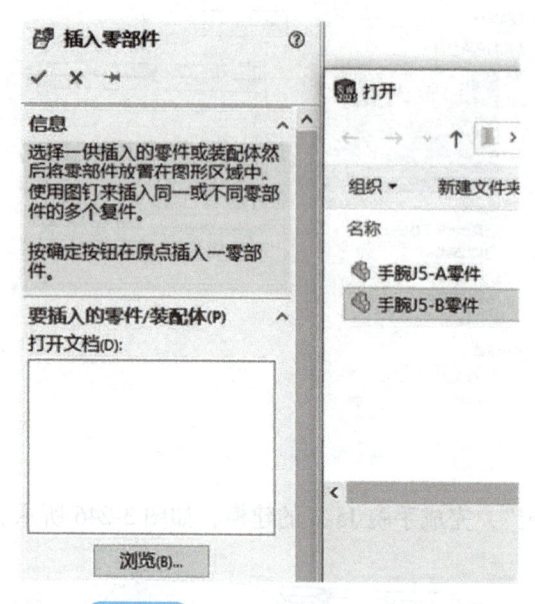

图 3-248 插入基座 J5-B 零件文件

单击"打开",再单击"确定"。

步骤 3 单击"配合",在"配合选择"下选择两个零件的端面圆孔,在"配合类型"下选择"同轴心",如图 3-249 所示。

图 3-249 零件 J5-A 与 J5-B 同轴心

步骤 4 单击"配合",在"配合选择"下选择两个零件的配合面,在"配合类型"下

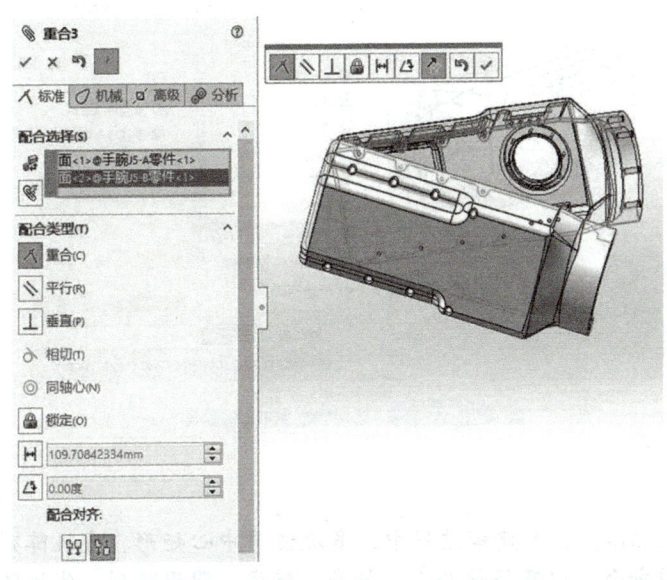

选择"重合",如图 3-250 所示。

图 3-250　零件 J5-A 与 J5-B 配合面重合

步骤 5　单击"配合",在"配合选择"下选择两个零件的上表面,在"配合类型"下选择"重合",如图 3-251 所示。

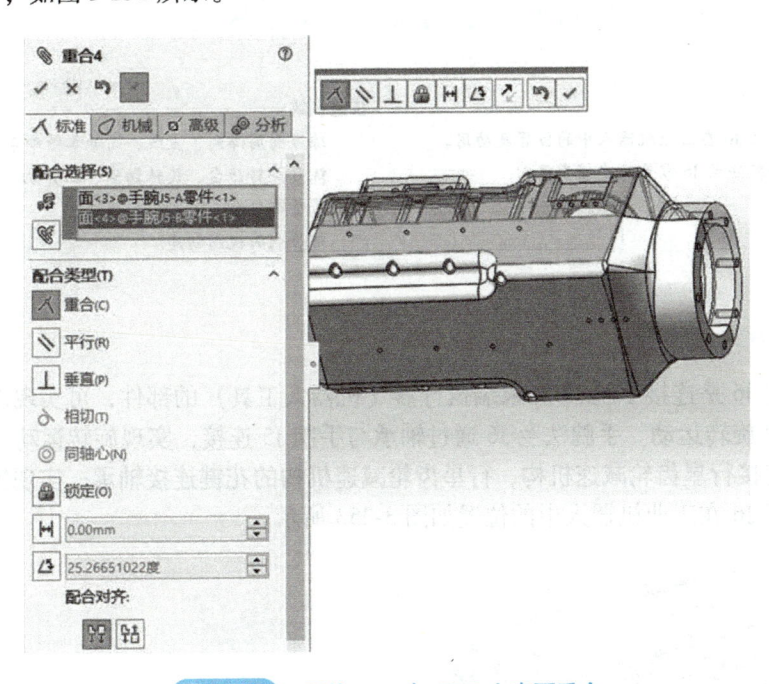

图 3-251　零件 J5-A 与 J5-B 上表面重合

步骤 6　单击"文件"→"另存为",保存类型选择"SOLIDWORKS Part(*.prt;*.sldprt)",文件名为"J5 装配体",如图 3-252 所示。单击"保存",将该零件保存在指定位置,完成手腕 J5 的建模。

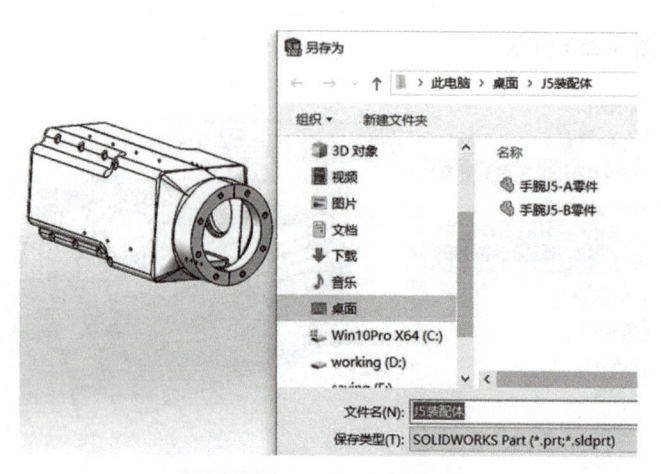

图 3-252　装配体另存为零件

任务小结

　　手腕是个装配体，在其建模过程中，多次使用中心矩形、线性阵列、等距、转换实体引用等草图命令，以及拉伸凸台、抽壳、镜像、圆周阵列、线性阵列、倒角等特征命令。手腕建模过程中使用的新命令是放样凸台，其功能是连接圆柱体和矩形体。

任务6　手腕法兰 J6 零件设计

任务目标：
了解手腕法兰 J6 在工业机器人中的位置及功用。
掌握设计手腕法兰 J6 零件的建模步骤。

技能训练：
练习圆周阵列、直线、圆等草图命令。
练习旋转凸台、旋转切除、拉伸切除、异型孔向导、倒角等特征命令。
练习剖面视图创建。

一、任务引入

　　手腕法兰 J6 是连接手腕 J5 和末端执行器（机器人工具）的部件，可实现末端执行器在空间内的 360°旋转运动。手腕法兰 J6 通过轴承与手腕 J5 连接，实现旋转运动。手腕法兰 J6 的驱动机构连接行星齿轮减速机构，行星齿轮减速机构的花键连接轴承，实现轴承的自转运动。手腕法兰 J6 在工业机器人中的位置如图 3-253 所示。

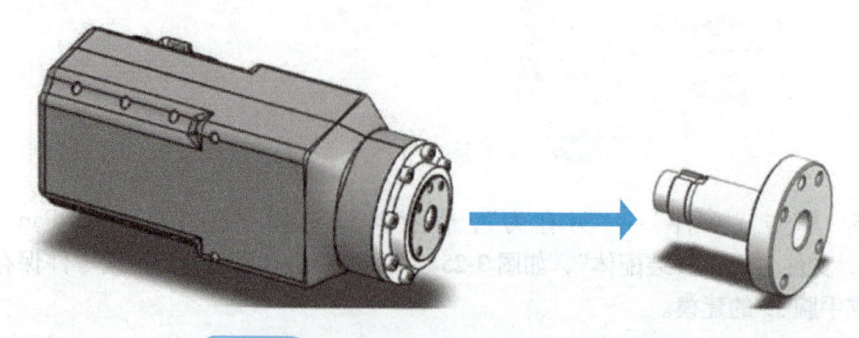

图 3-253　手腕法兰 J6 在工业机器人中的位置

二、手腕法兰 J6 零件建模过程

步骤 1　单击工具栏中的"新建",单击"零件",单击"确定",新建一个零件,将该零件命名为"法兰 J6 零件.sldprt",并保存到指定文件夹。

步骤 2　选择前视基准面为草图平面,单击"草图绘制",绘制法兰外轮廓草图,尺寸如图 3-254 所示。

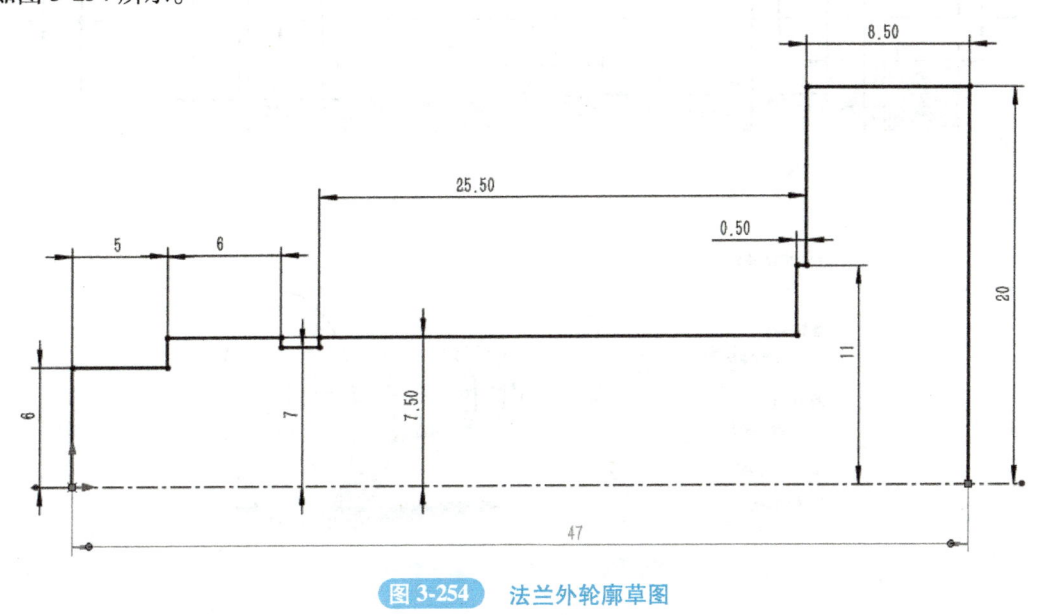

图 3-254　法兰外轮廓草图

步骤 3　单击"旋转凸台",在"方向 1"下选择"给定深度",角度设为 360°,如图 3-255 所示。

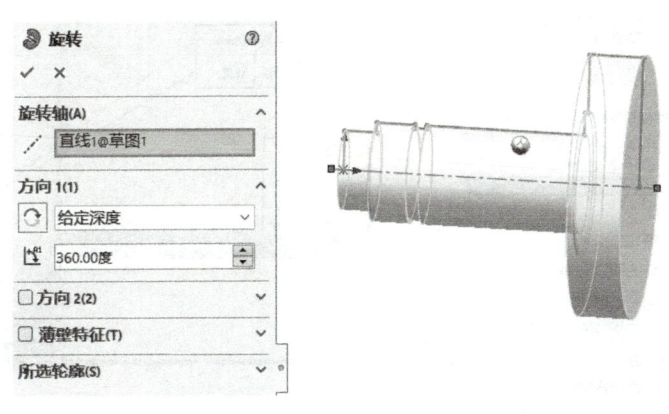

图 3-255　法兰外轮廓旋转凸台

步骤 4　选择前视基准面为草图平面,单击"草图绘制",绘制法兰内轮廓草图,尺寸如图 3-256 所示。

步骤 5　单击"旋转切除",在"方向 1"下选择"给定深度",角度设为 360°,如图 3-257 所示。

步骤 6　单击"倒角",在"倒角参数"下将距离设为 0.5mm,角度设为 45°,如图 3-258 所示。

图 3-256 法兰内轮廓草图

图 3-257 法兰内轮廓旋转切除

图 3-258 外轮廓倒角

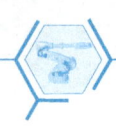

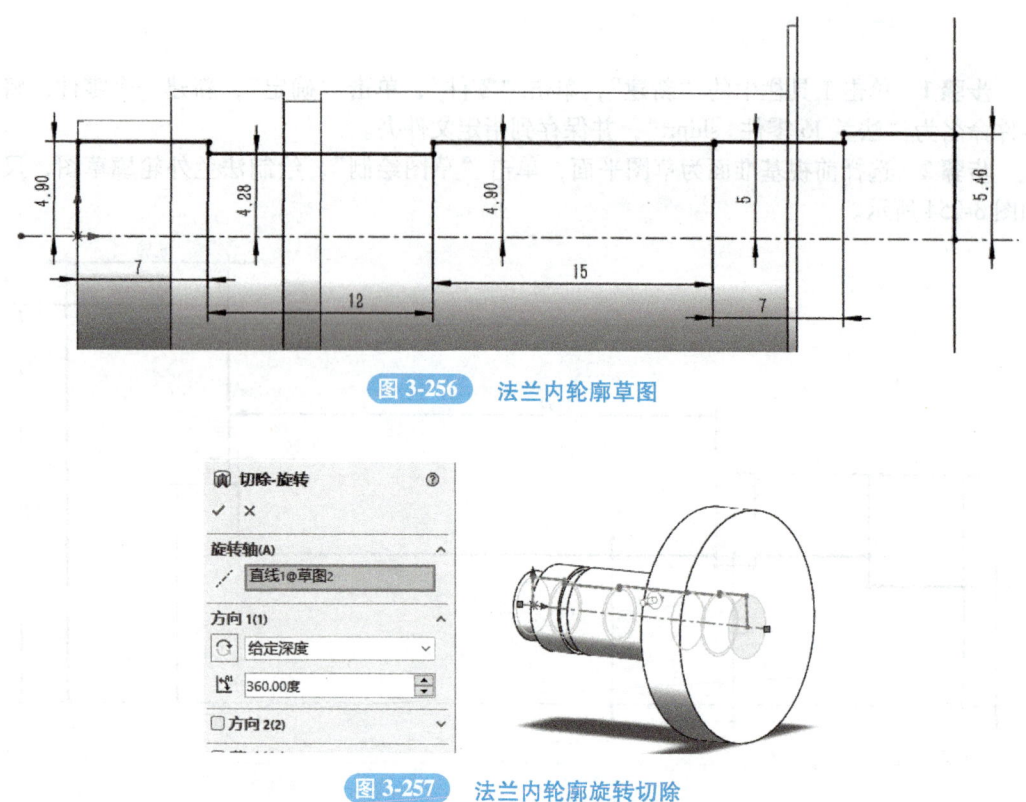

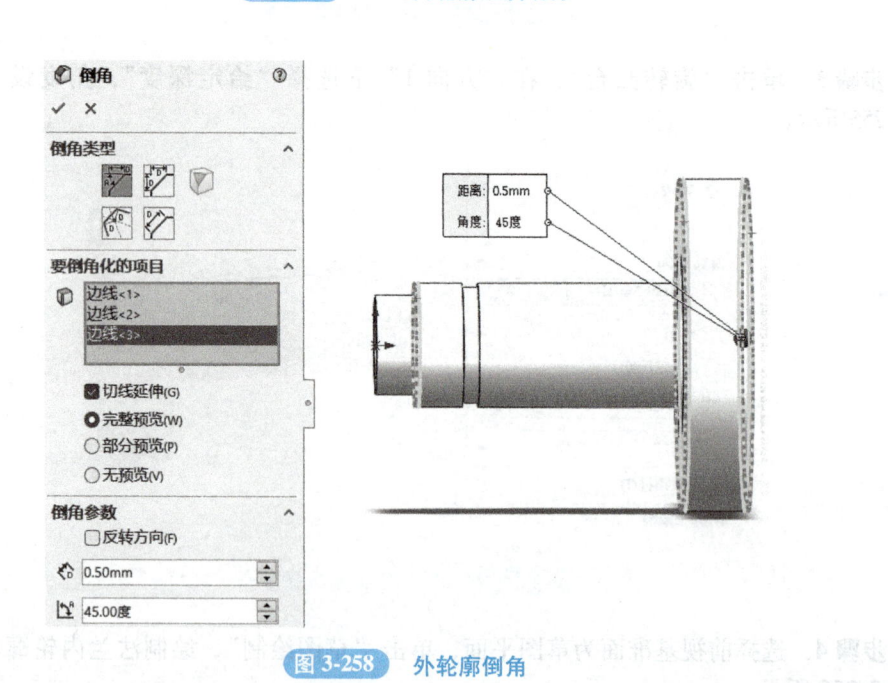

步骤7 选择前视基准面为草图平面,单击"草图绘制",绘制一个草图,尺寸如图 3-259 所示。

步骤8 单击"拉伸切除",在"从"下选择"草图基准面",在"方向1"下选择

"两侧对称",深度设为 4mm,如图 3-260 所示。

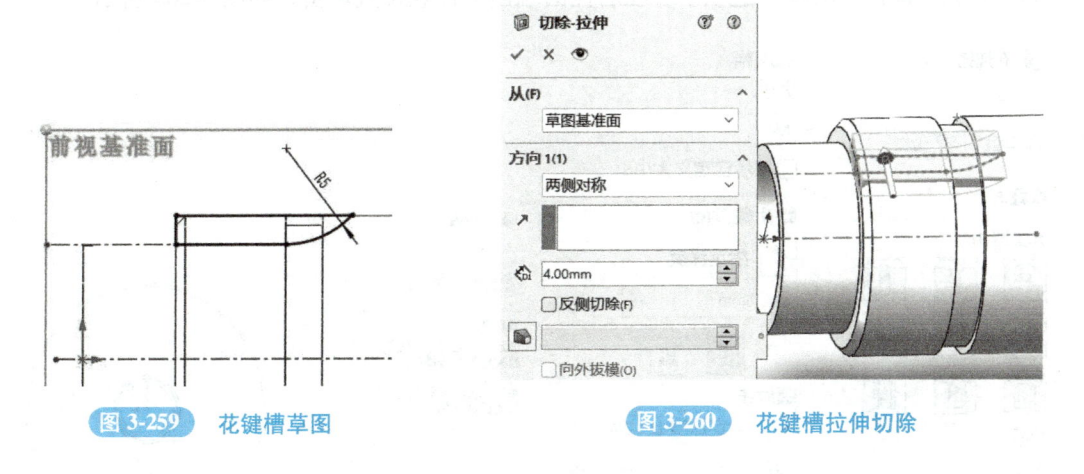

图 3-259　花键槽草图

图 3-260　花键槽拉伸切除

步骤 9　选择前视基准面为草图平面,单击"草图绘制",绘制法兰外部圆弧槽草图,尺寸如图 3-261 所示。

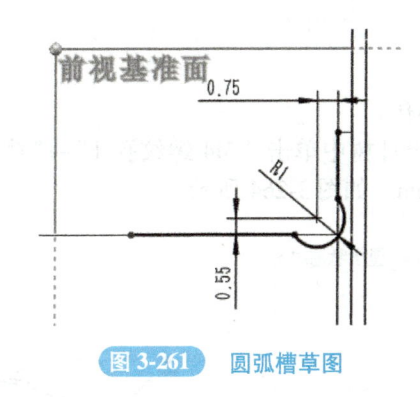

图 3-261　圆弧槽草图

步骤 10　单击"旋转切除",在"旋转轴"下选择"直线 8@草图 13",在"方向 1"下选择"给定深度",角度设为 360°,如图 3-262 所示。

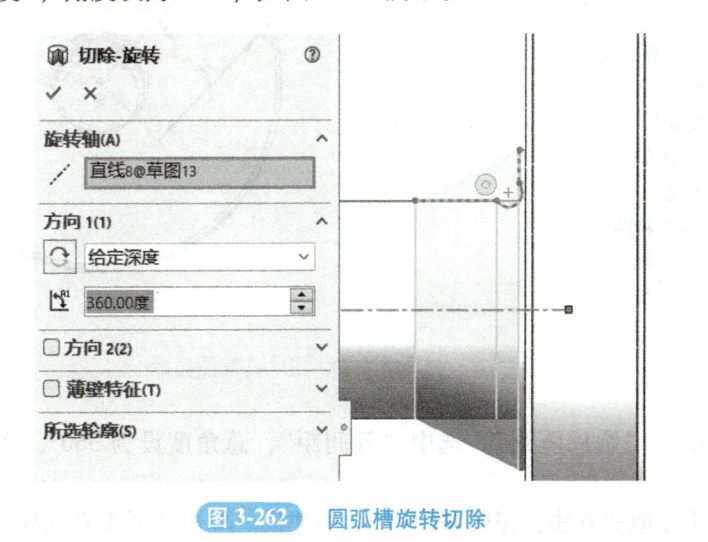

图 3-262　圆弧槽旋转切除

步骤 11 单击"异型孔向导",在"类型"选项卡中,孔类型选择"直螺纹孔"(第 2 行第 1 列),单击"位置"选项卡,在右侧圆端面上任意位置单击,如图 3-263 所示。

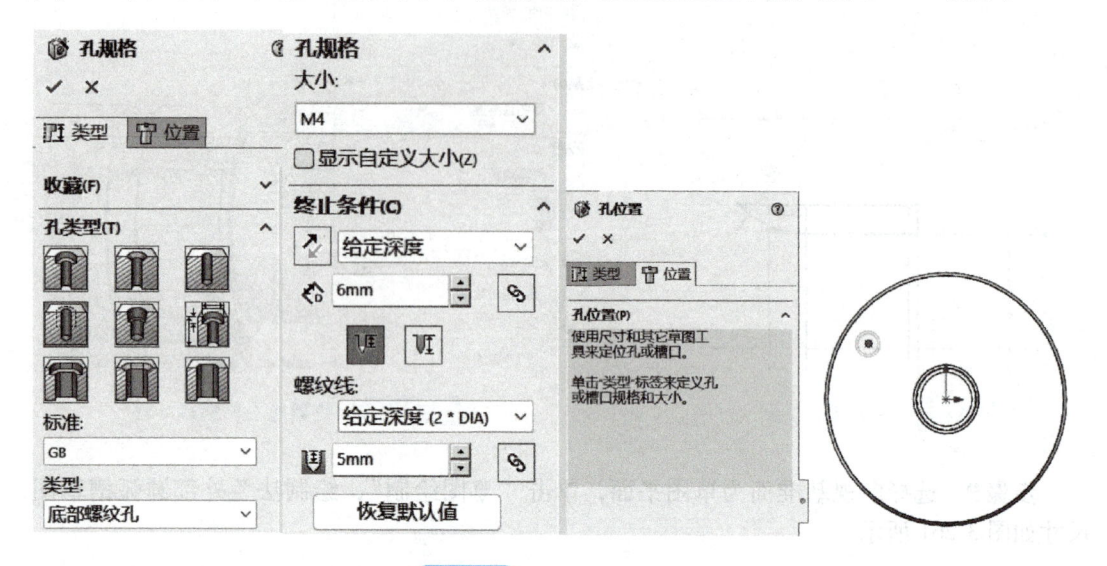

图 3-263　生成 M4 螺纹孔

单击"确定",生成一小孔。

步骤 12 修改位置。在设计树中单击"M4 螺纹孔 1"→"草图 5",单击"编辑草图",使 M4 螺纹孔中心距圆心 16mm,如图 3-264 所示。

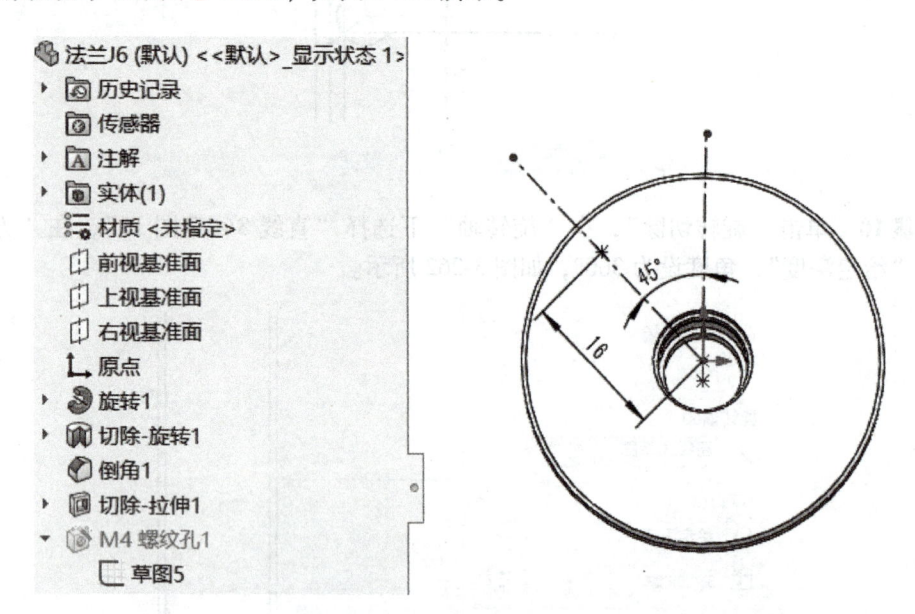

图 3-264　修改 M4 螺纹孔草图位置

步骤 13 单击"圆周阵列",选中"等间距",总角度设为 360°,实例数设为 4,如图 3-265 所示。

步骤 14 用相似的方法,完成 M5 螺纹孔的建模。单击"异型孔向导",在"类型"选项卡中，孔类型选择"直螺纹孔"，单击"位置"选项卡，在右侧圆端面上任意位置单击，如图3-266所示。

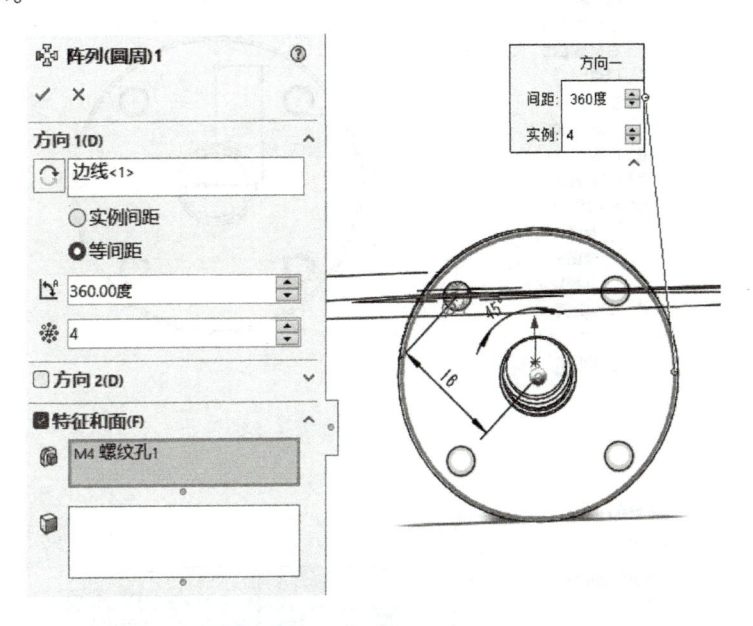

图 3-265　圆周阵列 4 个螺纹孔

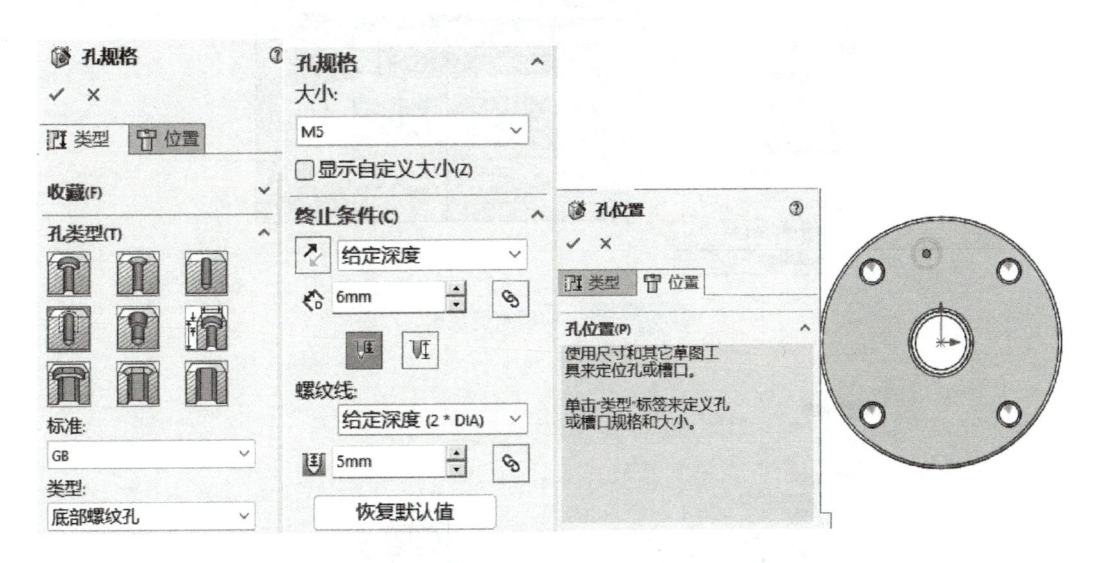

图 3-266　生成 M5 螺纹孔

步骤 15　修改位置。在设计树中单击"M5 螺纹孔 1"→"草图 7"，单击"编辑草图"，使该螺纹孔中心距圆心 16mm，如图 3-267 所示。

单击"确定"，完成螺纹孔的创建。

步骤 16　单击"剖面视图"，在"剖面 1"下选择"前视基准面"，如图 3-268 所示。

步骤 17　单击"倒角"，在"要倒角化的项目"下选择法兰内轮廓右侧两端面，倒角距离设为 0.5mm，角度设为 45°，如图 3-269 所示。

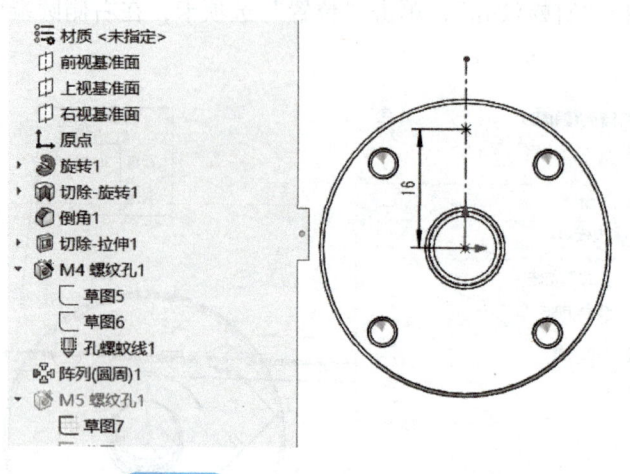

图 3-267 修改 M5 螺纹孔草图位置

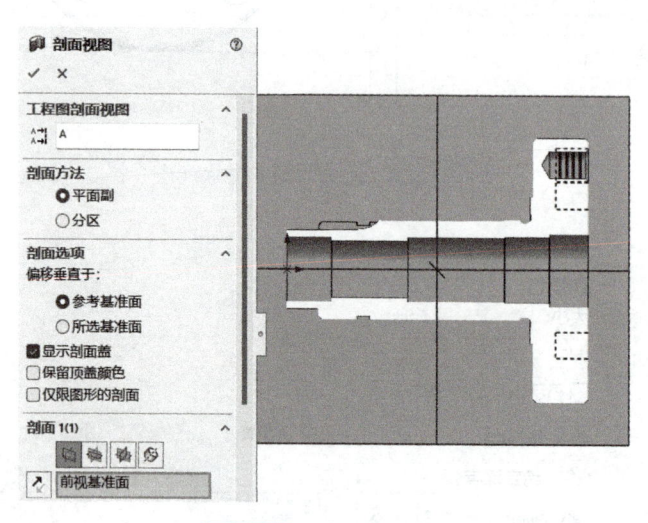

图 3-268 前视剖面视图

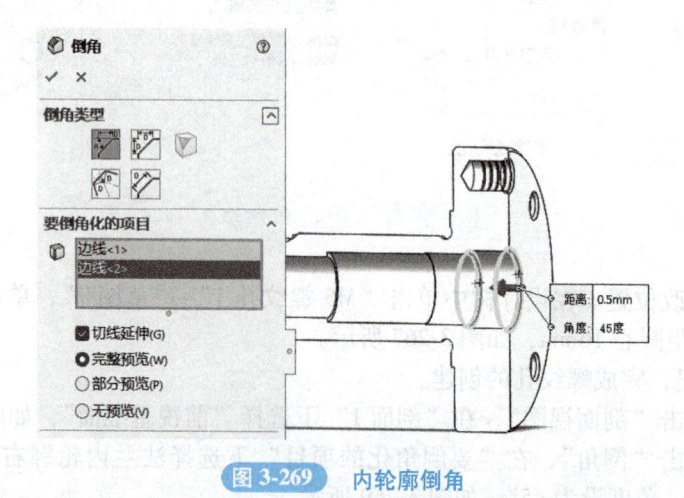

图 3-269 内轮廓倒角

步骤 18 选择内齿槽处端面为草图平面,单击"草图绘制",绘制一个齿槽轮廓草图,如图 3-270 所示。

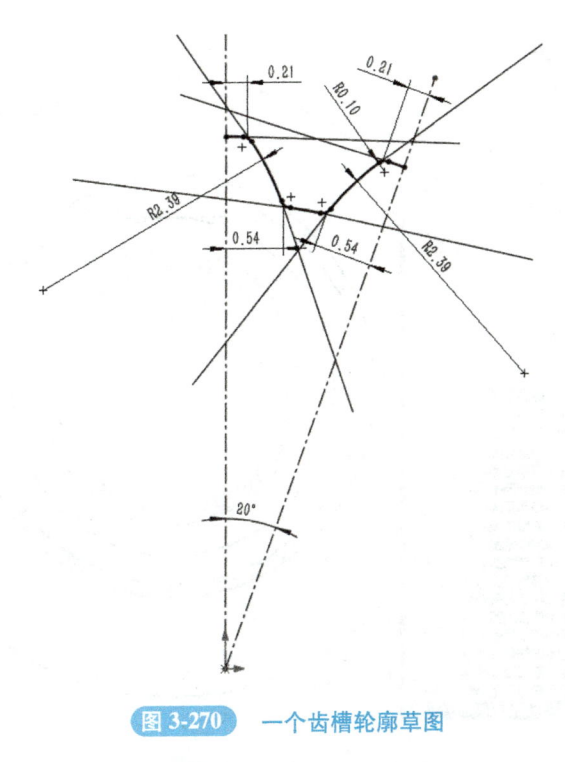

图 3-270 一个齿槽轮廓草图

单击"圆周阵列",将齿槽轮廓圆周阵列 18 个,如图 3-271 所示。

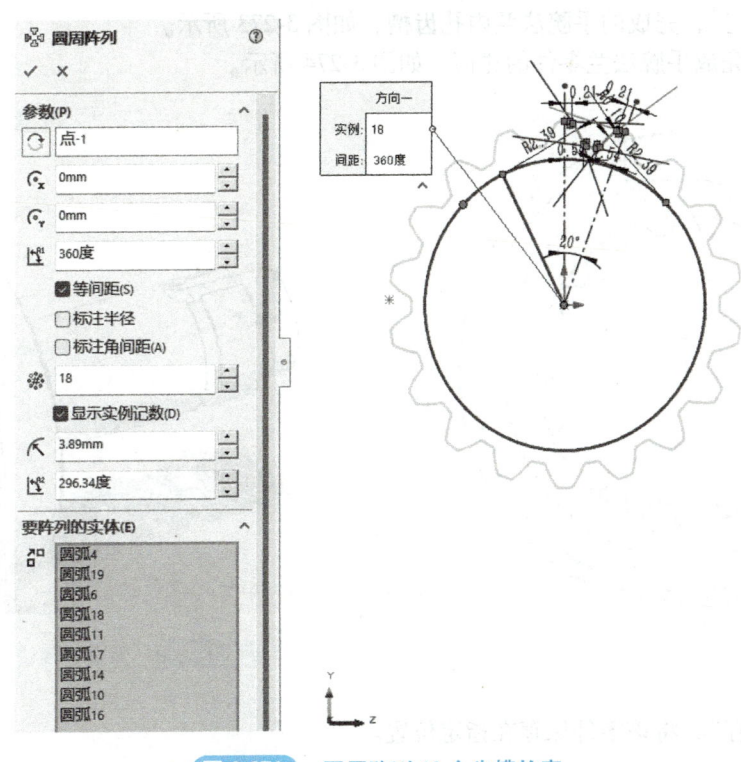

图 3-271 圆周阵列 18 个齿槽轮廓

步骤 19　单击"拉伸切除",在"所选轮廓"下选择需要切除的部分,如图 3-272 所示。

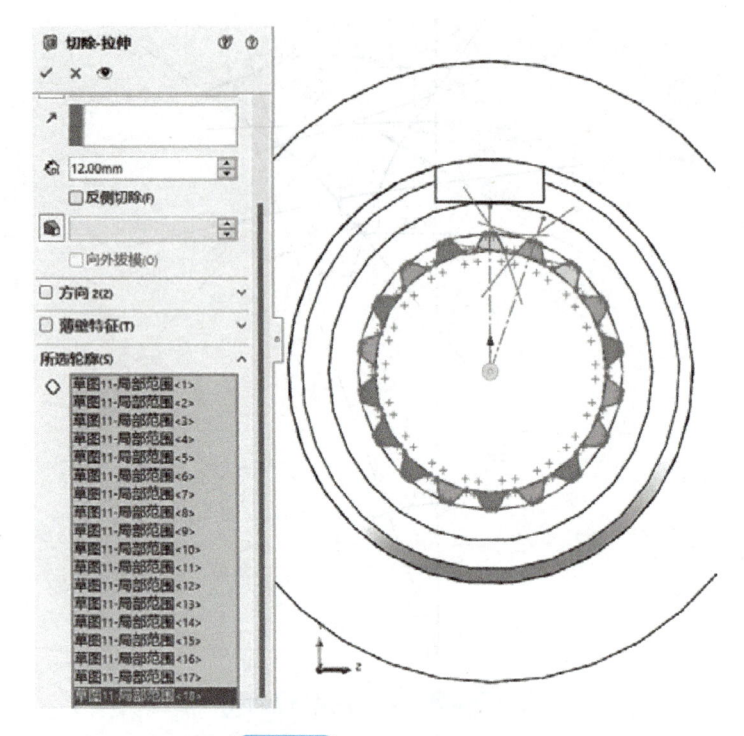

图 3-272　内齿槽拉伸切除

单击"确定",完成的手腕法兰内孔齿槽,如图 3-273 所示。

步骤 20　完成手腕法兰零件的建模,如图 3-274 所示。

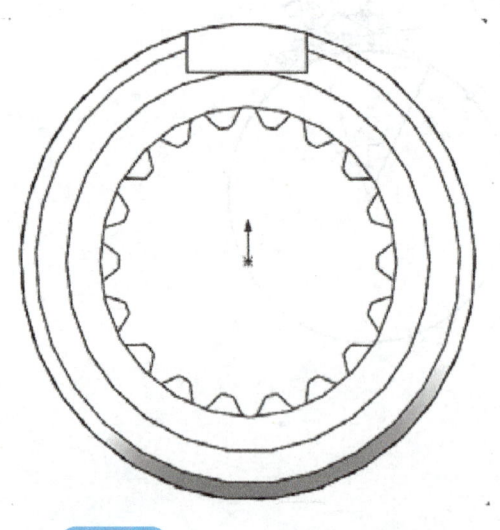

图 3-273　完成的手腕法兰内孔齿槽

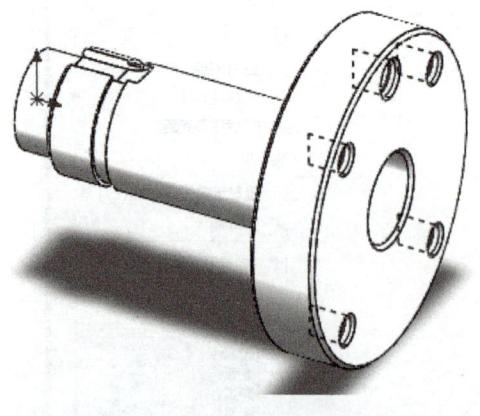

图 3-274　完成手腕法兰零件的建模

单击"保存",将该零件保存在指定位置。

任务小结

本任务是机器人手腕法兰J6零件的建模。法兰是盘状零件，尺寸较小。在建模过程中在不同面上新建多个草图，多次使用旋转凸台、旋转切除、异型孔向导、圆周阵列、圆角、镜像等命令。本次建模过程中使用的新命令是剖面视图，在剖面视图下可设置倒角。

项目 4

典型装配体设计及运动仿真

任务 1 千斤顶装配体设计

任务目标：
能看懂千斤顶装配体的工程图。
掌握千斤顶装配体的创建步骤。
掌握设计爆炸视图的操作步骤。

技能训练：
练习新建装配体。
练习装配中的同轴心、重合、距离等配合类型。
练习插入设计库、标准件。
练习阵列驱动特征。
练习爆炸视图的创建。
练习动画爆炸和解除爆炸的操作。

一、任务引入

千斤顶装配体的组成零件有 7 个，分别是底座、螺套、螺钉（GB/T 73—1985）、螺旋杆、顶垫、螺钉（GB/T 75—1985）、铰杠。其中，两个螺钉是标准件，可以直接选用，另外 5 个零件需要自己设计并完成建模。千斤顶装配体设定底座是固定零件，其他零件依次插入，通过设定配合关系完成装配任务。图 4-1 为千斤顶爆炸工程图。

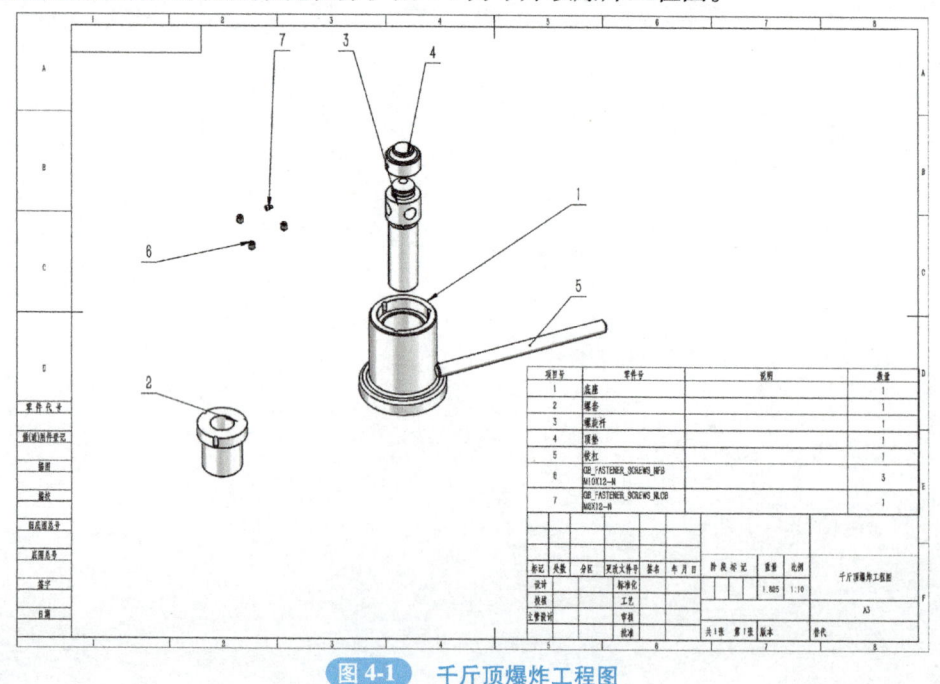

图 4-1 千斤顶爆炸工程图

二、千斤顶装配过程

步骤1 打开 SolidWorks 软件，新建一个装配体文件，命名为"千斤顶装配体.sldasm"。

步骤2 在"开始装配体"中，单击"浏览"，浏览至"底座"零件并单击，如图 4-2 所示。

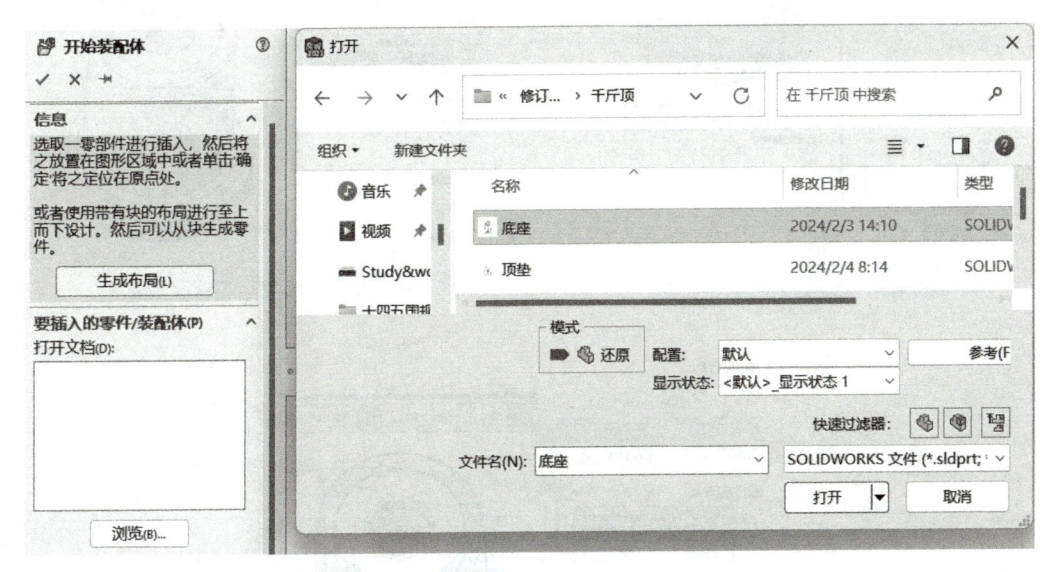

图 4-2 插入底座

再单击"确定"，完成底座放置。

> **注意**：此时装配体原点与底座原点重合。若在装配体中插入第一个零件时，装配体原点与第一个零件原点不重合，则需要手动设定才能达到重合。

步骤3 单击"插入零部件"，单击"浏览"，选中螺套，单击"打开"，如图 4-3 所示。

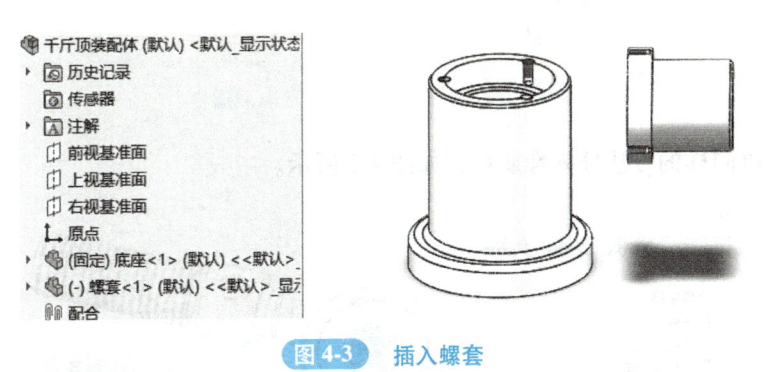

图 4-3 插入螺套

底座与螺套的配合关系设定如下：
1）底座内孔与螺套外表面配合关系设为同轴心，如图 4-4 所示。
2）底座上端面与螺套一端面配合关系设为重合，如图 4-5 所示。
3）底座的前视基准面与螺套的前视基准面（具体选哪两个面，根据半圆孔位置定，确保 6 个半圆孔配合成 3 个圆孔即可）配合关系设为重合，如图 4-6 所示。

149

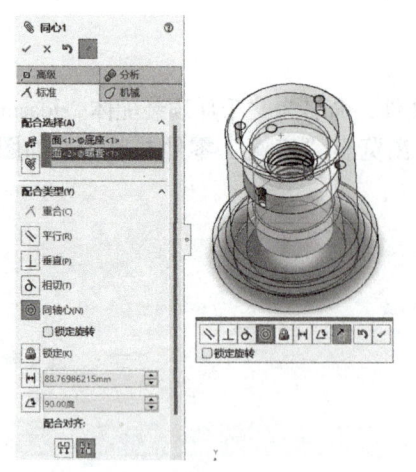

图 4-4　底座与螺套同轴心

图 4-5　底座与螺套面重合

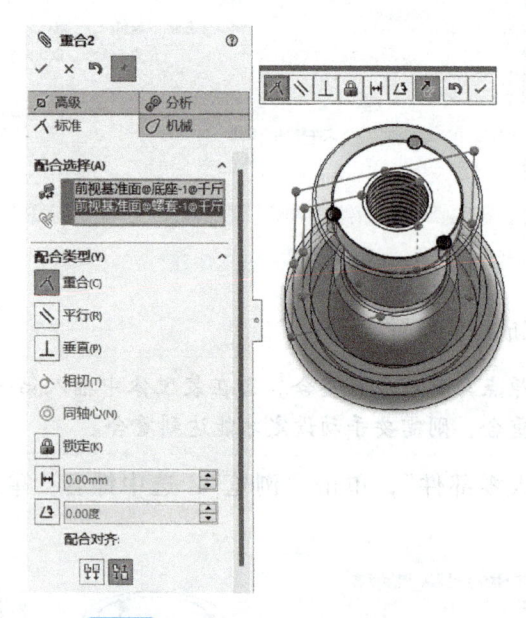

图 4-6　底座与螺套前视基准面重合

步骤 4　以同样的方法插入螺旋杆，如图 4-7 所示。

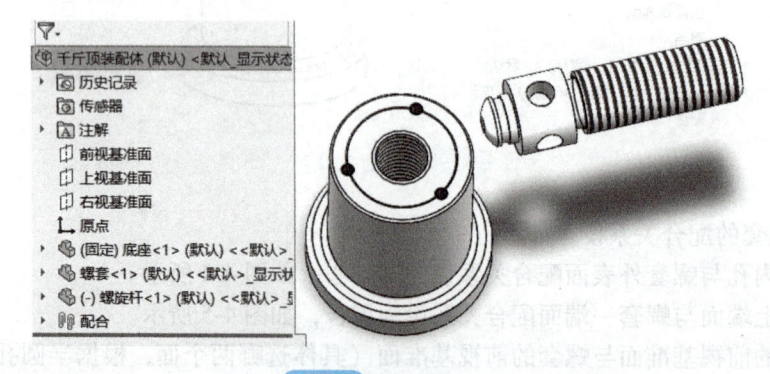

图 4-7　插入螺旋杆

螺套与螺旋杆的配合关系设定如下：螺套内孔与螺旋杆外表面配合关系设为同轴心，如图 4-8 所示。螺旋杆可以在螺套内旋转运动。

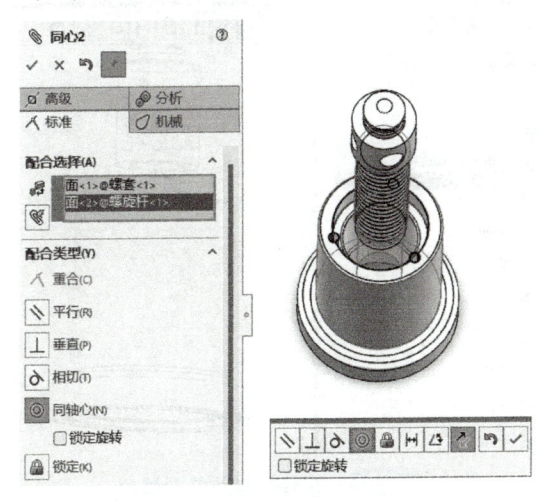

图 4-8　螺套与螺旋杆同轴心

步骤 5　以同样的方法插入顶垫，如图 4-9 所示。

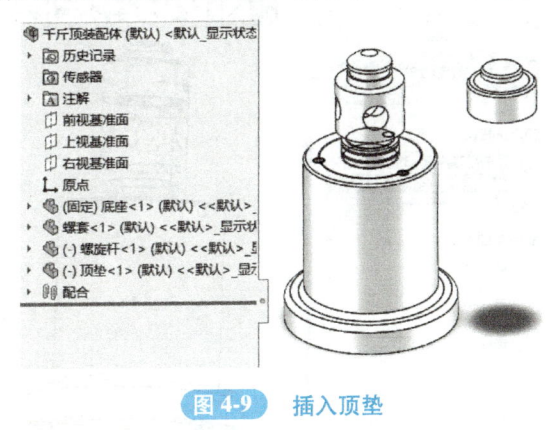

图 4-9　插入顶垫

螺旋杆与顶垫的配合关系设定如下：
1）螺旋杆外表面与顶垫内孔配合关系设为同轴心，如图 4-10 所示。

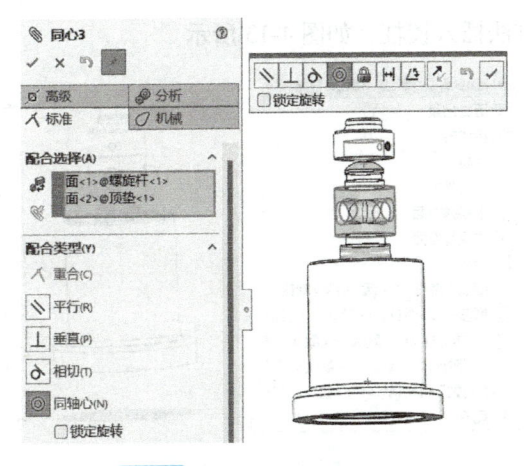

图 4-10　螺旋杆与顶垫同轴心

2）螺旋杆一端面与顶垫下端面配合关系设为重合，如图 4-11 所示。

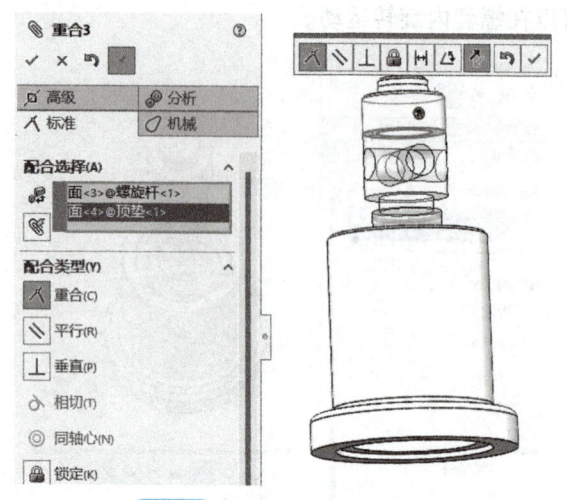

图 4-11　螺旋杆与顶垫面重合

3）螺旋杆的前视基准面与顶垫的右视基准面配合关系设为重合，如图 4-12 所示。

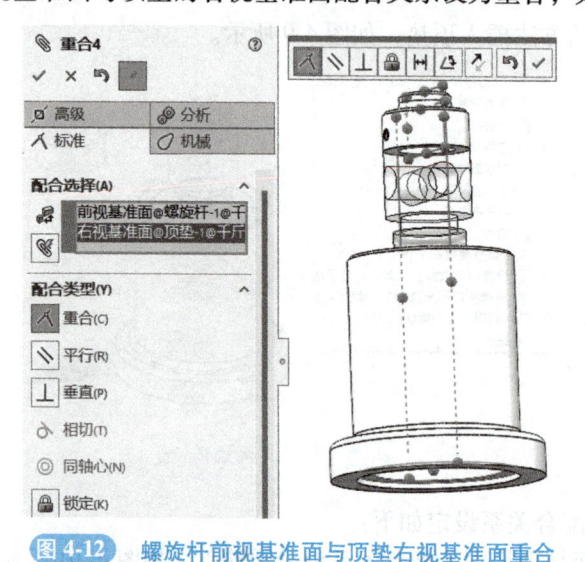

图 4-12　螺旋杆前视基准面与顶垫右视基准面重合

步骤 6　以同样的方法插入铰杠，如图 4-13 所示。

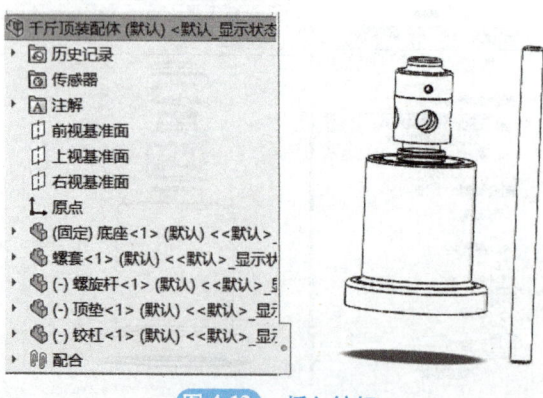

图 4-13　插入铰杠

螺旋杆与铰杠的配合关系设定如下：螺旋杆与铰杠的配合关系设为同轴心，如图4-14所示。铰杠可插入螺旋杆上端两个孔中的任一个，带动螺旋杆在螺套中运动。

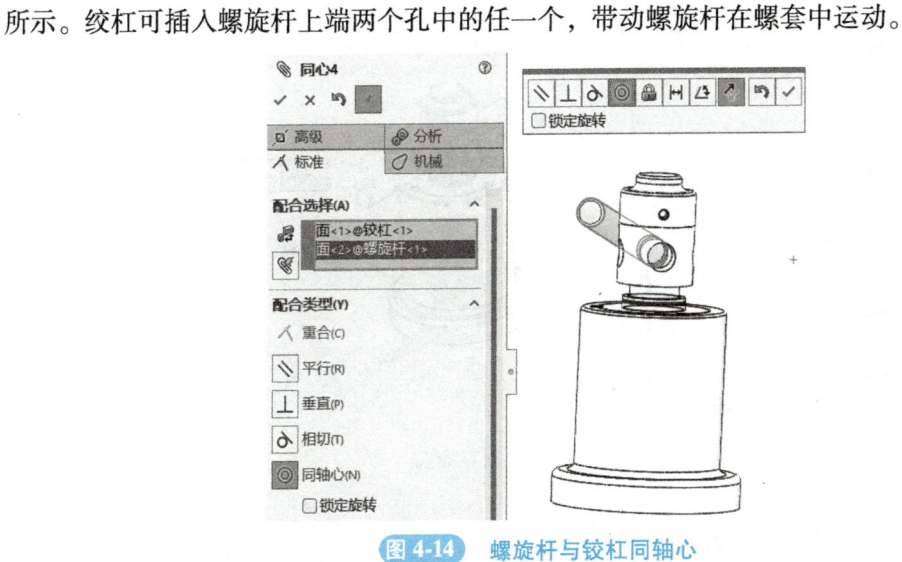

图 4-14　螺旋杆与铰杠同轴心

步骤7　插入底座与螺套间的固定螺钉（GB/T 73—1985）。单击右侧的"设计库"→"Toolbox"。如果是首次使用设计库，单击"现在插入"，如图4-15所示。

在设计库中，单击"GB"→"螺钉"→"紧定螺钉"如图4-16所示。

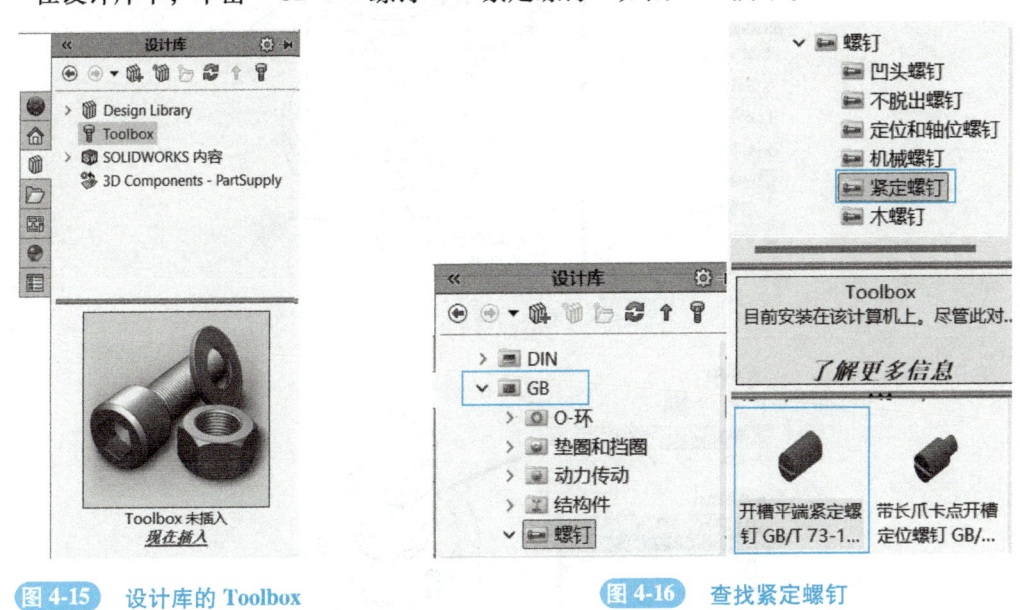

图 4-15　设计库的 Toolbox

图 4-16　查找紧定螺钉

单击并拖动"开槽平端紧定螺钉GB/T 73-1985"，将其放置在装配体附近，在"配置零部件"页面中将大小设为"M10"，长度设为12mm，如图4-17所示。

步骤8　设定螺钉（GB/T 73—1985）与底座、螺套螺纹孔的配合关系。

1）螺钉（GB/T 73—1985）外表面与底座、螺套螺纹孔内表面配合关系设为同轴心（注意螺钉凹槽面应朝上，可以通过"配合对齐"调整），如图4-18所示。

2）螺钉（GB/T 73—1985）上端面与底座、螺套上表面配合关系设为距离（要使螺钉比螺套表面低，可以通过距离的"反转尺寸"调整），如图4-19所示。

图 4-17 配置紧定螺钉

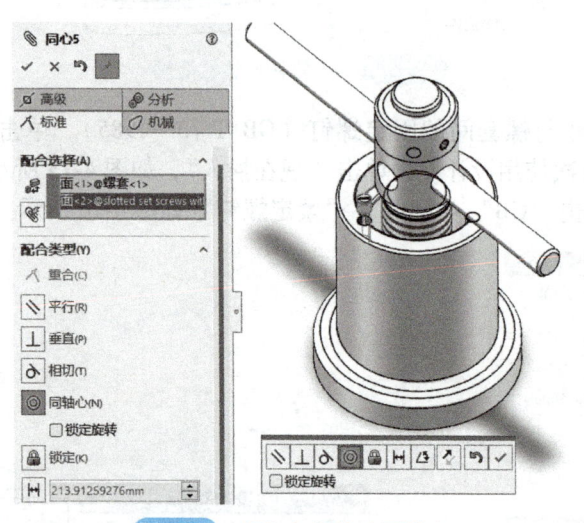

图 4-18 螺钉与螺纹孔同轴心

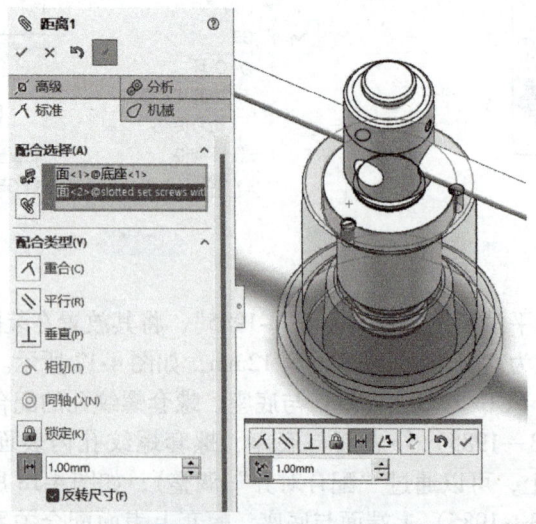

图 4-19 螺钉与螺套面距离

步骤9 单击"阵列驱动零部件阵列",如图4-20所示。

在"阵列驱动"页面中,在"要阵列的零部件"下选择"开槽平端紧定螺钉GB/T 73-1985",在"驱动特征或零部件"下选择螺套上圆周阵列的半圆孔,单击"确定",完成3个螺钉的装配。如图4-21所示。

根据其他特征的阵列来完成螺钉的阵列,好处是若其他特征(如半孔圆周阵列)改变了数量,特征阵列的零件数量也改变。

步骤10 在设计库中单击"GB"→"螺钉"→"紧定螺钉",如图4-22所示。

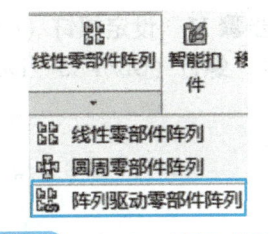

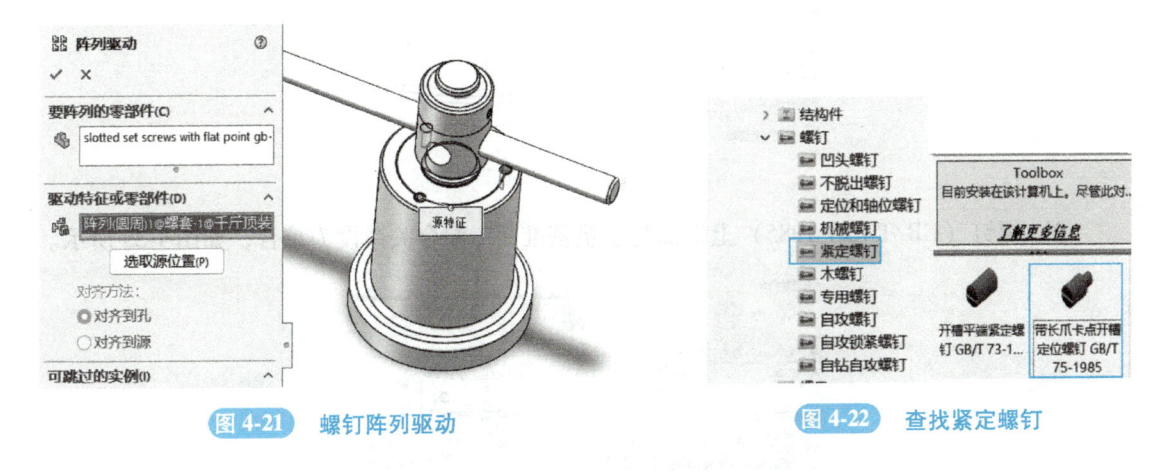

图 4-20　阵列驱动零部件阵列

图 4-21　螺钉阵列驱动

图 4-22　查找紧定螺钉

单击并拖动"带长爪卡点开槽定位螺钉GB/T 75-1985",将其放置在装配体附近,在"配置零部件"页面中将大小设为"M8",长度设为12mm,如图4-23所示。

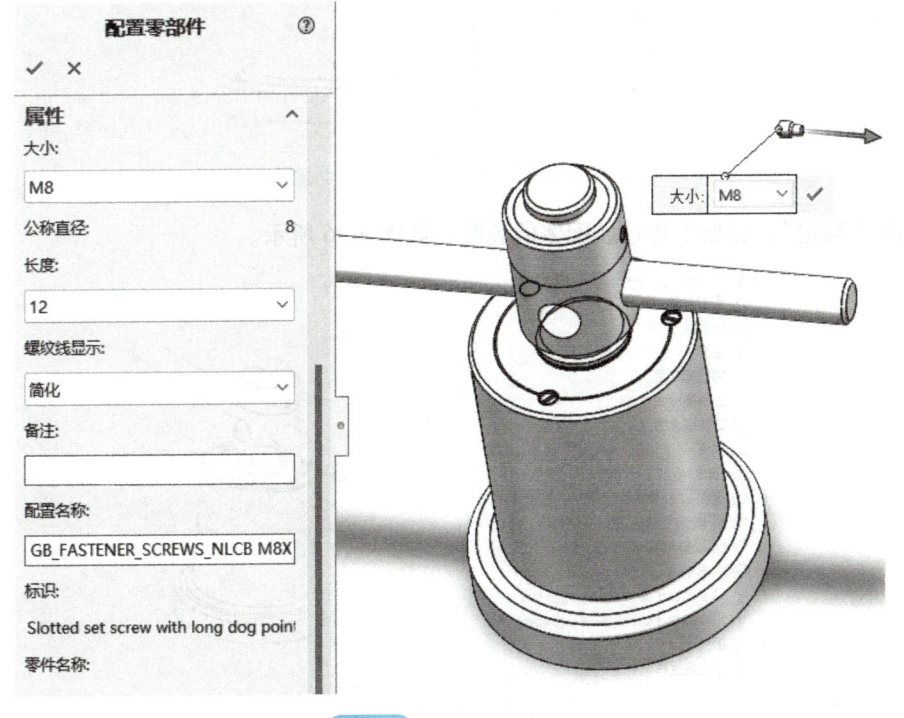

图 4-23　配置定位螺钉

步骤 11　设定螺钉（GB/T 75—1985）与顶垫螺孔之间的配合关系。

1）螺钉（GB/T 75—1985）外表面与顶垫螺孔内表面配合关系设为同轴心，如图 4-24 所示。

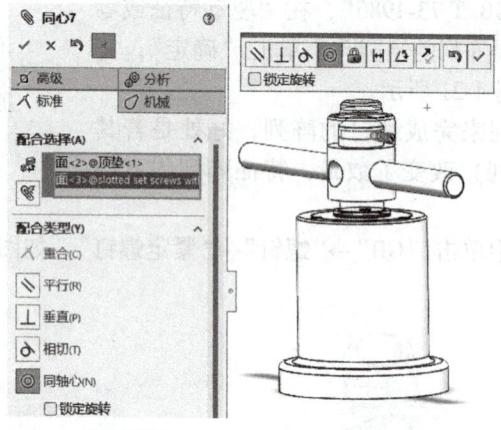

图 4-24　顶垫螺孔与螺钉同轴心

2）螺钉（GB/T 75—1985）上端面与顶垫基准面 1 配合关系设为重合，如图 4-25 所示。

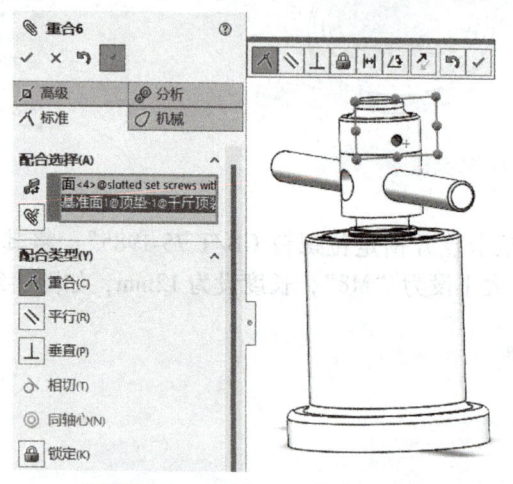

图 4-25　顶垫基准面与螺钉面重合

单击"确定"，完成千斤顶装配体的装配，如图 4-26 所示。

图 4-26　完成千斤顶装配体的装配

步骤 12　单击"保存",将千斤顶装配体保存到指定文件夹。

三、千斤顶爆炸视图

步骤 13　单击"爆炸视图"。在"爆炸"页面中,在"添加阶梯"下选择"常规爆炸(平移和旋转)",爆炸步骤按照装配的反顺序进行设置。先设定螺钉(GB/T 75—1985)沿着 X(负)方向移动,爆炸距离自定(即拖动到一个适合的距离,或在数值框中设定数值),其他选项保持默认,如图 4-27 所示。

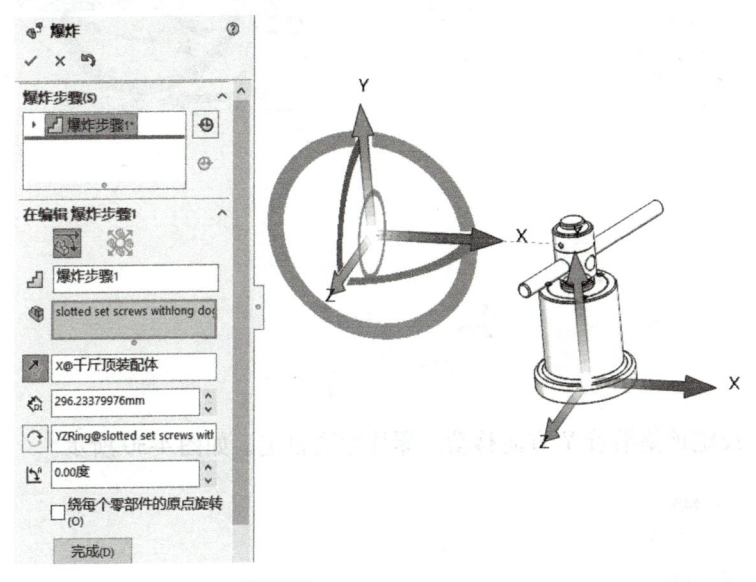

图 4-27　定位螺钉爆炸设置

步骤 14　设定 3 个螺钉(GB/T 73—1985)沿着 X(负)方向移动,爆炸距离自定,如图 4-28 所示。

图 4-28　紧定螺钉爆炸设置

步骤 15　设定铰杠沿着 X 方向移动，爆炸距离自定，如图 4-29 所示。

图 4-29　铰杠爆炸设置

步骤 16　设定顶垫沿着 Y 方向移动，爆炸距离自定，如图 4-30 所示。

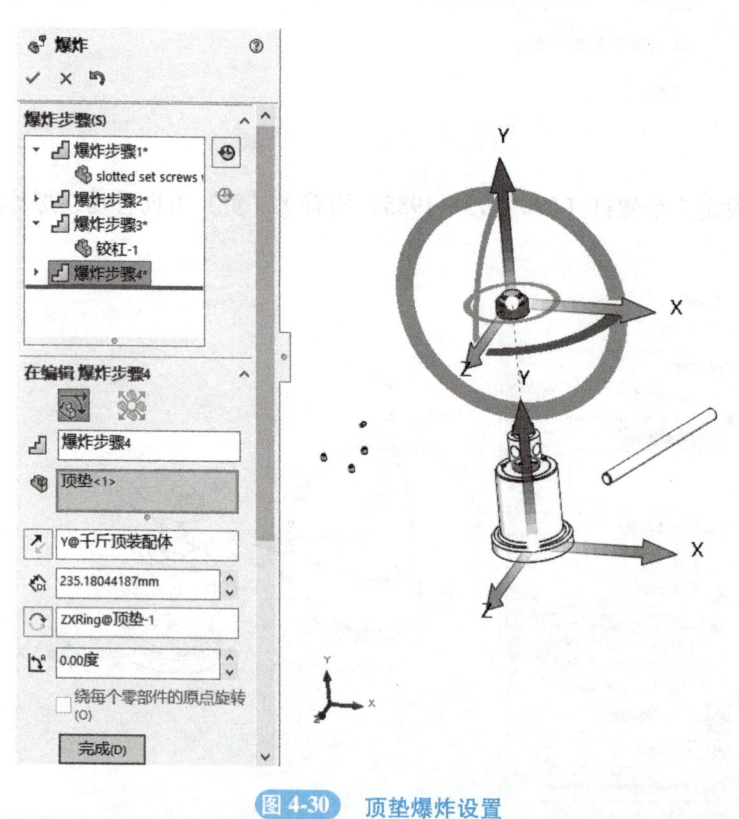

图 4-30　顶垫爆炸设置

步骤 17　设定螺旋杆沿着 Y 方向移动，爆炸距离自定，如图 4-31 所示。
步骤 18　设定螺套沿着 Z 方向移动，爆炸距离自定，如图 4-32 所示。

项目4　典型装配体设计及运动仿真

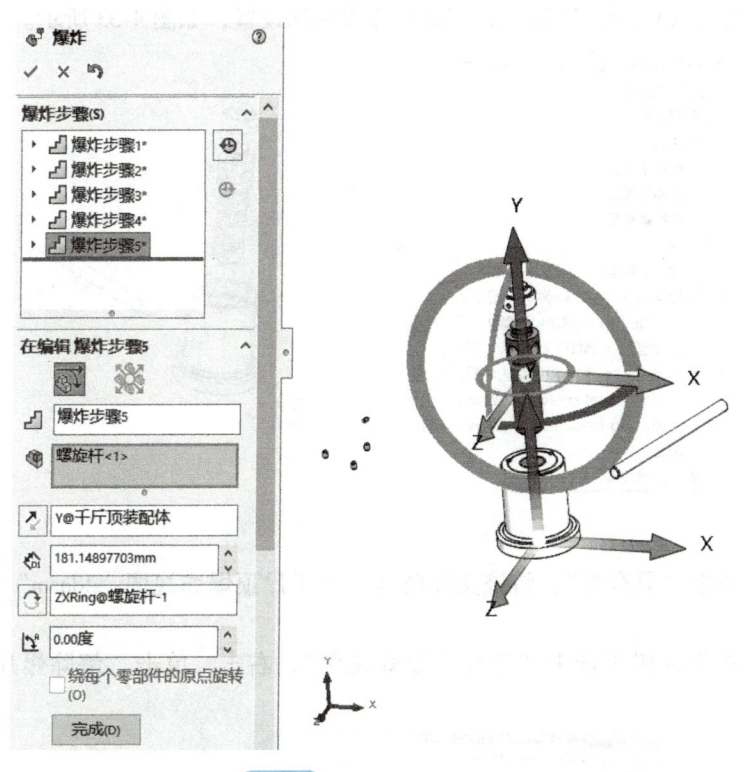

图 4-31　螺旋杆爆炸设置

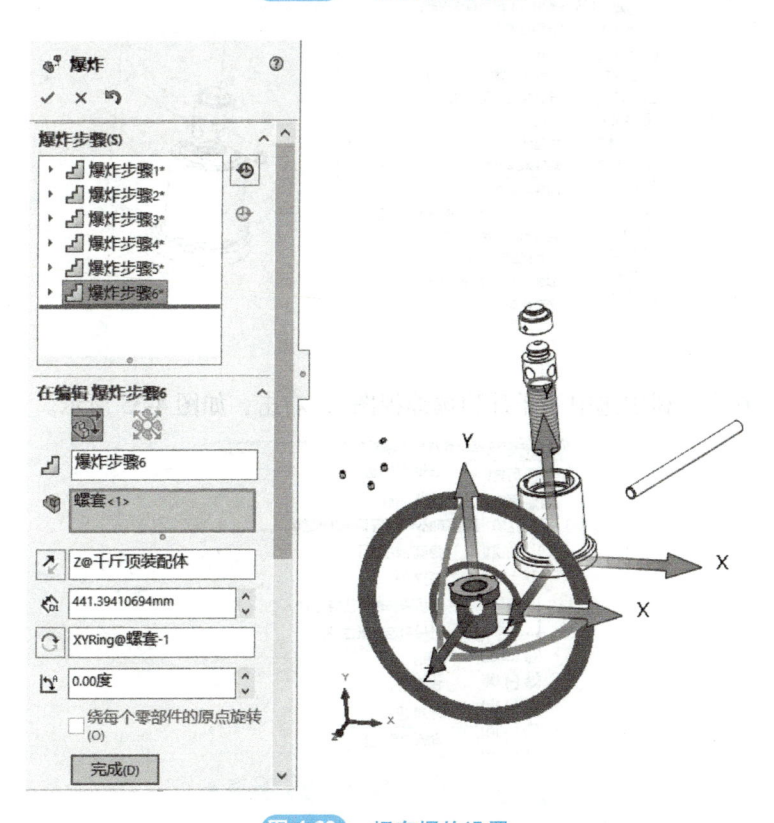

图 4-32　螺套爆炸设置

159

单击"完成",再单击"确定",完成爆炸视图的设置,如图 4-33 所示。

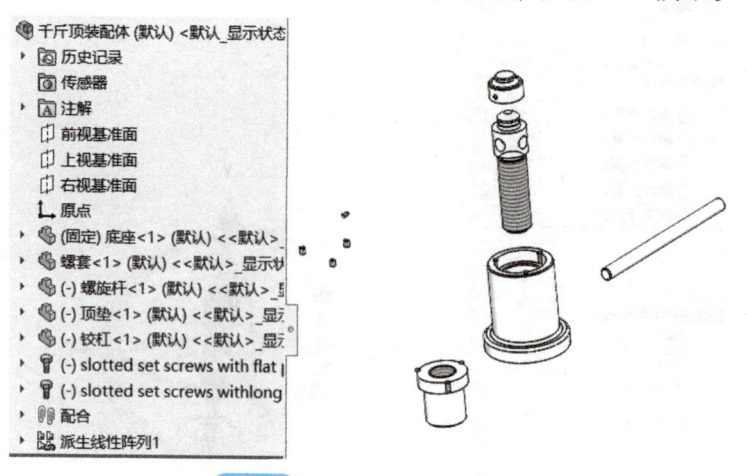

图 4-33 完成爆炸视图的设置

步骤 19 单击"另存为",将该文件命名为"千斤顶爆炸视图.sldasm"并保存到指定文件夹。

步骤 20 在设计树中选中"千斤顶爆炸视图",右击,单击"解除爆炸",如图 4-34 所示。

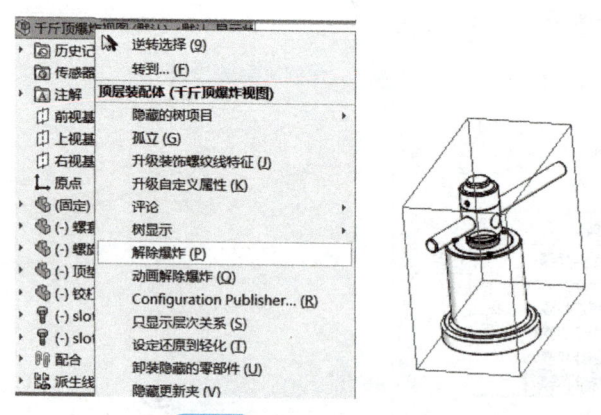

图 4-34 千斤顶解除爆炸

步骤 21 在设计树中选中"千斤顶爆炸视图",右击,如图 4-35 所示。

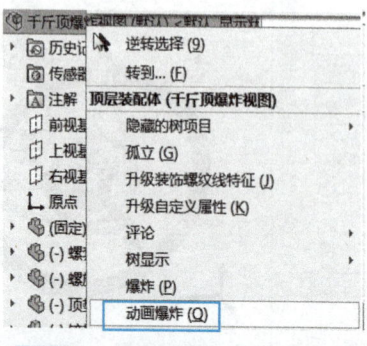

图 4-35 千斤顶爆炸视图右击菜单

单击"动画爆炸",如图 4-36 所示。

图 4-36 动画爆炸

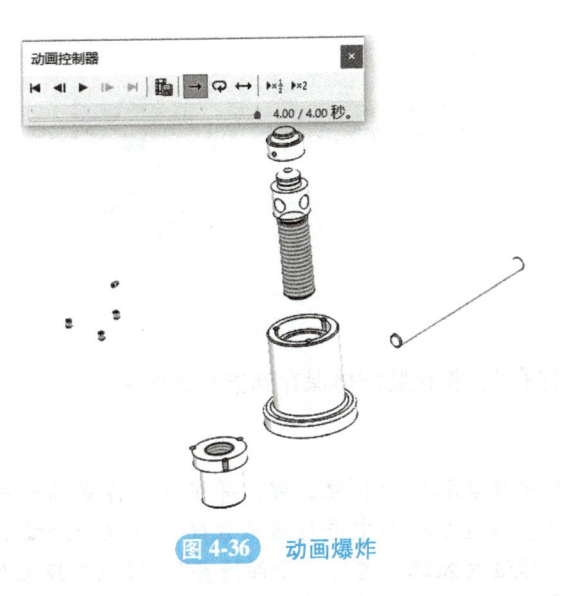

步骤 22 在"动画控制器"中，单击"保存动画"，如图 4-37 所示。

图 4-37 动画控制器

弹出"保存动画到文件"对话框，选择需要的路径和文件名，其他参数保持默认，如图 4-38 所示。

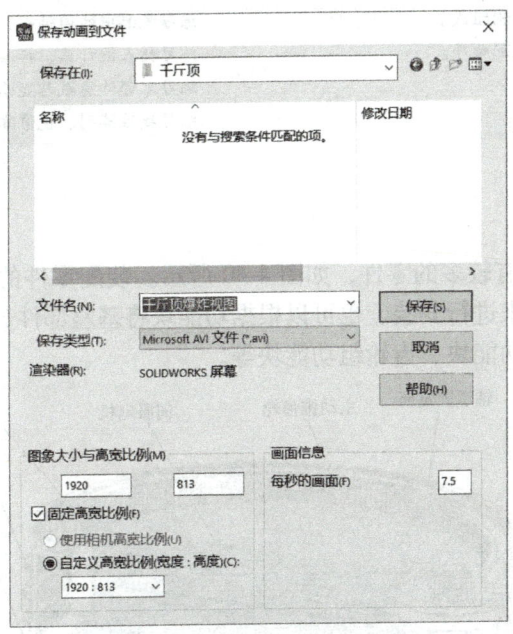

图 4-38 "保存动画到文件"对话框

步骤 23 单击"保存"，在"视频压缩"对话框中保持默认设置，如图 4-39 所示。单击"确定"，生成千斤顶装配体爆炸动画视频。

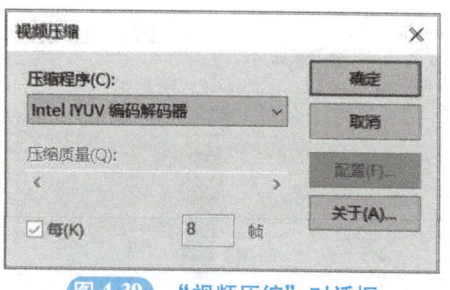

图 4-39 "视频压缩"对话框

步骤 24 单击"保存",将该装配体保存到指定文件夹。

任务小结

本任务是完成千斤顶装配体的装配过程,并根据设备实际生产中的安装顺序来完成各零件的装配工作。通过在软件中进行虚拟装配,可以检验前面设计的零件是否存在某些不足或错误。通过对装配体进行"干涉检查",可以发现零件间的配合、固定等问题。同时,通过虚拟装配,可以实现产品设计的进一步优化,也能对真实装配产生指导作用。

爆炸视图是装配的反过程,它可以清晰地展示千斤顶装配的动态过程。

任务 2　基座装配体设计

任务目标:
了解基座 J1-1 装配体的结构组成。
掌握基座 J1-1 装配体的装配顺序。

技能训练:
练习装配中的同轴心、重合、相切等配合类型。
练习插入设计库、标准件。
练习零部件隐藏与显示。
练习线性阵列、镜像零部件的操作。

一、任务引入

基座 J1-1 部件包含有较多的零件,如图 4-40 所示。装配零件的一般原则是根据实际工作生产现场的装配顺序来进行安装。也可以根据功能块将基座部件分为各个小组件,如电机功能块、底盘相关固件功能块、齿轮组功能块等。

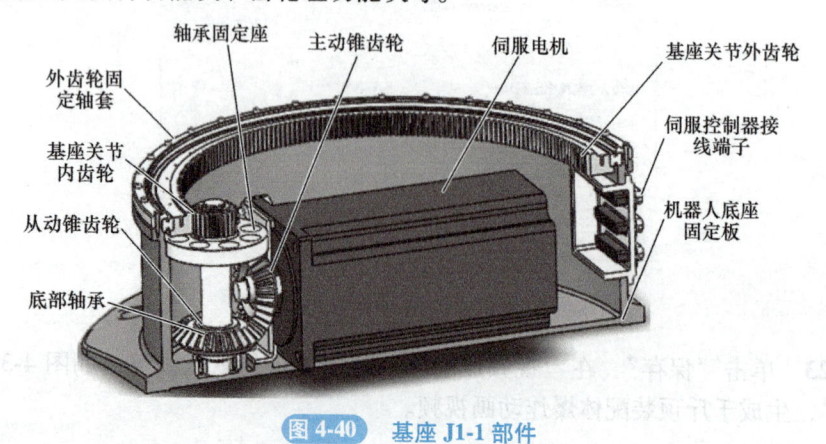

图 4-40　基座 J1-1 部件

基座 J1-1 的组成零件见表 4-1。

表 4-1　基座 J1-1 的组成零件

序号	名称	图形	序号	名称	图形
1	基座		11	齿圈固定板	
2	电机		12	电机固定座	
3	电机轴锥齿轮		13	电机轴轴承	
4	传动轴锥齿轮		14	锥齿轮盖板	
5	传动轴圆柱齿轮		15	电机座盖板	
6	基座关节大齿圈		16	卡环	
7	外环滚珠轴承		17	大齿圈固定轴套	
8	传动轴		18	18、15 接线端子	
9	传动轴轴承		19	19、25 接线端子	
10	基座关节齿轴承		20	接线端口板	

二、基座装配过程

步骤 1 新建一个装配体，命名为"基座 J1-1. sldasm"。

步骤 2 在"开始装配体"中，单击"浏览"，找到指定文件夹中的 Korpus 基座零件，如图 4-41 所示。

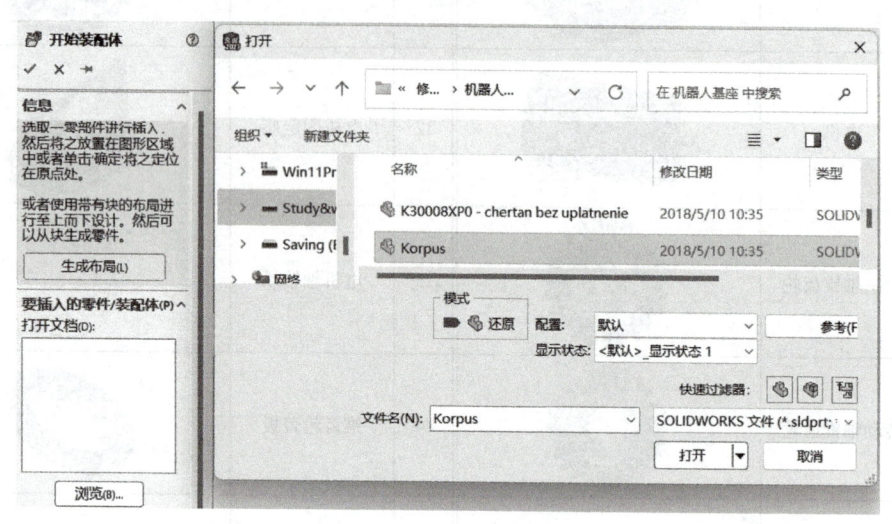

图 4-41 找到 Korpus 基座零件

单击"打开"，单击"确定"，插入第一个零件（默认固定），如图 4-42 所示。

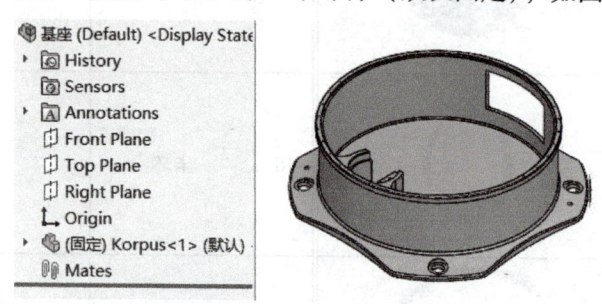

图 4-42 插入 Korpus 基座零件

步骤 3 单击"插入零部件"，找到指定文件夹中的 NSK 15BSA10T1X 传动轴轴承零件，插入第二个零件，如图 4-43 所示。

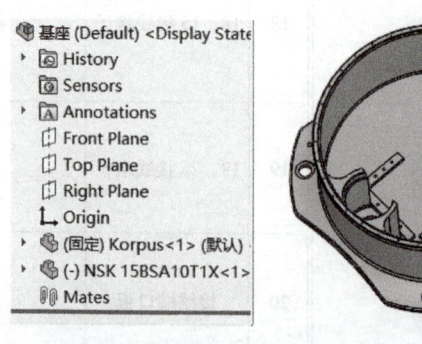

图 4-43 插入 NSK 15BSA10T1X 传动轴轴承零件

步骤 4 单击"配合",设定基座与传动轴轴承的配合关系。

1)基座内孔与传动轴轴承配合关系设为同轴心,如图 4-44 所示。

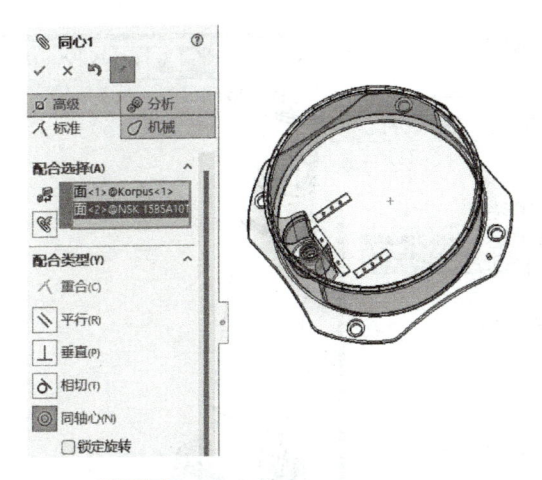

图 4-44 基座与传动轴轴承同轴心

2)基座内孔端面与传动轴轴承端面配合关系设为重合,如图 4-45 所示。

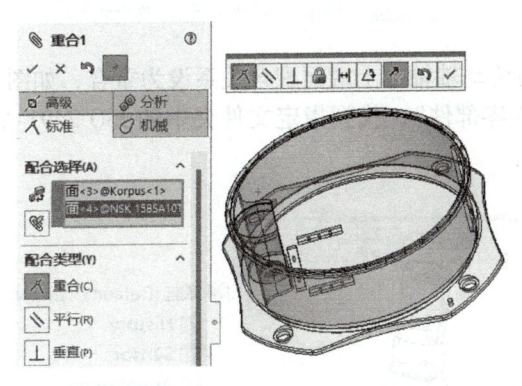

图 4-45 基座与传动轴轴承面重合

步骤 5 将 Korpus 基座零件状态设为"隐藏"。在设计树中选中该零件并右击,单击"隐藏零部件"。

步骤 6 单击"插入零部件",找到指定文件夹中的 Val-J1 传动轴零件并插入,如图 4-46 所示。

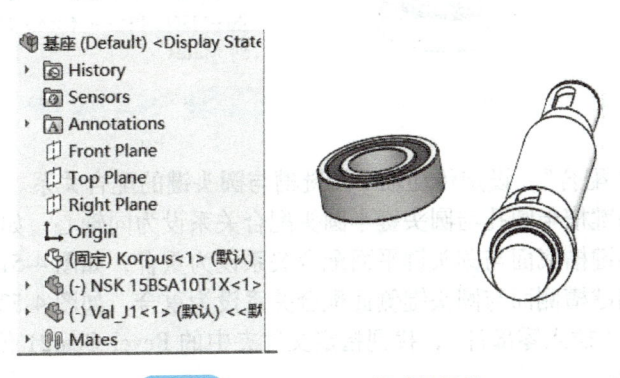

图 4-46 插入 Val-J1 传动轴零件

步骤7　单击"配合",设定传动轴与传动轴轴承的配合关系。
1)传动轴下端与传动轴轴承内孔配合关系设为同轴心,如图4-47所示。

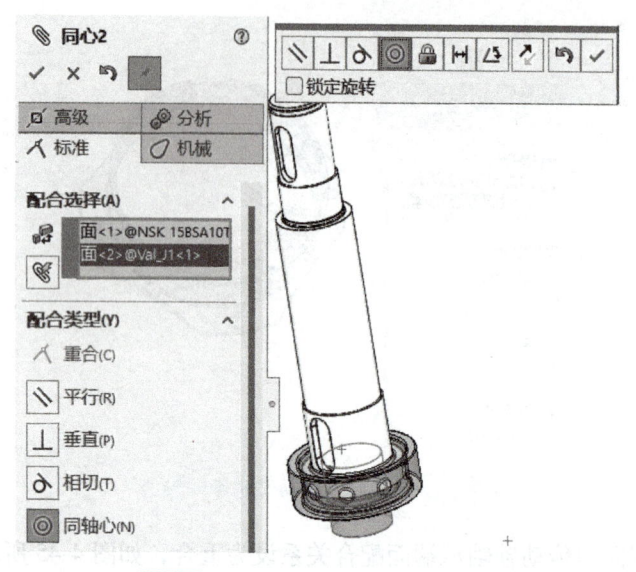

图4-47　传动轴轴承与传动轴同轴心

2)传动轴一端面与传动轴轴承上端面配合关系设为重合,如图4-48所示。

步骤8　单击"插入零部件",找到指定文件夹中的ISO 2491-A 6×4×14圆头键零件并插入,如图4-49所示。

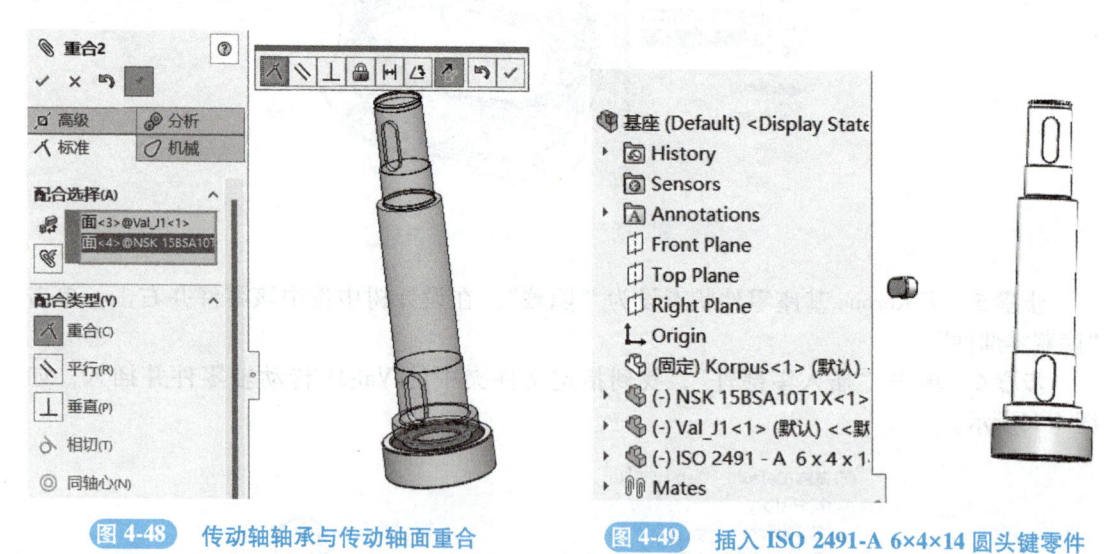

图4-48　传动轴轴承与传动轴面重合

图4-49　插入ISO 2491-A 6×4×14圆头键零件

步骤9　单击"配合",设定传动轴下端键槽与圆头键的配合关系。
1)传动轴下端键槽半圆孔与圆头键半圆头配合关系设为同轴心,如图4-50所示。
2)传动轴下端键槽底面与圆头键平面配合关系设为重合,如图4-51所示。
3)传动轴下端键槽侧面与圆头键侧面配合关系设为重合,如图4-52所示。

步骤10　单击"插入零部件",找到指定文件夹中的Bevel Gear21传动轴锥齿轮零件并插入,如图4-53所示。

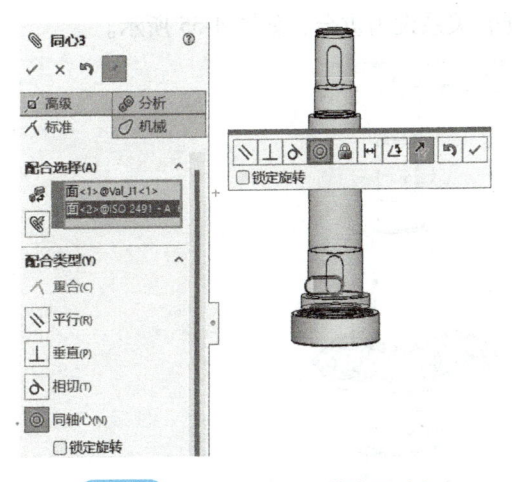

项目4 典型装配体设计及运动仿真

图 4-50 传动轴下端键槽半圆孔与圆头键半圆头同轴心

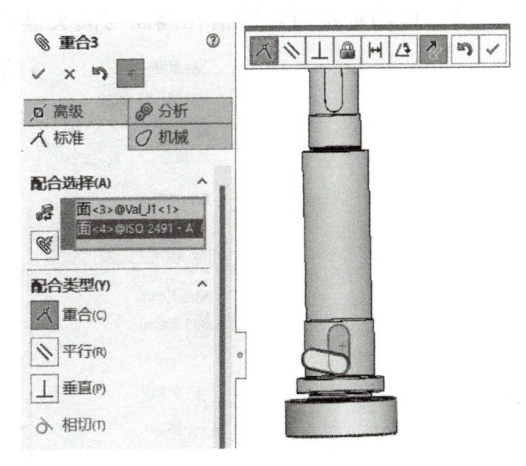

图 4-51 传动轴下端键槽底面与圆头键平面重合

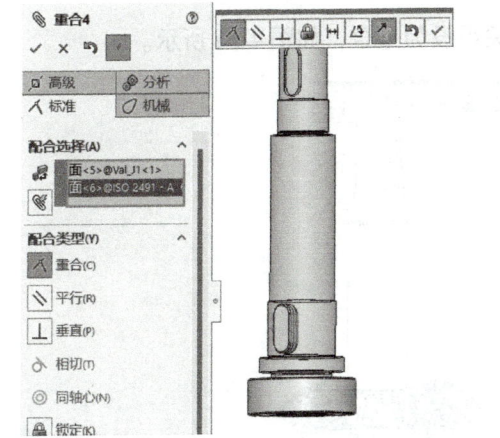

图 4-52 传动轴下端键槽侧面与圆头键侧面重合

图 4-53 插入 Bevel Gear21 传动轴锥齿轮零件

步骤 11 单击"配合",设定传动轴锥齿轮与传动轴的配合关系。

1)传动轴锥齿轮内孔与传动轴配合关系设为同轴心,如图 4-54 所示。

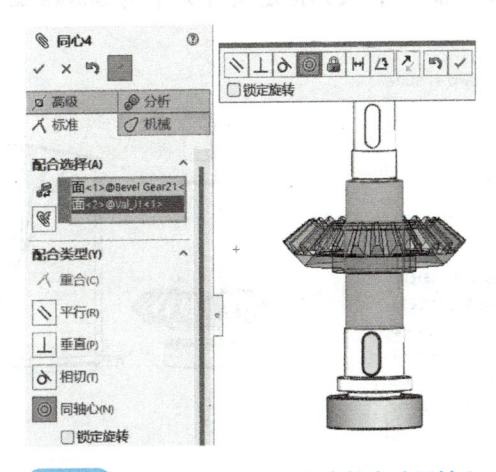

图 4-54 传动轴与传动轴锥齿轮内孔同轴心

2）传动轴锥齿轮键槽孔侧面与圆头键侧面配合关系设为重合，如图4-55所示。

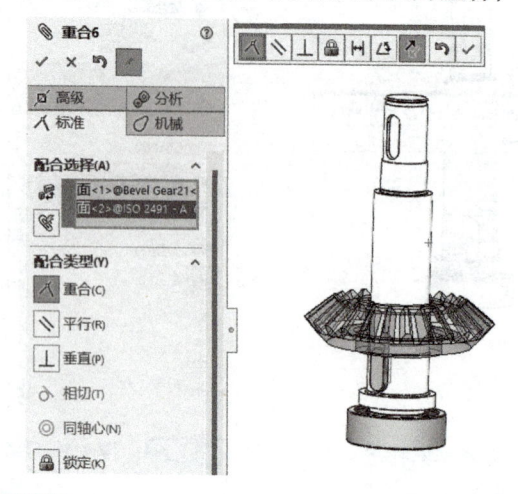

图 4-55　传动轴锥齿轮键槽孔侧面与圆头键侧面重合

3）传动轴锥齿轮端面与传动轴一端面配合关系设为重合，如图4-56所示。

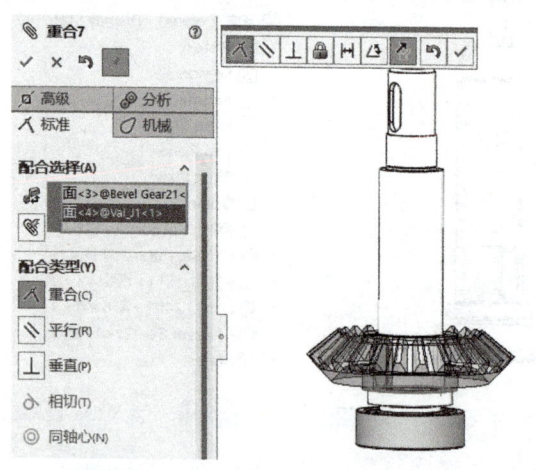

图 4-56　传动轴与传动轴锥齿轮面重合

步骤 12　单击"插入零部件"，找到指定文件夹中的 Stoyka za dvigatel 电机座零件并插入，如图4-57所示。

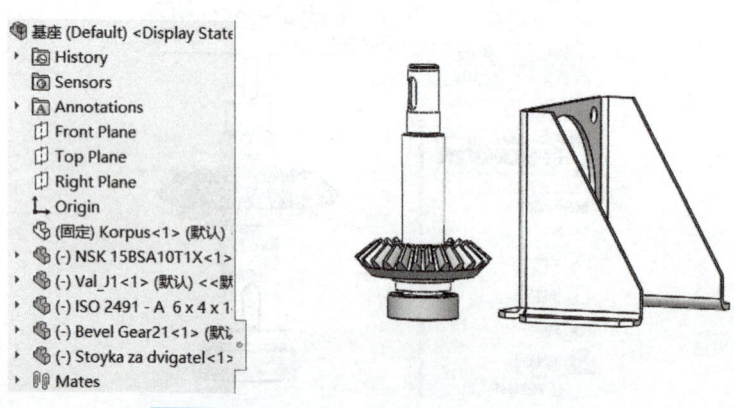

图 4-57　插入 Stoyka za dvigatel 电机座零件

步骤 13　单击"插入零部件",找到指定文件夹中的 1370491_EMMS_ST_87_L_SE_G2 电机零件并插入,如图 4-58 所示。

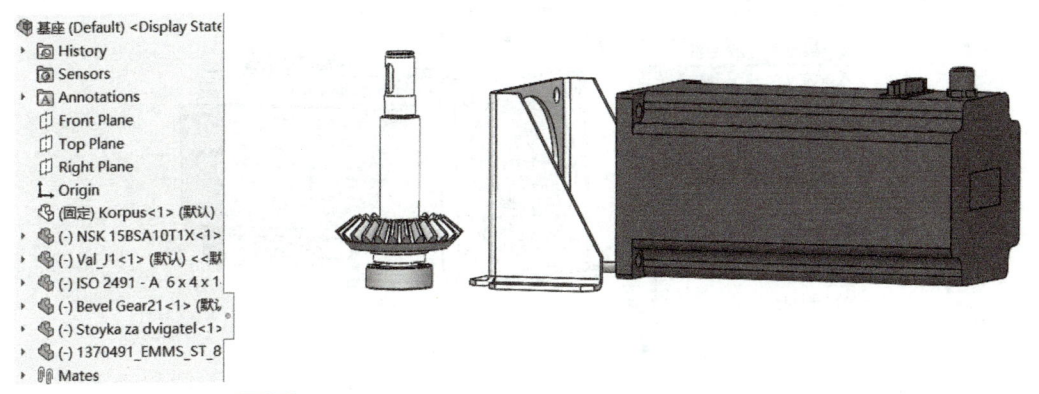

图 4-58　插入 1370491_EMMS_ST_87_L_SE_G2 电机零件

步骤 14　单击"配合",设定电机与电机座的配合关系。

1)电机端面圆凸台与电机座圆孔配合关系设为同轴心,如图 4-59 所示。

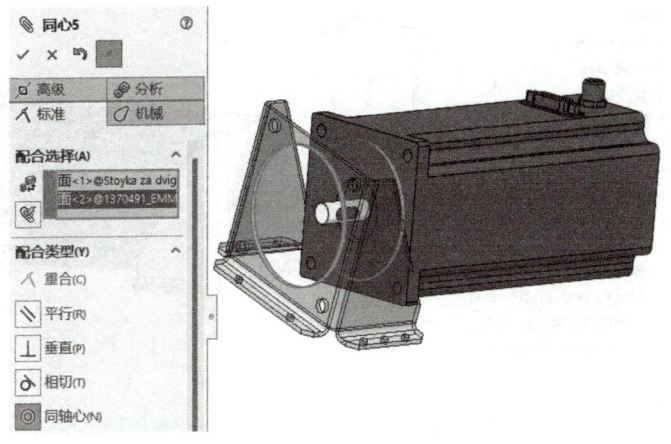

图 4-59　电机端面圆凸台与电机座圆孔同轴心

2)电机螺孔与电机座螺孔配合关系设为同轴心,如图 4-60 所示。

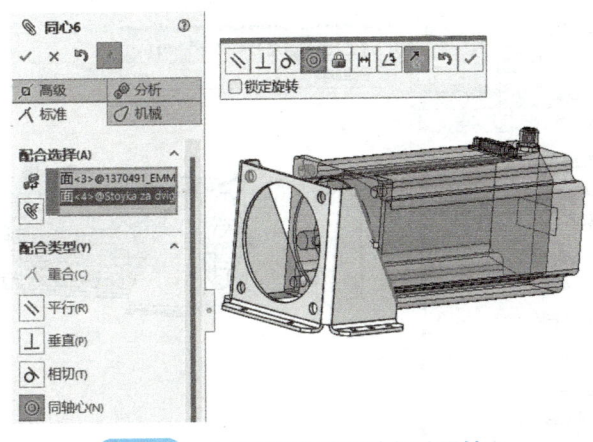

图 4-60　电机螺孔与电机座螺孔同轴心

3)电机端面与电机座端面配合关系设为重合,如图 4-61 所示。

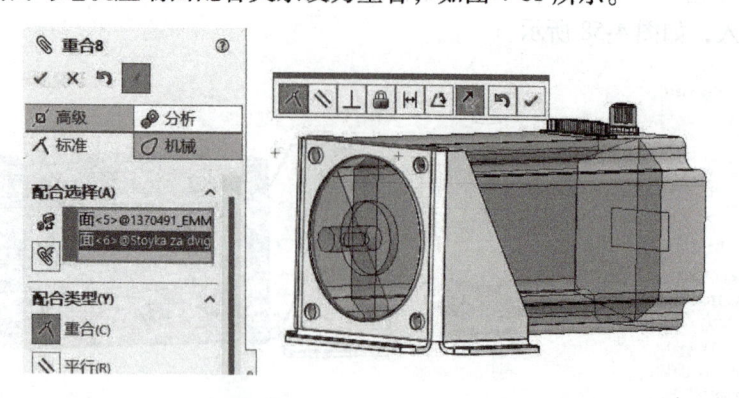

图 4-61　电机与电机座面重合

步骤 15　单击"插入零部件",找到指定文件夹中的 Podlojna planka za aksialenlarge 电机座挡板零件并插入,如图 4-62 所示。

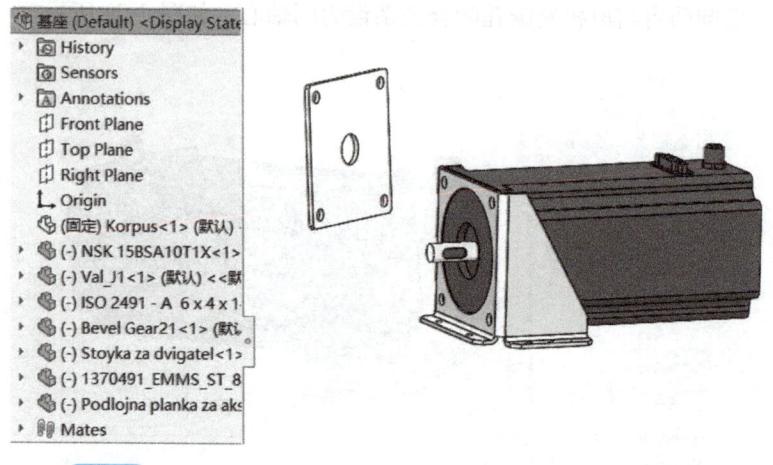

图 4-62　插入 Podlojna planka za aksialenlarge 电机座挡板零件

步骤 16　单击"配合",设定电机座挡板与电机座的配合关系。
1)电机座挡板轴孔与电机输出轴配合关系设为同轴心,如图 4-63 所示。

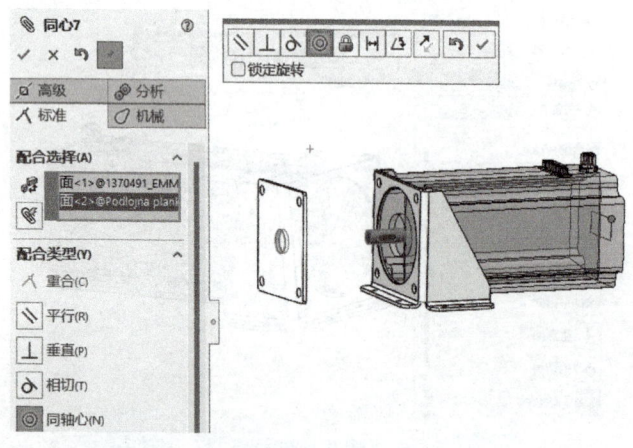

图 4-63　电机座挡板轴孔与电机输出轴同轴心

2）电机座挡板螺孔与电机座螺孔配合关系设为同轴心，如图 4-64 所示。

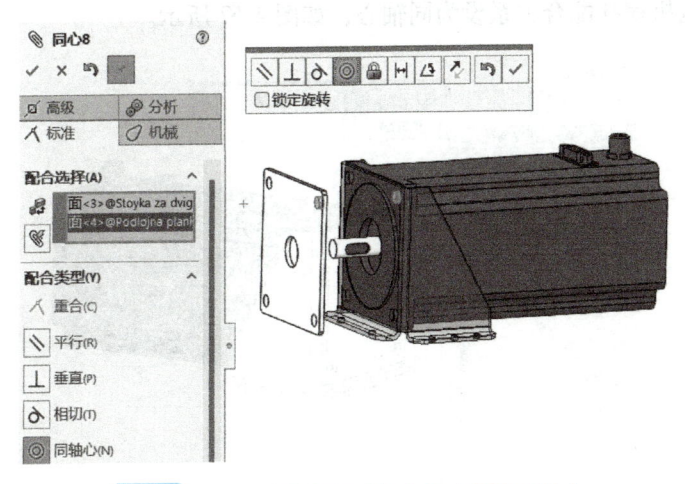

图 4-64　电机座挡板螺孔与电机座螺孔同轴心

3）电机座挡板端面与电机座端面配合关系设为重合，如图 4-65 所示。

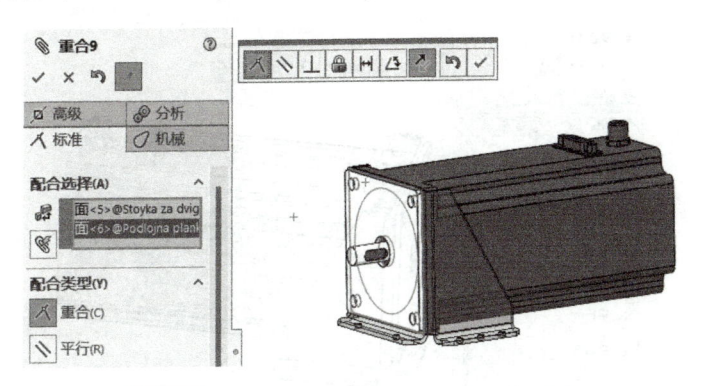

图 4-65　电机座挡板端面与电机座端面重合

步骤 17　单击"插入零部件"，找到指定文件夹中的 ISO 4762-M6×25ISO 螺栓零件并插入，如图 4-66 所示。

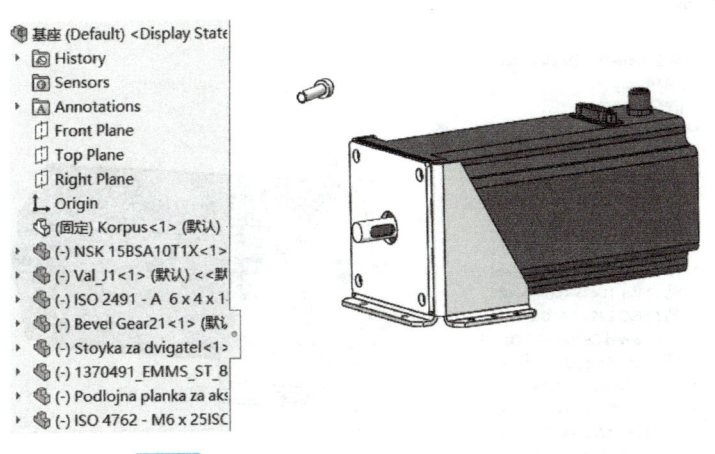

图 4-66　插入 ISO 4762-M6×25ISO 螺栓零件

步骤 18　单击"配合",设定螺栓与电机的配合关系。

1)螺栓与电机螺孔配合关系设为同轴心,如图 4-67 所示。

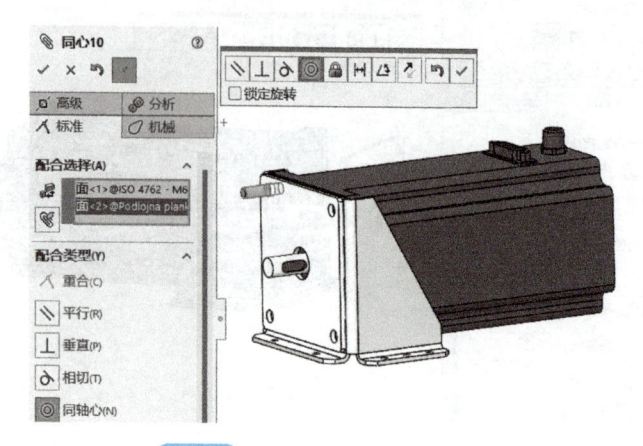

图 4-67　螺栓与电机螺孔同轴心

2)螺栓端面与电机螺孔面配合关系设为重合,如图 4-68 所示。

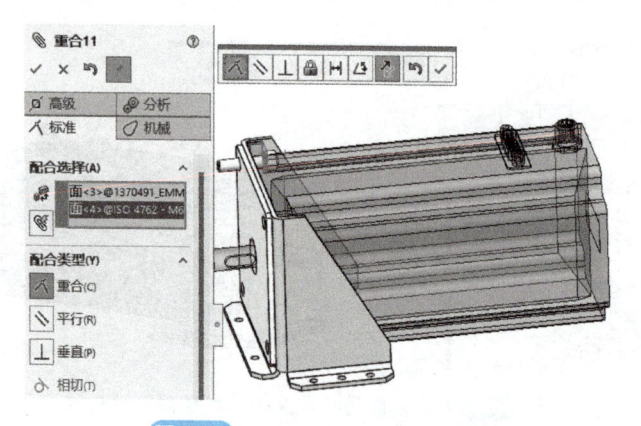

图 4-68　螺栓与电机螺孔面重合

步骤 19　单击"插入零部件",找到指定文件夹中的 ISO 4161-M6(1) 螺母零件并插入,如图 4-69 所示。

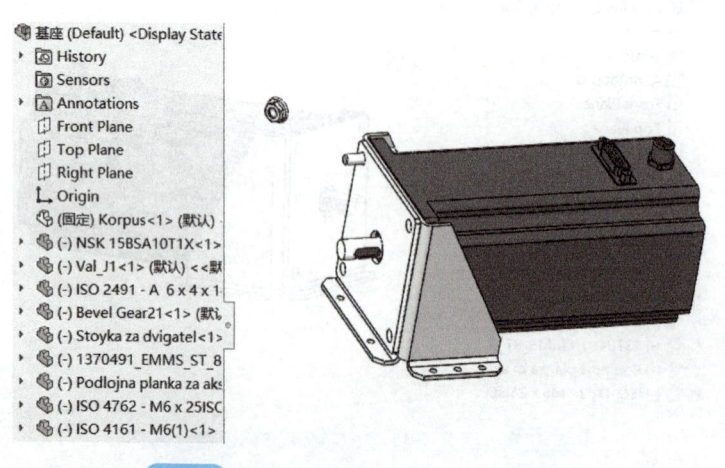

图 4-69　插入 ISO 4161-M6(1) 螺母零件

步骤 20 单击"配合",设定螺母与螺栓的配合关系。

1)螺母与螺栓配合关系设为同轴心,如图 4-70 所示。

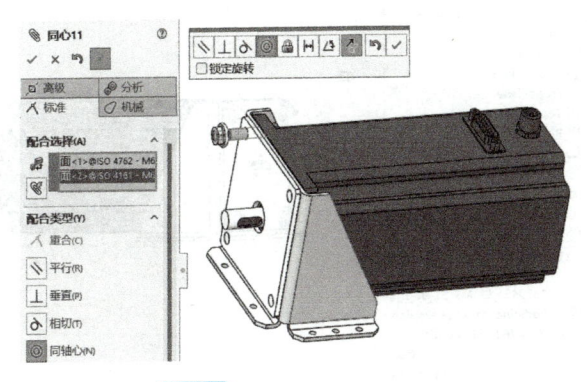

图 4-70　螺母与螺栓同轴心

2)螺母与电机座挡板配合关系设为重合,如图 4-71 所示。

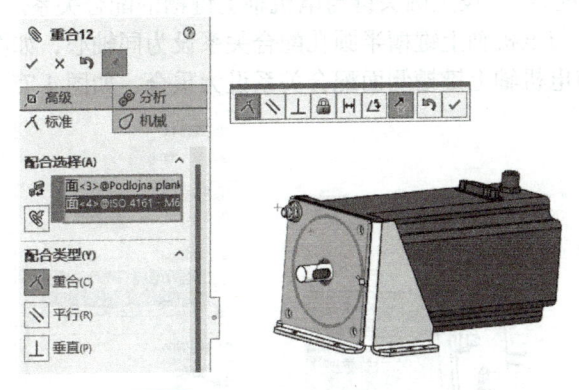

图 4-71　螺母与电机座挡板面重合

步骤 21 单击"线性零部件阵列",在"方向 1"(向右)下将间距设为 69.5mm,实例数设为 2,在"方向 2"(向下)下将间距设为 69.5mm,实例数设为 2,在"要阵列的零部件"下选择"ISO 4161-M6(1)螺母和 ISO 4762-M6×25ISO 螺栓,如图 4-72 所示。

图 4-72　线性阵列螺栓和螺母

步骤 22 单击"插入零部件",找到指定文件夹中的 ISO 2491-A 6×4×16 圆头键零件并插入,如图 4-73 所示。

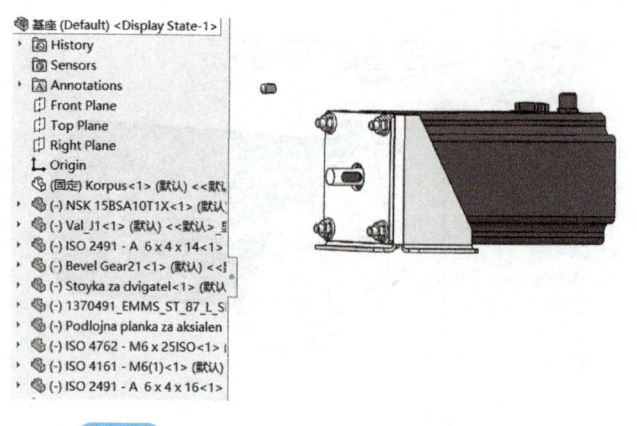

图 4-73 插入 ISO 2491-A 6×4×16 圆头键零件

步骤 23 单击"配合",设定圆头键与电机轴上键槽的配合关系。
1)圆头键半圆头与电机轴上键槽半圆孔配合关系设为同轴心,如图 4-74 所示。
2)圆头键侧面与电机轴上键槽侧面配合关系设为重合,如图 4-75 所示。

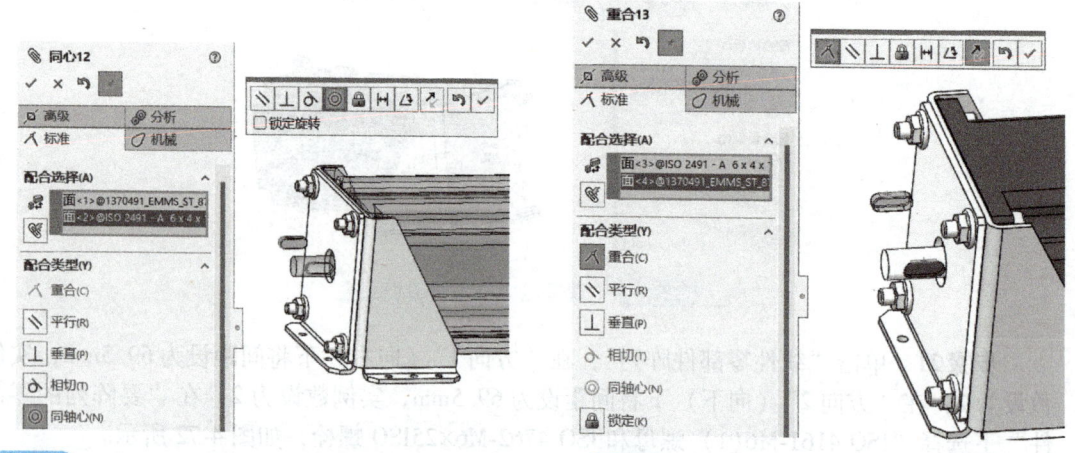

图 4-74 电机轴上键槽半圆孔与圆头键半圆头同轴心

图 4-75 电机轴上键槽侧面与圆头键侧面重合

3)圆头键平面与电机轴上键槽底面配合关系设为重合,如图 4-76 所示。

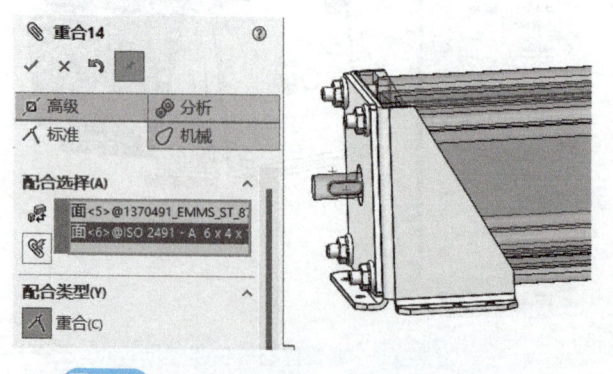

图 4-76 电机轴上键槽底面与圆头键平面重合

步骤 24 单击"插入零部件",找到指定文件夹中的 ISO 3031-16×29×2(1) 电机轴轴承零件并插入,如图 4-77 所示。

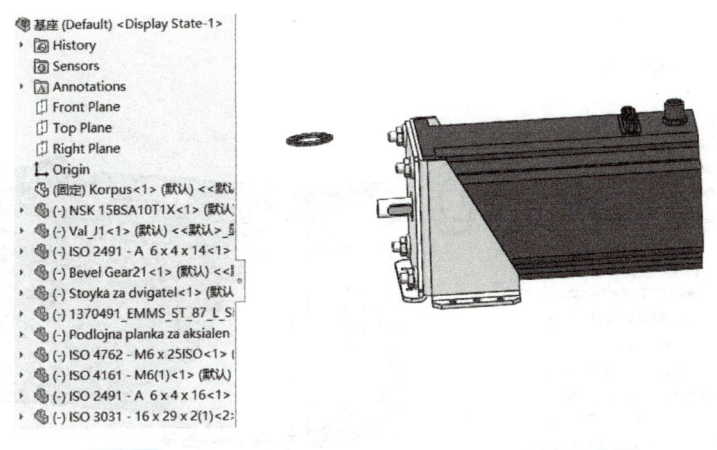

图 4-77　插入 ISO 3031-16×29×2(1) 电机轴轴承零件

步骤 25 单击"配合",设定电机轴轴承与电机轴的配合关系。

1)电机轴轴承与电机轴的配合关系设为同轴心,如图 4-78 所示。

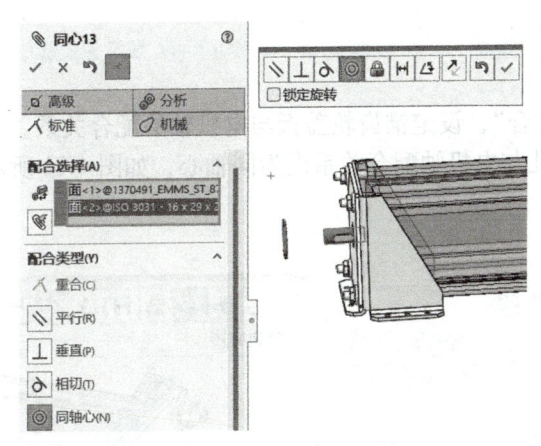

图 4-78　电机轴轴承与电机轴同轴心

2)电机轴轴承与电机座挡板配合关系设为相切,如图 4-79 所示。

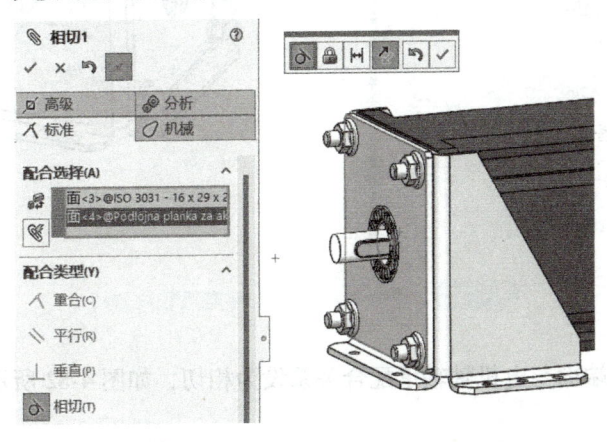

图 4-79　电机轴轴承与电机座挡板相切

步骤 26　单击"插入零部件",找到指定文件夹中的 Shaiba za aksialen lager 锥齿轮盖板零件并插入,如图 4-80 所示。

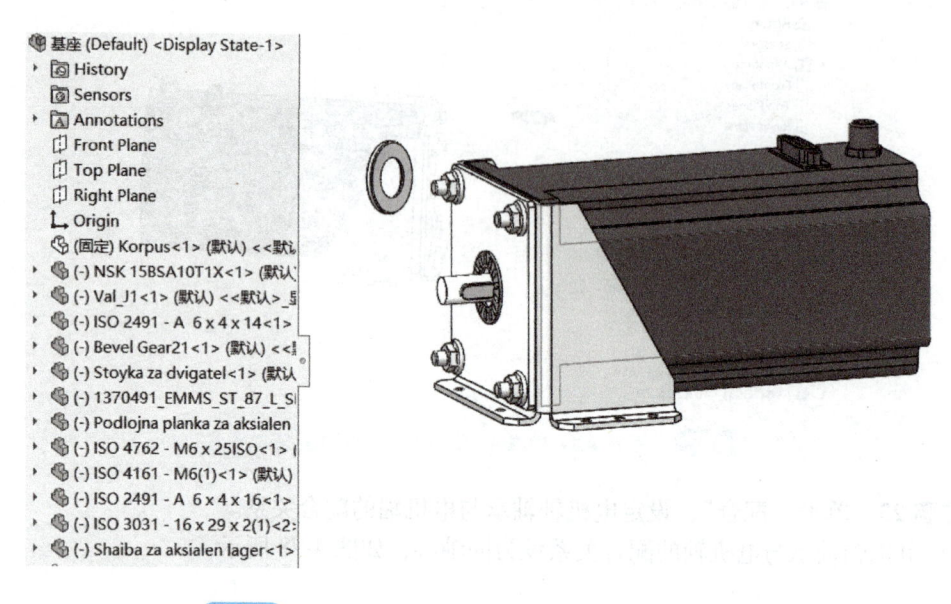

图 4-80　插入 Shaiba za aksialen lager 锥齿轮盖板零件

步骤 27　单击"配合",设定锥齿轮盖板与电机轴的配合关系。

1)锥齿轮盖板内孔与电机轴配合关系设为同轴心,如图 4-81 所示。

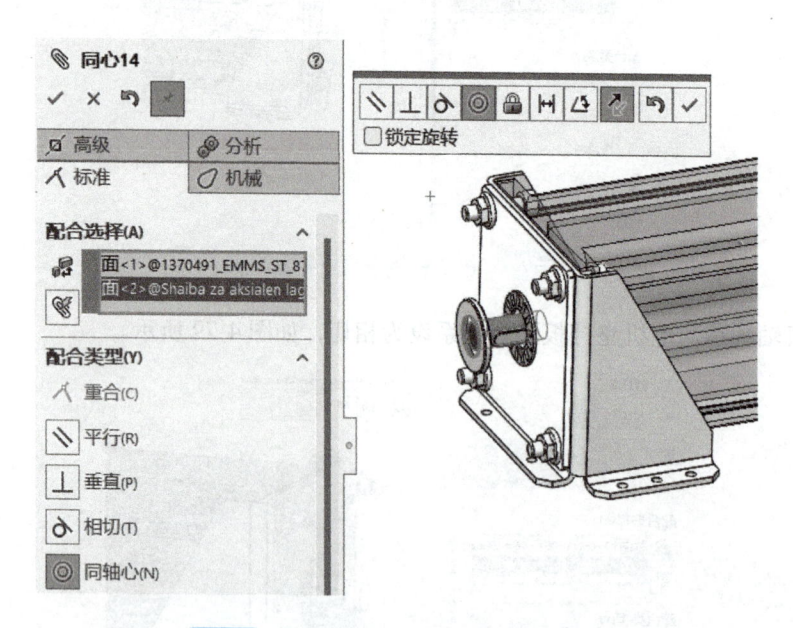

图 4-81　锥齿轮盖板内孔与电机轴同轴心

2)锥齿轮盖板端面与电机轴轴承配合关系设为相切,如图 4-82 所示。

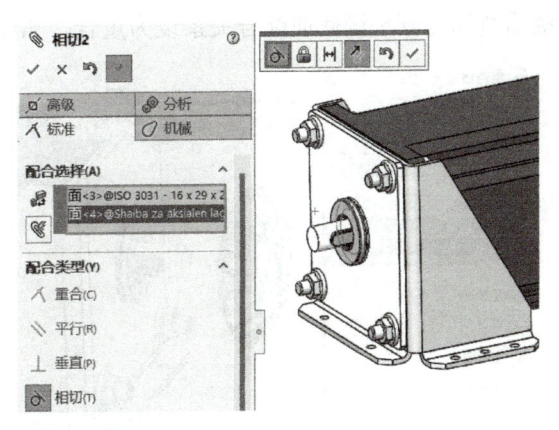

图 4-82　锥齿轮盖板端面与电机轴轴承相切

步骤 28　单击"插入零部件",找到指定文件夹中的 Bevel Gear11 电机轴锥齿轮零件并插入,如图 4-83 所示。

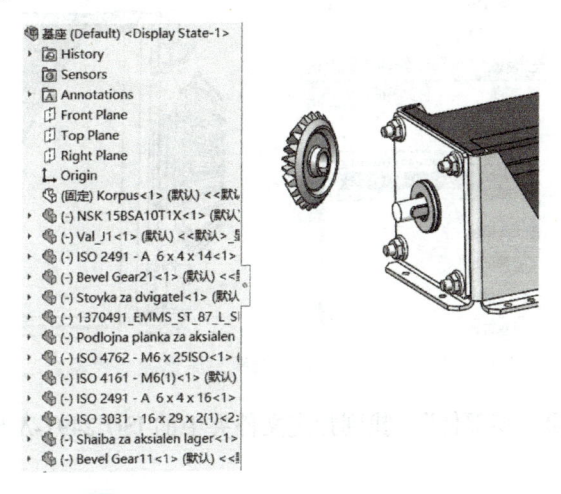

图 4-83　插入 Bevel Gear11 电机轴锥齿轮零件

步骤 29　单击"配合",设定电机轴锥齿轮与电机轴的配合关系。

1)电机轴锥齿轮内孔与电机轴配合关系设为同轴心,如图 4-84 所示。

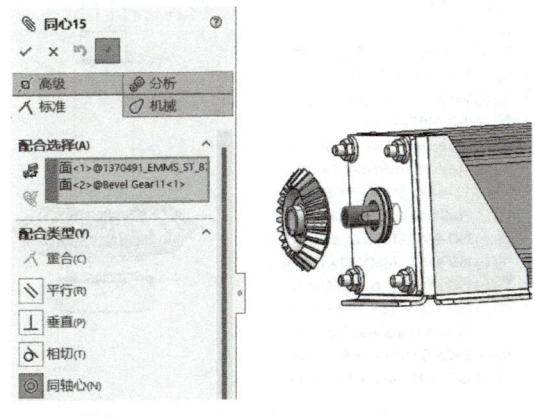

图 4-84　电机轴锥齿轮内孔与电机轴同轴心

2)电机轴锥齿轮键槽侧面与圆头键侧面配合关系设为重合,如图 4-85 所示。

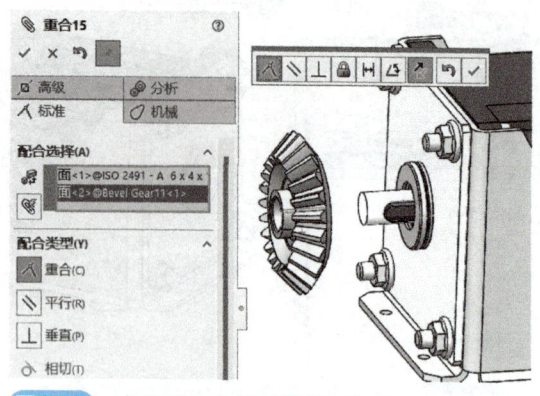

图 4-85　电机轴锥齿轮键槽侧面与圆头键侧面重合

3)电机轴锥齿轮端面与锥齿轮盖板配合关系设为重合,如图 4-86 所示。

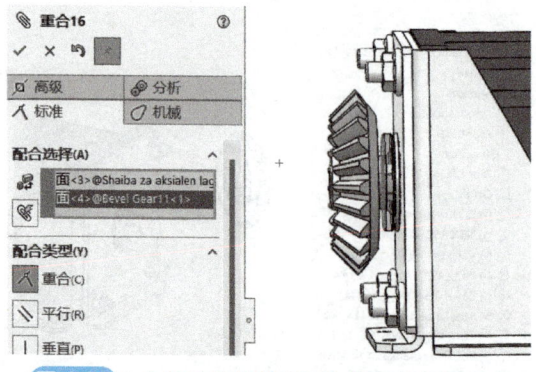

图 4-86　电机轴锥齿轮端面与锥齿轮盖板重合

步骤 30　单击"插入零部件",找到指定文件夹中的 ISO 2491-A 5×3×14 圆头键零件并插入,如图 4-87 所示。

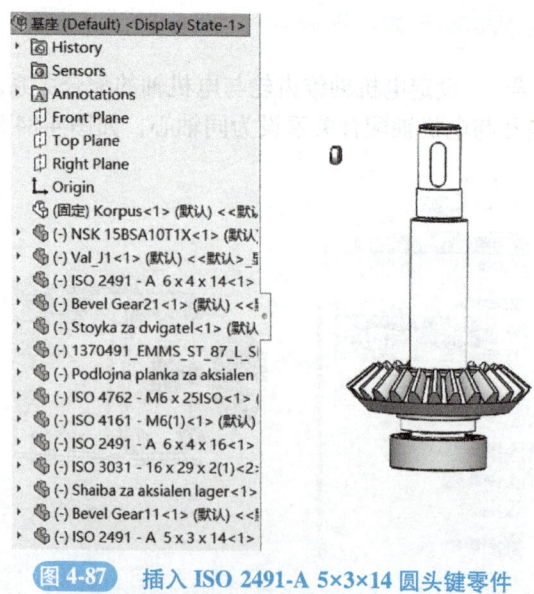

图 4-87　插入 ISO 2491-A 5×3×14 圆头键零件

步骤 31 单击"配合",设定圆头键与传动轴上端键槽的配合关系。

1) 圆头键半圆头与传动轴上端键槽半圆孔配合关系设为同轴心,如图 4-88 所示。

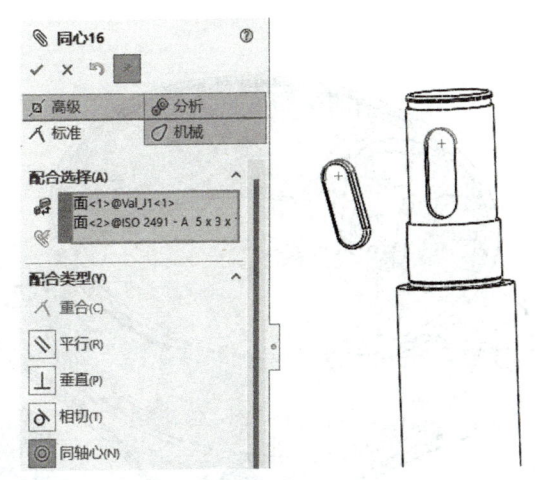

图 4-88　圆头键半圆头与传动轴上端键槽半圆孔同轴心

2) 圆头键侧面与传动轴上端键槽侧面配合关系设为重合,如图 4-89 所示。

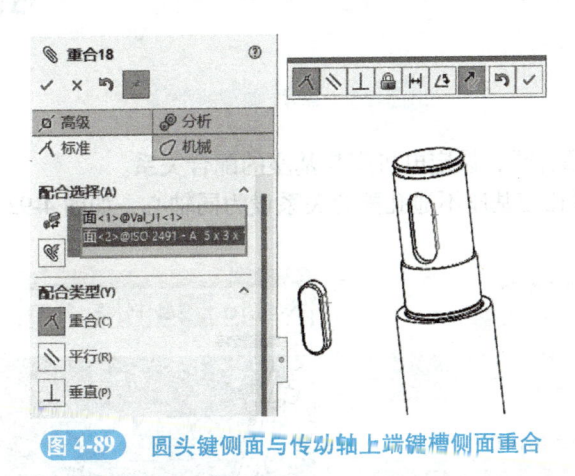

图 4-89　圆头键侧面与传动轴上端键槽侧面重合

3) 圆头键平面与传动轴上端键槽底面配合关系设为重合,如图 4-90 所示。

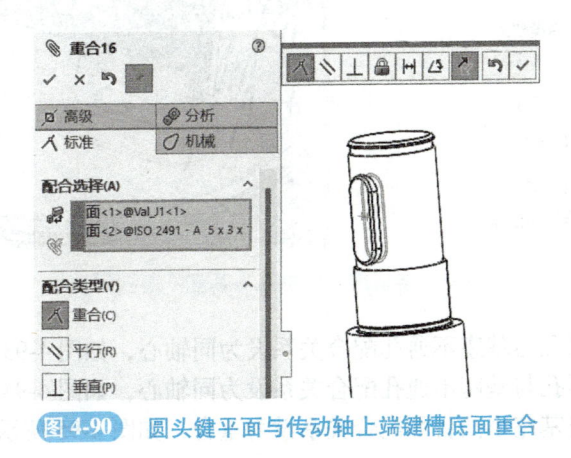

图 4-90　圆头键平面与传动轴上端键槽底面重合

步骤 32 在设计树中选中"Korpus",右击,再单击"显示零部件"。

步骤 33 在设计树中选中"Bevel Gear11",右击,再单击"隐藏零部件",如图 4-91 所示。

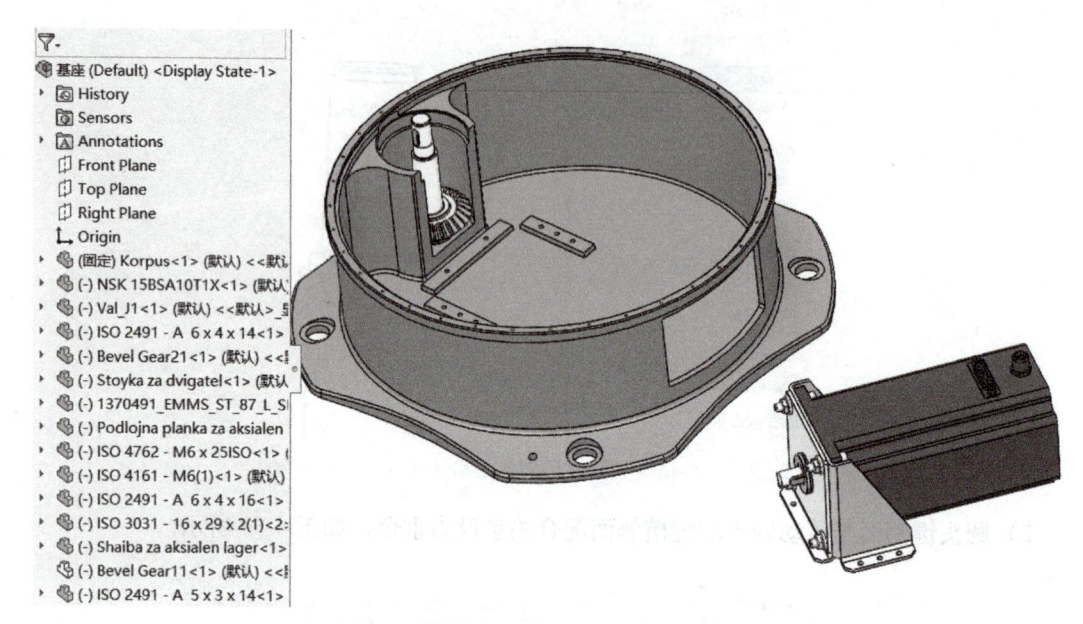

图 4-91 显示/隐藏零部件

步骤 34 单击"配合",设定电机座与基座的配合关系。

1)电机座下侧螺孔与基座不通孔配合关系设为同轴心,如图 4-92 所示。

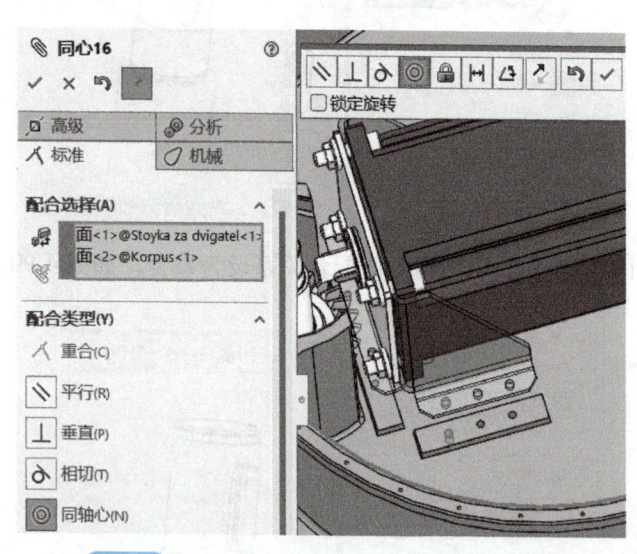

图 4-92 电机座下侧螺孔与基座不通孔同轴心

2)电机座上侧螺孔与基座不通孔配合关系设为同轴心,如图 4-93 所示。
3)电机座左侧螺孔与基座不通孔配合关系设为同轴心,如图 4-94 所示。
4)电机座底面与基座小凸台面配合关系设为重合,如图 4-95 所示。

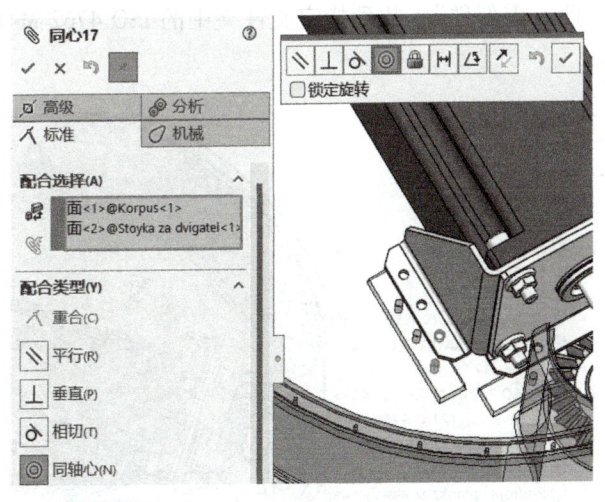

图 4-93　电机座上侧螺孔与基座不通孔同轴心

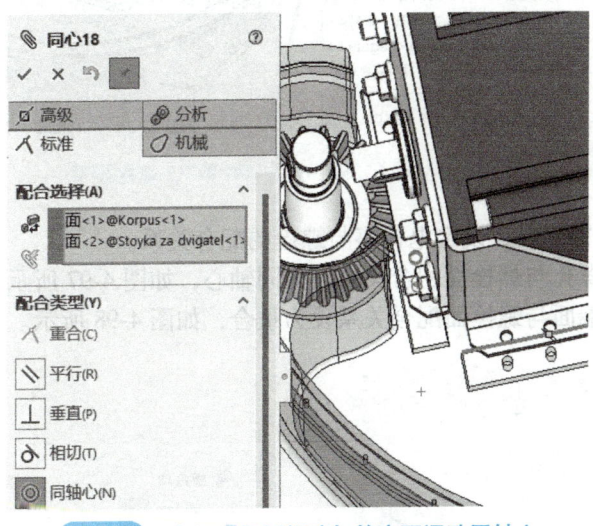

图 4-94　电机座左侧螺孔与基座不通孔同轴心

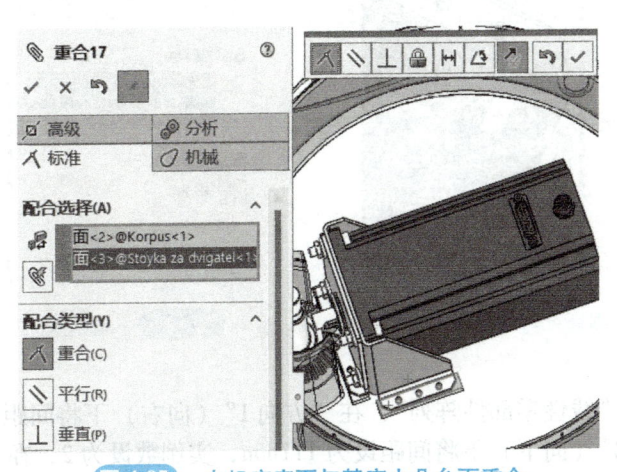

图 4-95　电机座底面与基座小凸台面重合

步骤35 单击"插入零部件",找到指定文件夹中的 ISO 4762-M4×8ISO 螺栓零件并插入,如图 4-96 所示。

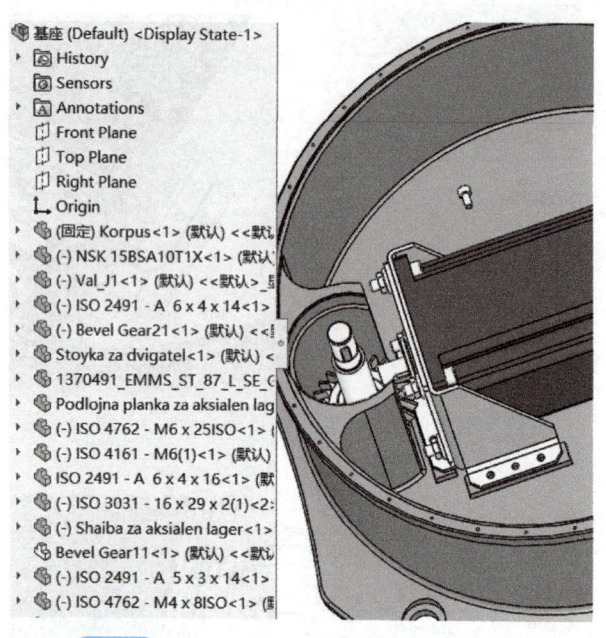

图 4-96 插入 ISO 4762-M4×8ISO 螺栓零件

步骤36 单击"配合",设定电机座与螺栓的配合关系。
1)电机座上侧螺孔与螺栓面配合关系设为同轴心,如图 4-97 所示。
2)电机座上侧端面与螺栓面配合关系设为重合,如图 4-98 所示。

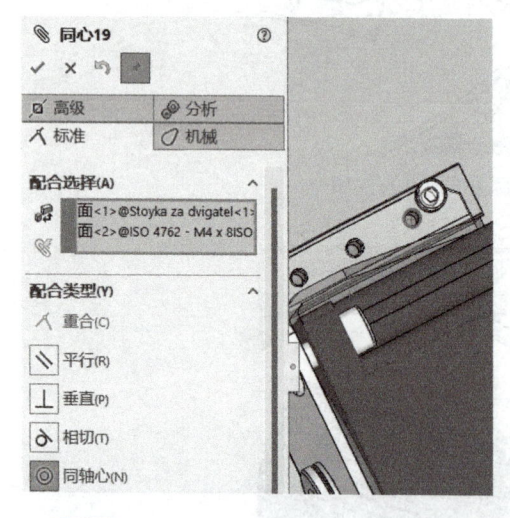

图 4-97 电机座上侧螺孔与螺栓面同轴心

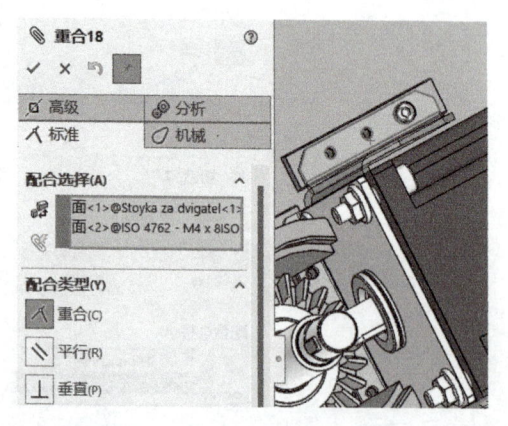

图 4-98 电机座上侧端面与螺栓面重合

步骤37 单击"线性零部件阵列",在"方向1"(向右)下将间距设为15mm,实例数设为3,在"方向2"(向下)下将间距设为111mm,实例数设为2,在"要阵列的零部件"下选择 ISO 4762-M4×8ISO<1>螺栓,如图 4-99 所示。

图 4-99　线性阵列螺栓

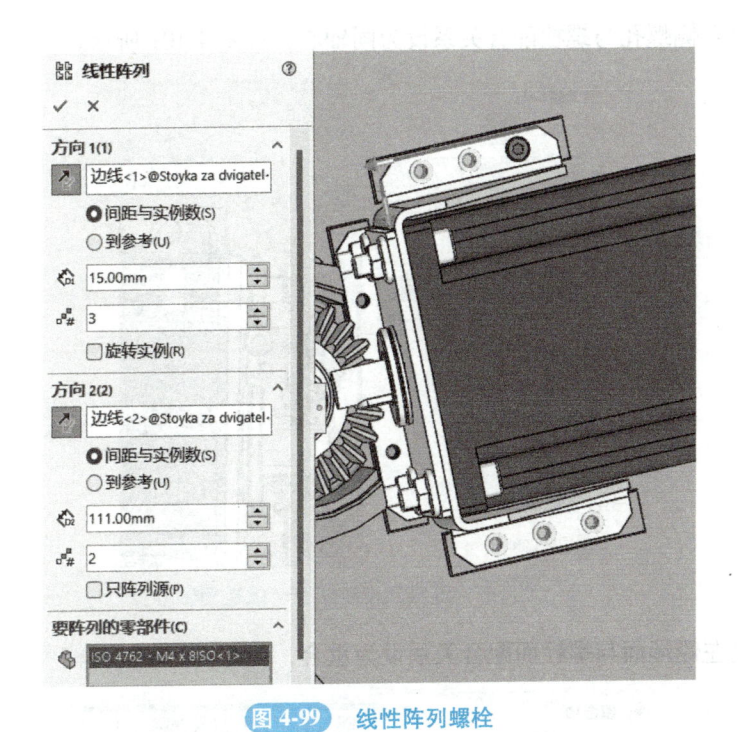

步骤 38　单击"插入零部件",找到指定文件夹中的 ISO 4762-M4×8ISO 螺栓零件并插入,如图 4-100 所示。

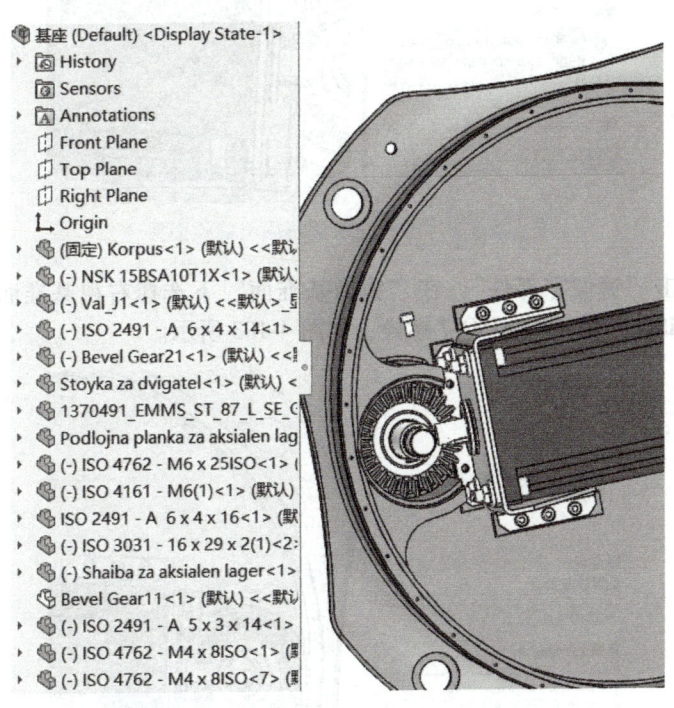

图 4-100　插入 ISO 4762-M4×8ISO 螺栓零件

步骤 39　单击"配合",设定电机座与螺栓的配合关系。

1)电机座左侧螺孔与螺栓配合关系设为同轴心,如图 4-101 所示。

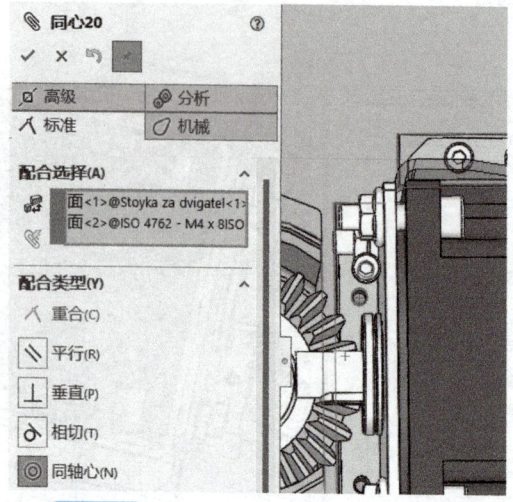

图 4-101　电机座左侧螺孔与螺栓同轴心

2)电机座左侧端面与螺栓面配合关系设为重合,如图 4-102 所示。

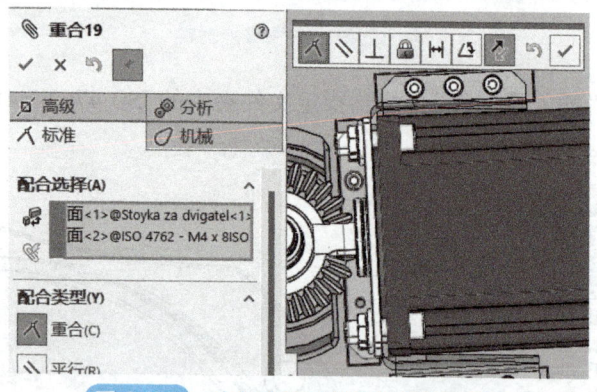

图 4-102　电机座左侧端面与螺栓面重合

步骤 40　单击"镜像零部件",在"镜像基准面"下选择右视基准面,在"要镜像的零部件"下选择 ISO 4762-M4×8ISO-7 螺栓,如图 4-103 所示。

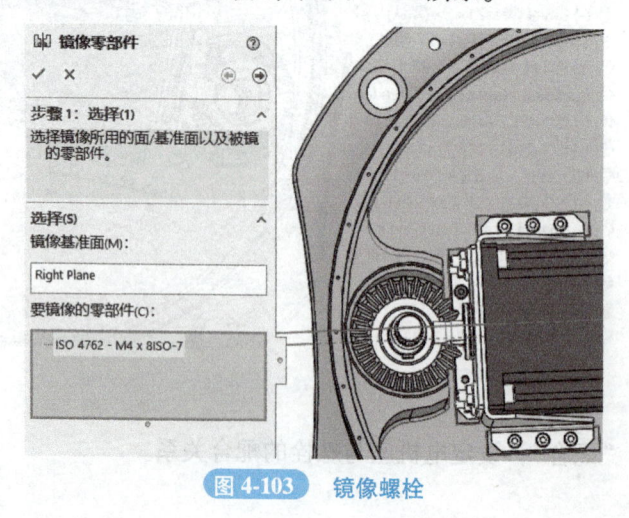

图 4-103　镜像螺栓

步骤 41 在设计树中选择"Bevel Gear11"并右击,单击"显示零件"。

步骤 42 单击"插入零部件",找到指定文件夹中的 NSK 15BSA10T1X 传动轴轴承零件并插入,如图 4-104 所示。

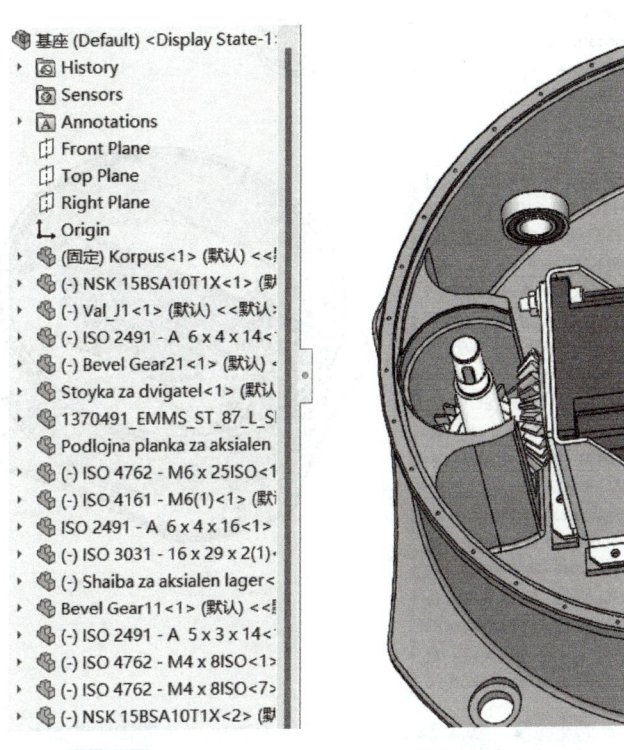

图 4-104 插入 NSK 15BSA10T1X 传动轴轴承零件

步骤 43 单击"配合",设定传动轴轴承与传动轴的配合关系。

1)传动轴轴承内孔与传动轴配合关系设为同轴心,如图 4-105 所示。

2)传动轴轴承下端面与传动轴端面配合关系设为重合,如图 4-106 所示。

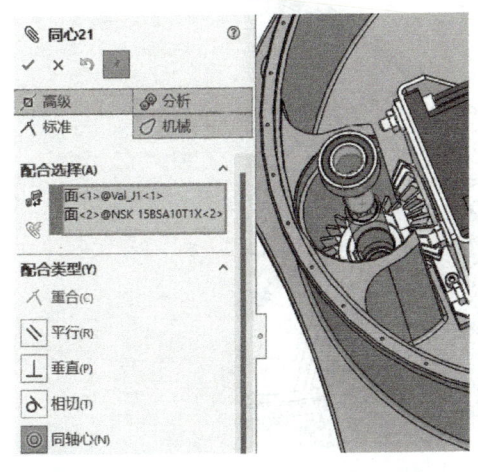

图 4-105 传动轴轴承内孔与传动轴同轴心

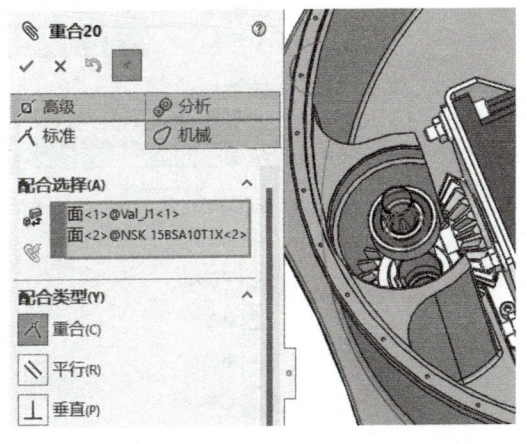

图 4-106 传动轴轴承下端面与传动轴端面重合

步骤 44 单击"插入零部件",找到指定文件夹中的 Lagerna vtulka olekotena 齿圈固定

板零件并插入，如图 4-107 所示。

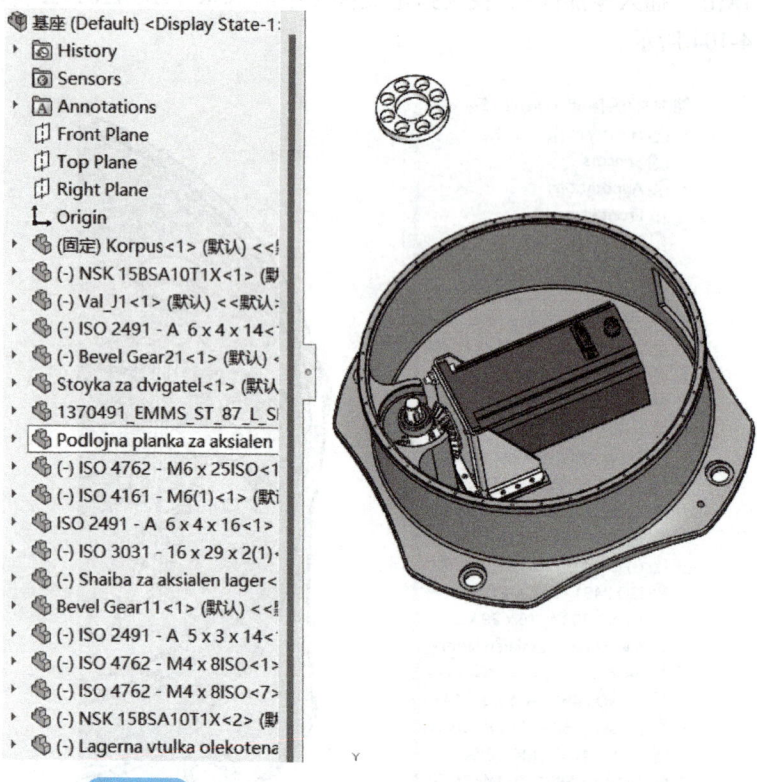

图 4-107　插入 Lagerna vtulka olekotena 齿圈固定板零件

步骤 45　单击"配合"，设定齿圈固定板与传动轴轴承的配合关系。

1) 齿圈固定板内孔与传动轴配合关系设为同轴心，如图 4-108 所示。

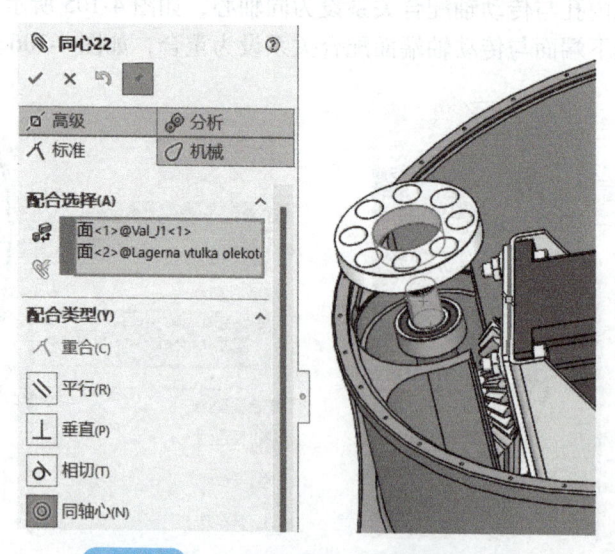

图 4-108　齿圈固定板内孔与传动轴同轴心

2) 齿圈固定板与基座内孔凸台平面配合关系设为重合，如图 4-109 所示。

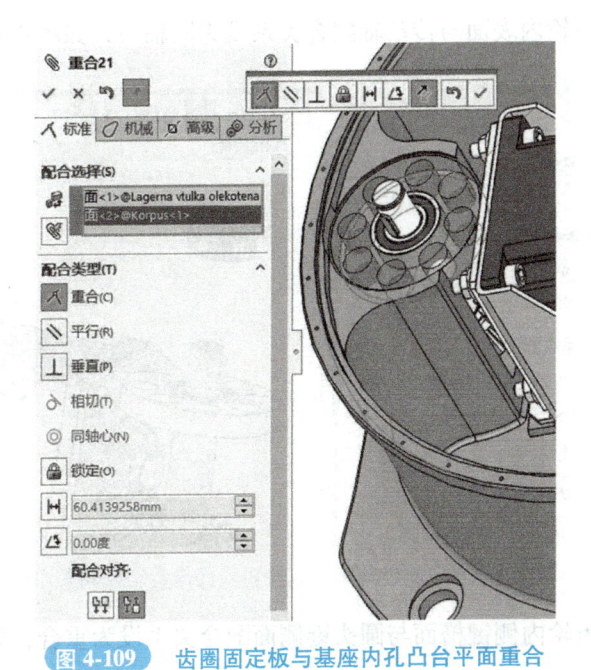

图 4-109　齿圈固定板与基座内孔凸台平面重合

步骤 46　在设计树中选中"Korpus",右击,单击"隐藏零部件"。再单击"插入零部件",找到指定文件夹中的 Spur Gear11 传动轴圆柱齿轮零件并插入,如图 4-110 所示。

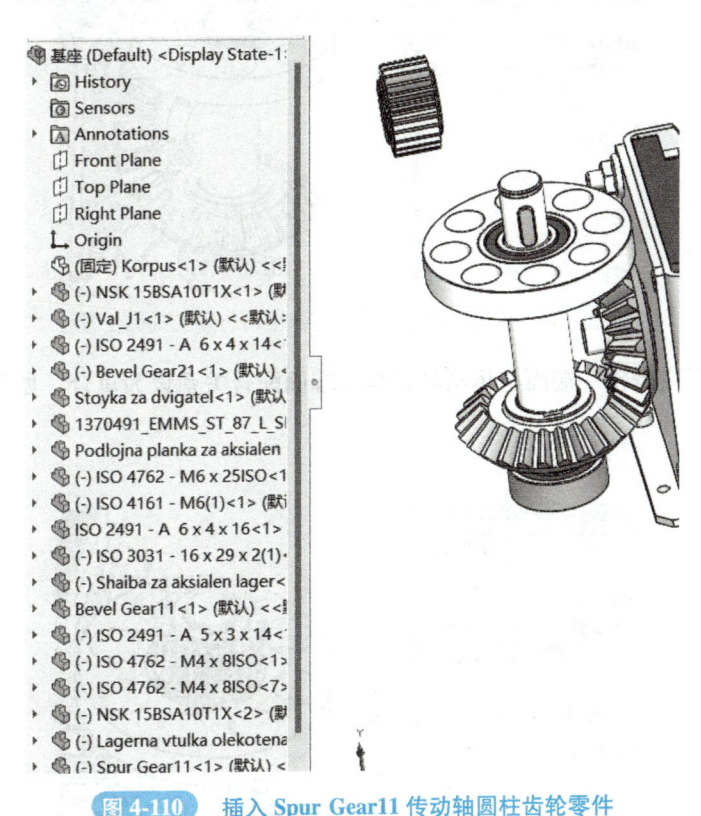

图 4-110　插入 Spur Gear11 传动轴圆柱齿轮零件

步骤 47　单击"配合",设定传动轴圆柱齿轮与传动轴的配合关系。

1) 传动轴圆柱齿轮内表面与传动轴配合关系设为同轴心,如图 4-111 所示。

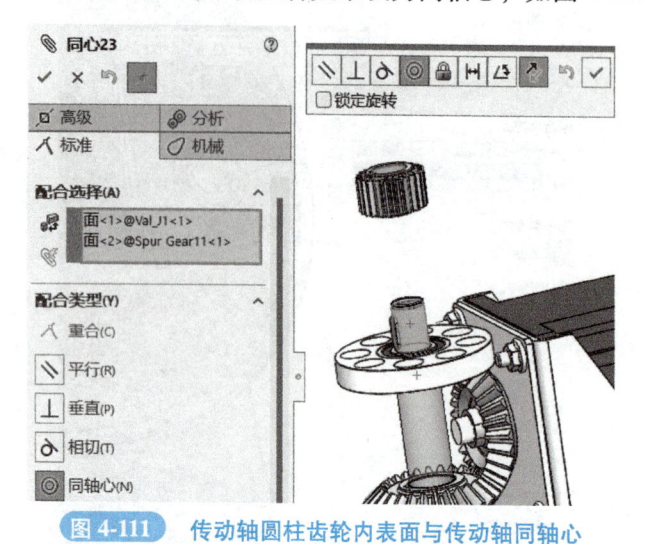

图 4-111　传动轴圆柱齿轮内表面与传动轴同轴心

2) 传动轴圆柱齿轮内侧键槽面与圆头键侧面配合关系设为重合,如图 4-112 所示。

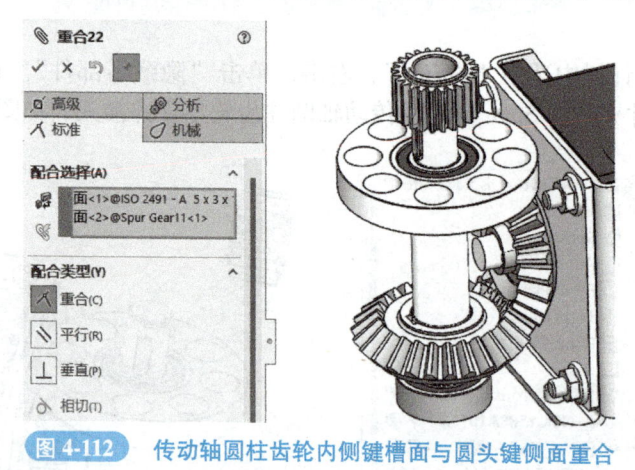

图 4-112　传动轴圆柱齿轮内侧键槽面与圆头键侧面重合

3) 传动轴圆柱齿轮一端面与传动轴轴承上端面配合关系设为重合,如图 4-113 所示。

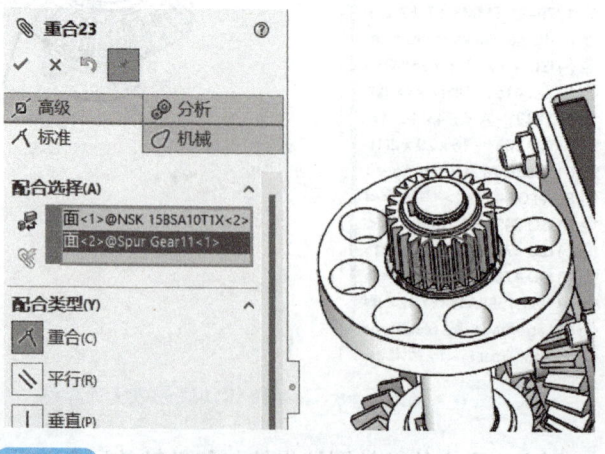

图 4-113　传动轴圆柱齿轮一端面与传动轴轴承上端面重合

步骤48 单击"插入零部件",找到指定文件夹中的 Ring A14 GOST 13942-86 卡环零件并插入,如图 4-114 所示。

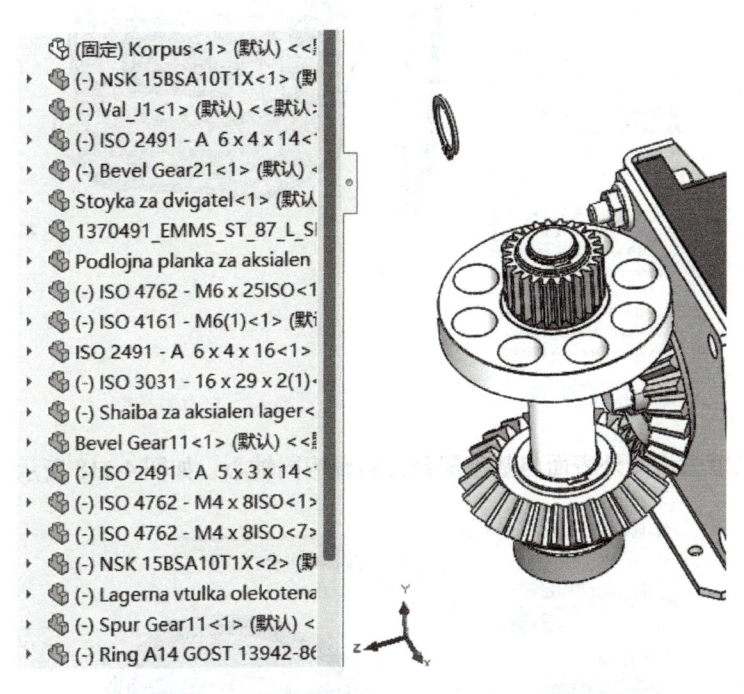

图 4-114　插入 Ring A14 GOST 13942-86 卡环零件

步骤49 单击"配合",设定卡环与传动轴圆柱齿轮的配合关系。
1) 卡环与传动轴圆柱齿轮内孔配合关系设为同轴心,如图 4-115 所示。
2) 卡环与传动轴圆柱齿轮端面配合关系设为重合,如图 4-116 所示

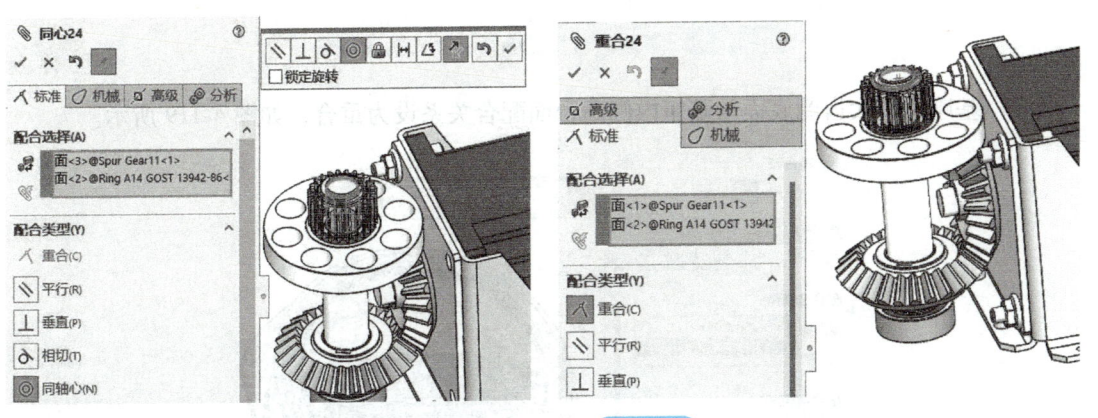

图 4-115　卡环与传动轴圆柱齿轮内孔同轴心

图 4-116　卡环与传动轴圆柱齿轮端面重合

步骤50 在设计树中选中"Korpus",右击,单击"显示零部件"。

步骤51 单击"插入零部件",找到指定文件夹中的 Spur Gear21 基座关节大齿圈零件并插入,如图 4-117 所示。

步骤52 单击"配合",设定基座关节大齿圈与基座的配合关系。

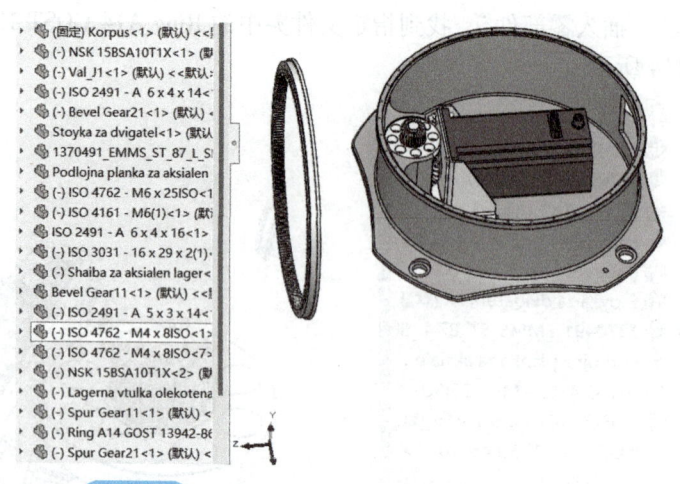

图 4-117　插入 Spur Gear21 基座关节大齿圈零件

1）基座关节大齿圈外表面与基座配合关系设为同轴心，如图 4-118 所示。

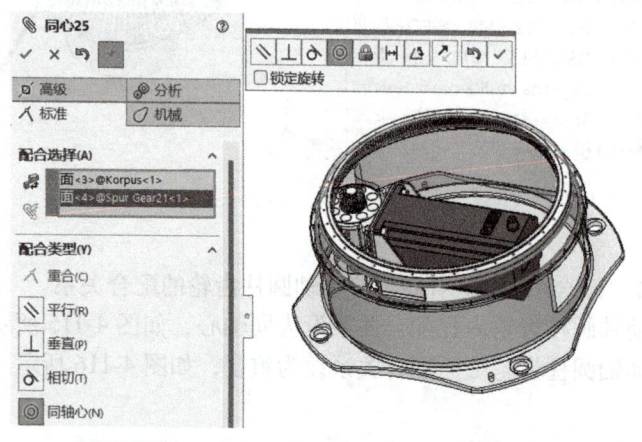

图 4-118　基座关节大齿圈外表面与基座同轴心

2）基座关节大齿圈底面与基座内侧凸台面配合关系设为重合，如图 4-119 所示。

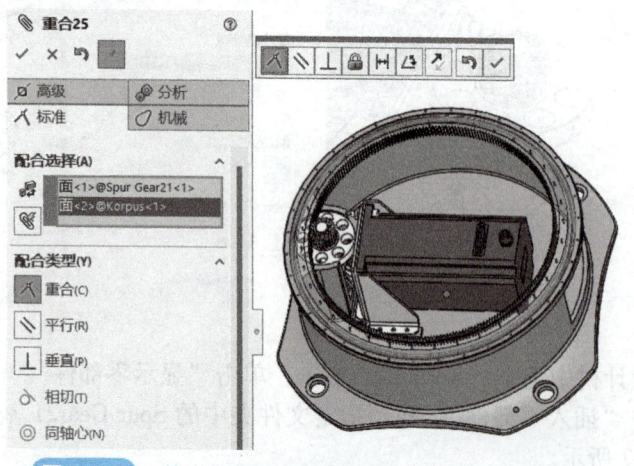

图 4-119　基座关节大齿圈底面与基座内侧凸台面重合

步骤53 单击"插入零部件",找到指定文件夹中的 K30008XP0-chertan bez uplatnenie 外环滚珠轴承零件并插入,如图 4-120 所示。

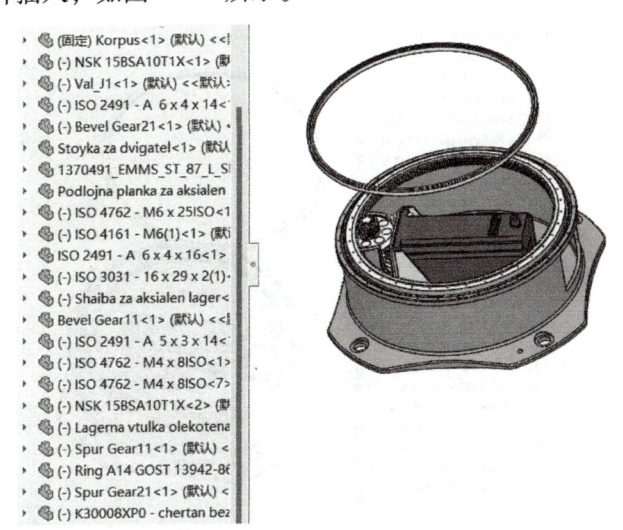

图 4-120　插入 K30008XP0-chertan bez uplatnenie 外环滚珠轴承零件

步骤54 单击"配合",设定外环滚珠轴承与基座关节大齿圈的配合关系。

1) 外环滚珠轴承与基座关节大齿圈配合关系设为同轴心,如图 4-121 所示。

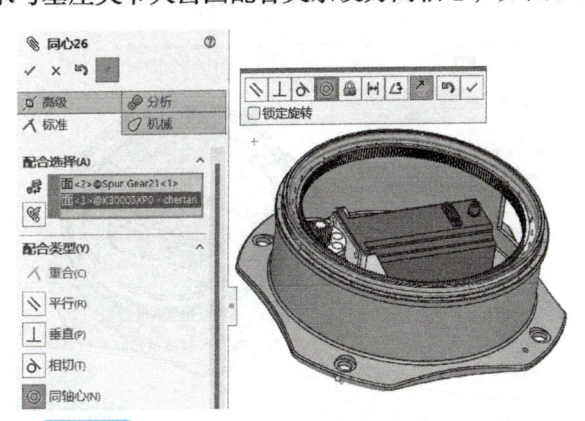

图 4-121　外环滚珠轴承与基座关节大齿圈同轴心

2) 外环滚珠轴承与基座内侧平面配合关系设为重合,如图 4-122 所示。

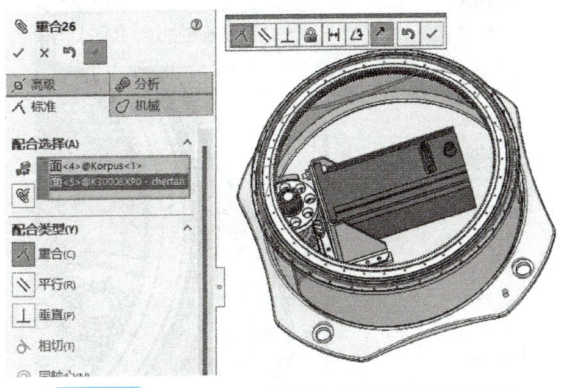

图 4-122　外环滚珠轴承与基座内侧平面重合

步骤 55　单击"插入零部件",找到指定文件夹中的 Flanec 大齿圈固定轴套零件并插入,如图 4-123 所示。

图 4-123　插入 Flanec 大齿圈固定轴套零件

步骤 56　单击"配合",设定大齿圈固定轴套与外环滚珠轴承的配合关系。
1)大齿圈固定轴套内孔与外环滚珠轴承配合关系设为同轴心,如图 4-124 所示。

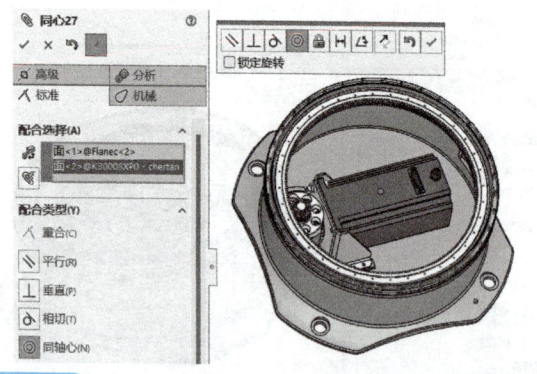

图 4-124　大齿圈固定轴套内孔与外环滚珠轴承同轴心

2)大齿圈固定轴套螺栓孔与基座上表面螺栓孔配合关系设为同轴心,如图 4-125 所示。

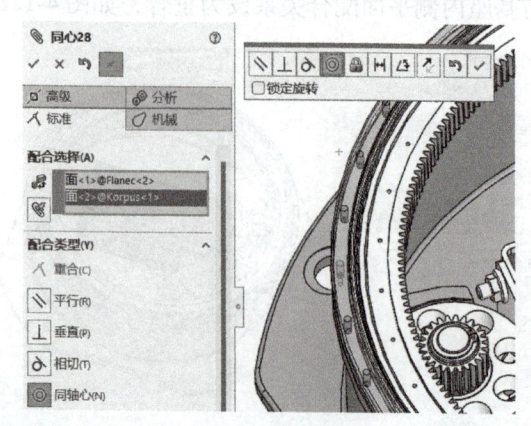

图 4-125　大齿圈固定轴套螺栓孔与基座上表面螺栓孔同轴心

3）大齿圈固定轴套下端面与基座上表面配合关系设为重合，如图4-126所示。

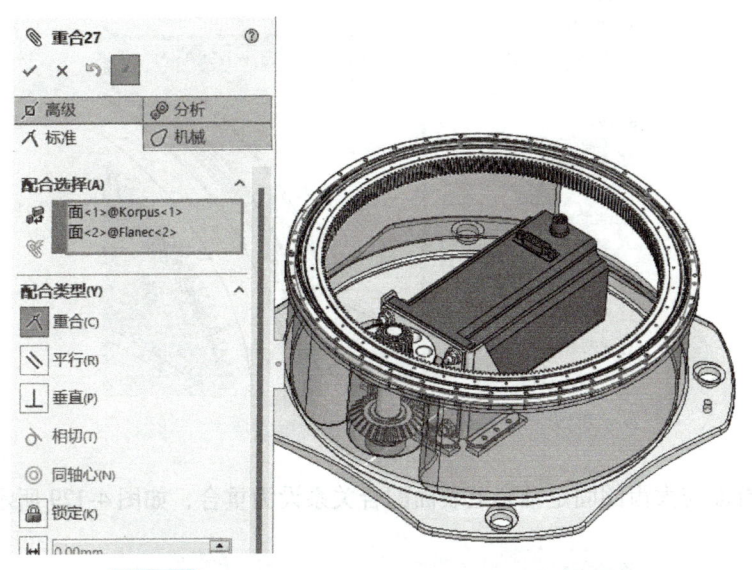

图 4-126　大齿圈固定轴套下端面与基座上表面重合

步骤57　单击"插入零部件"，找到指定文件夹中的 ISO 4762-M2×12ISO 螺栓零件并插入，如图 4-127 所示。

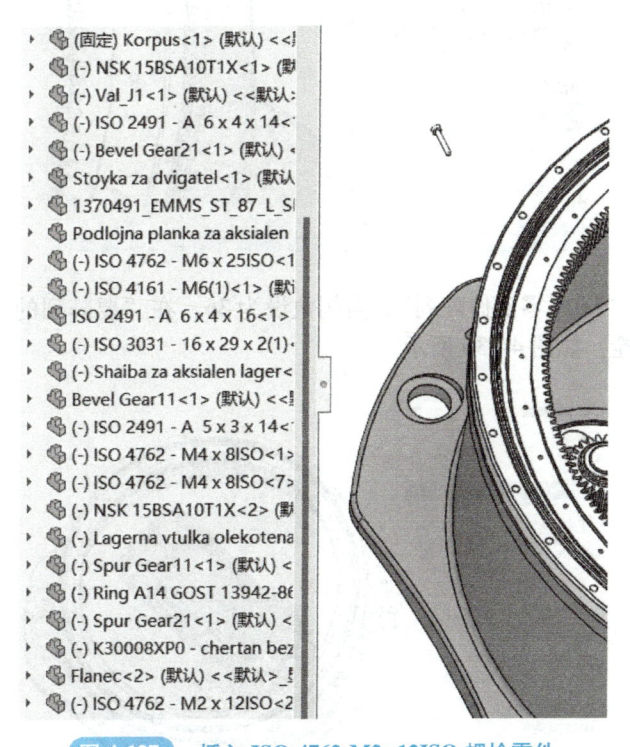

图 4-127　插入 ISO 4762-M2×12ISO 螺栓零件

步骤58　单击"配合"，设定螺栓与大齿圈固定轴套的配合关系。
1）螺栓与大齿圈固定轴套圆孔的配合关系设为同轴心，如图 4-128 所示。

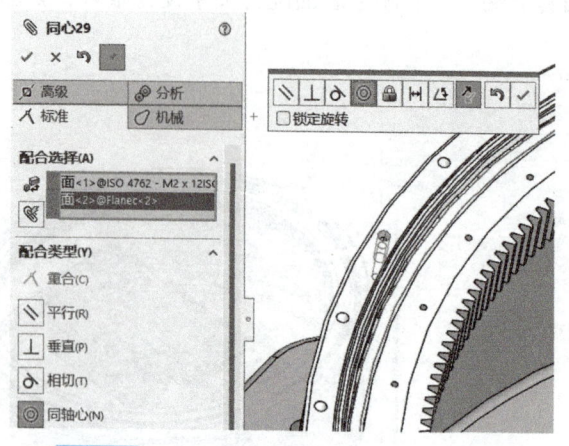

图 4-128 螺栓与大齿圈固定轴套圆孔同轴心

2）螺栓端面与大齿圈固定轴套上表面配合关系设为重合，如图 4-129 所示。

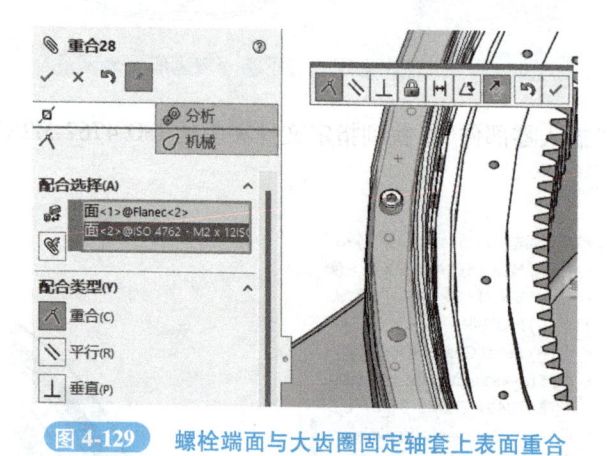

图 4-129 螺栓端面与大齿圈固定轴套上表面重合

步骤 59 单击"圆周零部件阵列"，实例数设为 36，在"要阵列的零部件"下选择 ISO 4762-M2×12ISO 螺栓，如图 4-130 所示。

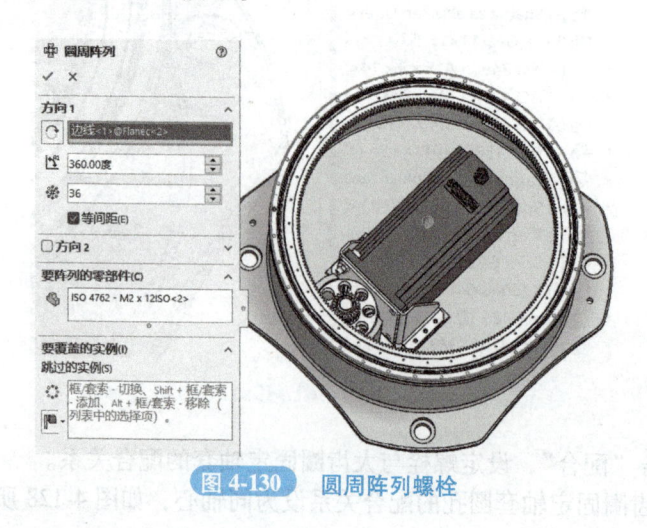

图 4-130 圆周阵列螺栓

步骤 60　单击"插入零部件",找到指定文件夹中的 Stoika za buksite 接线端口板零件并插入,如图 4-131 所示。

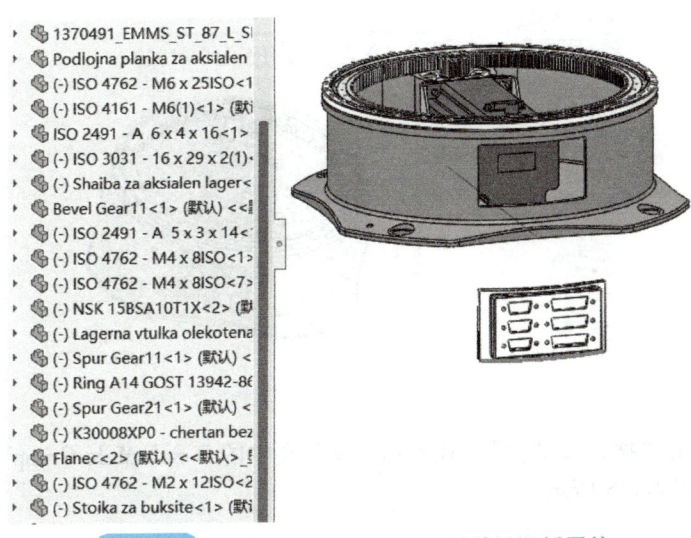

图 4-131　插入 Stoika za buksite 接线端口板零件

步骤 61　单击"配合",设定接线端口板与基座的配合关系。

1)接线端口板上侧面与基座一侧面配合关系设为重合,如图 4-132 所示。

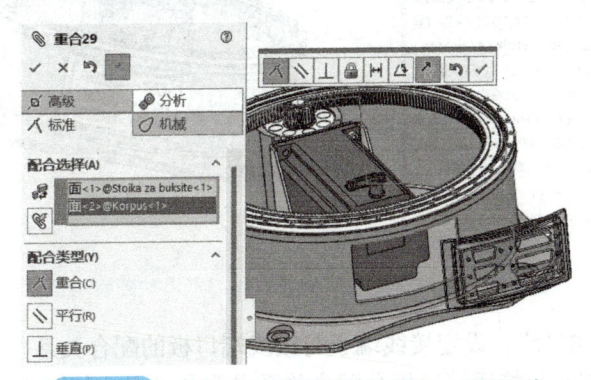

图 4-132　接线端口板上侧面与基座一侧面重合

2)接线端口板左侧面与基座一侧面配合关系设为重合,如图 4-133 所示。

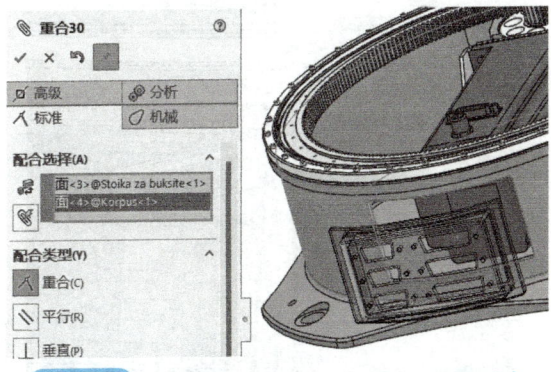

图 4-133　接线端口板左侧面与基座一侧面重合

3) 接线端口板内表面与基座配合关系设为同轴心，如图 4-134 所示。

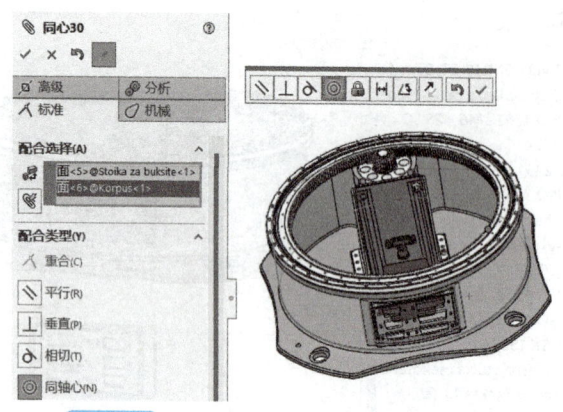

图 4-134　接线端口板内表面与基座同轴心

步骤 62　单击"插入零部件"，找到指定文件夹中的 D-Sub Male Crimp 15CKT 接线端子零件并插入，如图 4-135 所示。

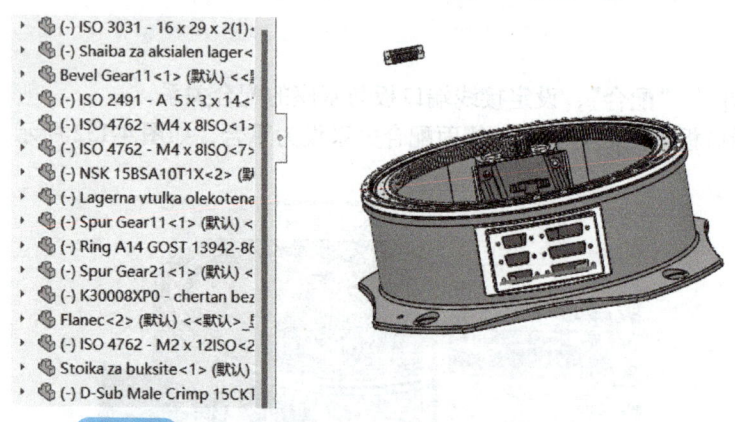

图 4-135　插入 D-Sub Male Crimp 15CKT 接线端子零件

步骤 63　单击"配合"，设定接线端子与接线端口板的配合关系。

1) 接线端子右端孔与接线端口板孔配合关系设为同轴心，如图 4-136 所示。

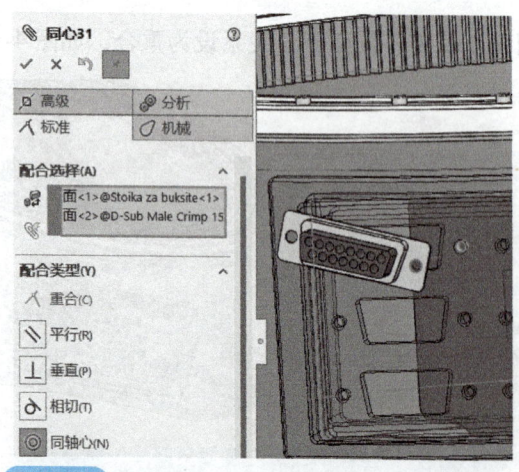

图 4-136　接线端子右端孔与接线端口板孔同轴心

项目4　典型装配体设计及运动仿真

2）接线端子左端孔与接线端口板孔配合关系设为同轴心，如图 4-137 所示。

图 4-137　接线端子左端孔与接线端口板孔同轴心

3）接线端子平面与接线端口板孔平面配合关系设为重合，如图 4-138 所示。

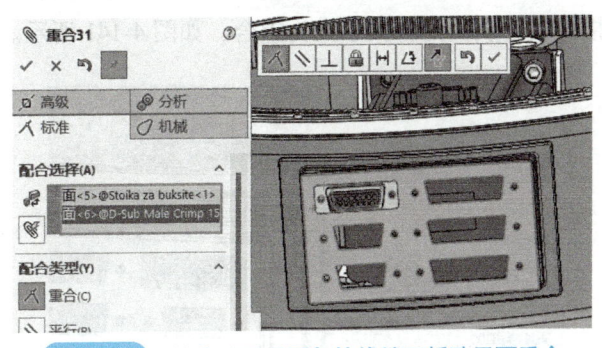

图 4-138　接线端子平面与接线端口板孔平面重合

步骤 64　单击"插入零部件"，找到指定文件夹中的 ISO 7380-M3×6 螺钉零件并插入，如图 4-139 所示。

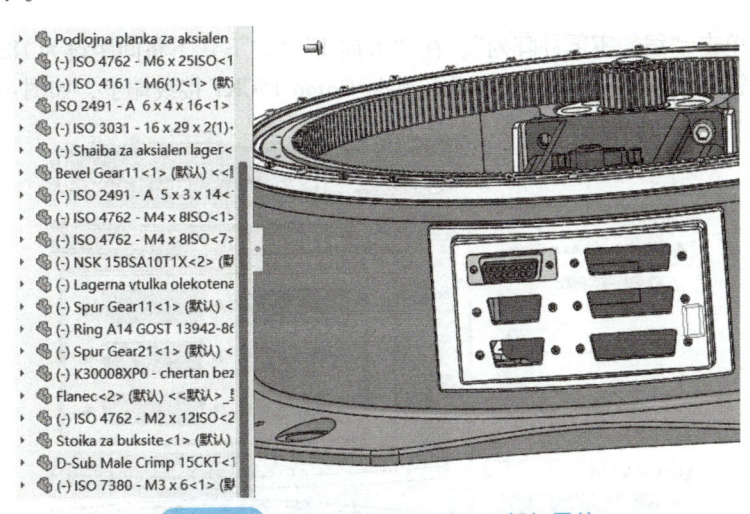

图 4-139　插入 ISO 7380-M3×6 螺钉零件

197

步骤 65　单击"配合",设定螺钉与接线端子的配合关系。

1)螺钉与接线端子左侧孔配合关系设为同轴心,如图 4-140 所示。

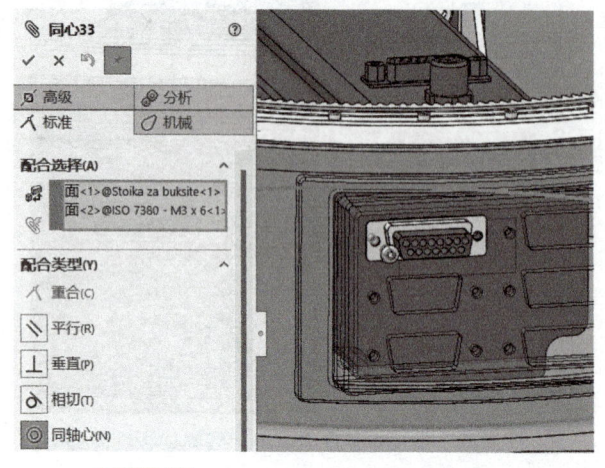

图 4-140　螺钉与接线端子左侧孔同轴心

2)螺钉端面与接线端子表面配合关系设为重合,如图 4-141 所示。

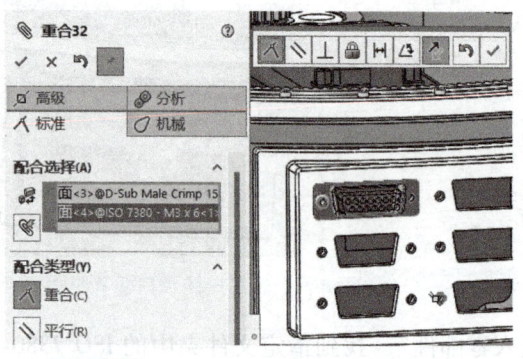

图 4-141　螺钉端面与接线端子表面重合

步骤 66　单击"线性零部件阵列",在"方向 1"(向下)下将间距设为 18mm,实例数设为 3,在"要阵列的零部件"下选择 D-Sub Male Crimp 15CKT 接线端子,如图 4-142 所示。

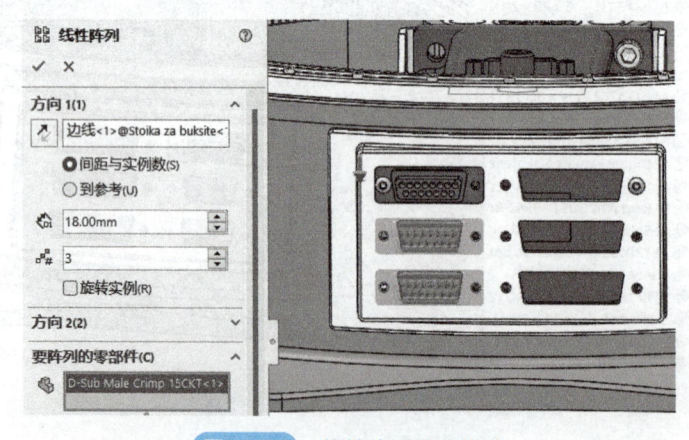

图 4-142　线性阵列接线端子

步骤 67 单击"线性零部件阵列",在"方向 1"(向下)下将间距设为 18mm,实例数设为 3,在"方向 2"(向右)下将间距设为 33.3mm,实例数设为 2,在"要阵列的零部件"下选择 ISO 7380-M3×6 螺钉,如图 4-143 所示。

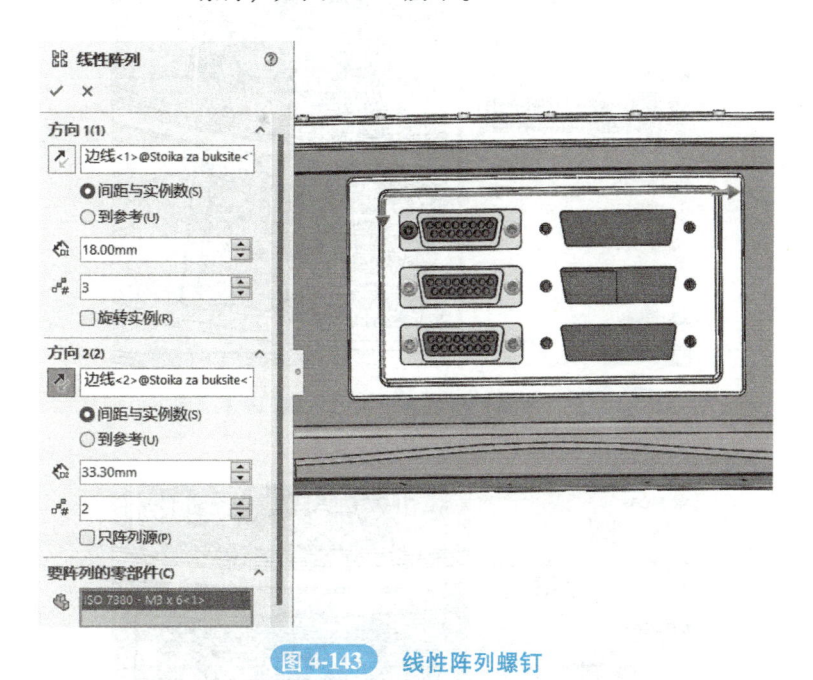

图 4-143　线性阵列螺钉

步骤 68 单击"插入零部件",找到指定文件夹中的 D-Sub Male Crimp 25CKT 接线端子零件并插入,如图 4-144 所示。

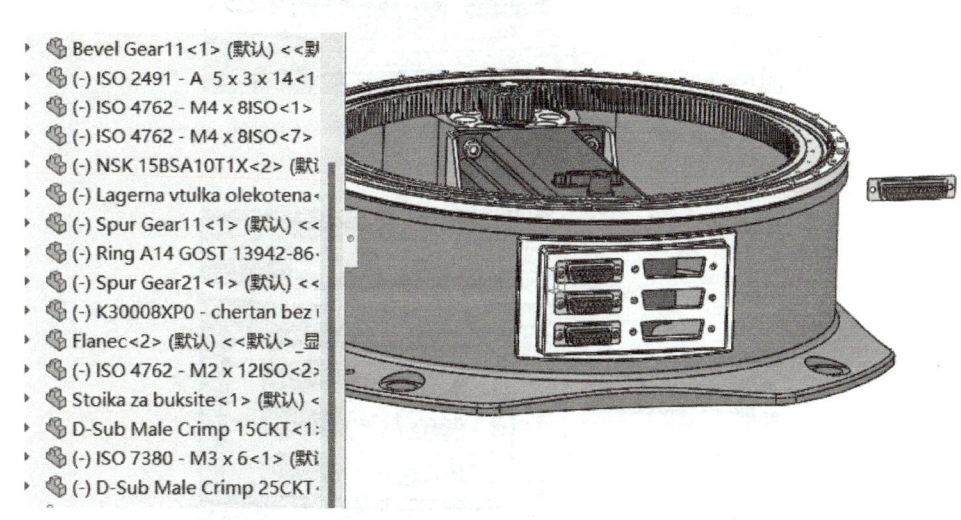

图 4-144　插入 D-Sub Male Crimp 25CKT 接线端子零件

步骤 69 单击"配合",设定接线端子与接线端口板的配合关系。
1)接线端子左端孔与接线端口板孔配合关系设为同轴心,如图 4-145 所示。
2)接线端子右端孔与接线端口板孔配合关系设为同轴心,如图 4-146 所示。
3)接线端子平面与接线端口板平面配合关系设为重合,如图 4-147 所示。

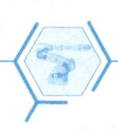

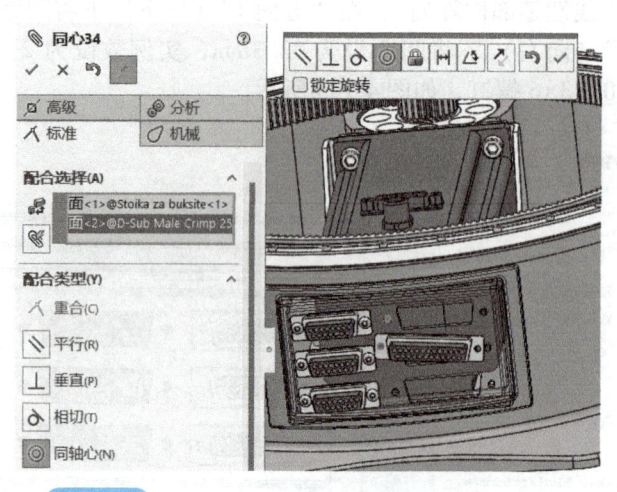

图 4-145　接线端子左端孔与接线端口板孔同轴心

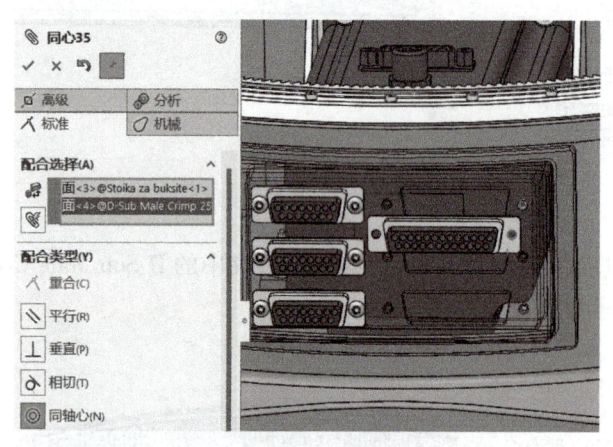

图 4-146　接线端子右端孔与接线端口板孔同轴心

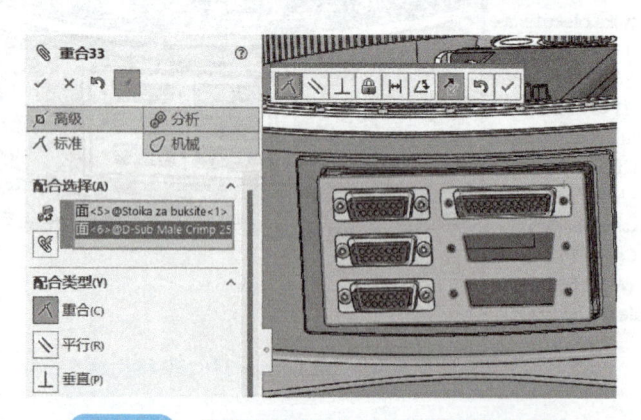

图 4-147　接线端子平面与接线端口板平面重合

步骤 70　单击"插入零部件",找到指定文件夹中的 ISO 7380-M3×6 螺钉零件并插入,如图 4-148 所示。

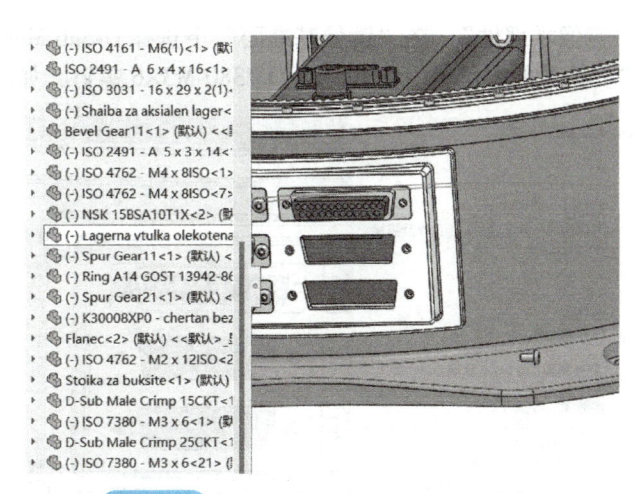

项目4　典型装配体设计及运动仿真

图 4-148　插入 ISO 7380-M3×6 螺钉零件

步骤 71　单击"配合"，设定螺钉与接线端子的配合关系。

1）螺钉与接线端子右侧孔配合关系设为同轴心，如图 4-149 所示。

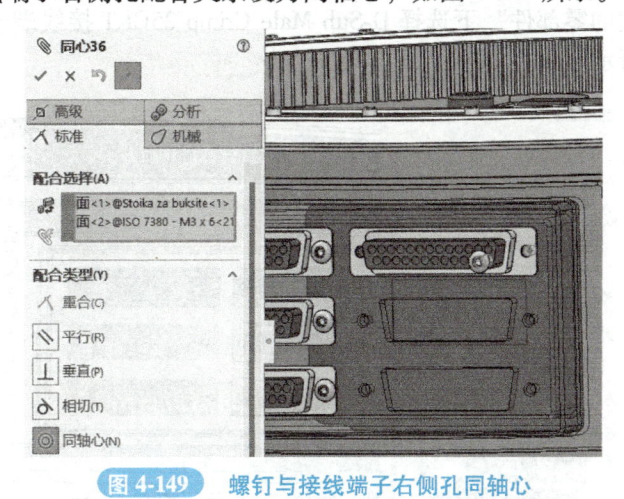

图 4-149　螺钉与接线端子右侧孔同轴心

2）螺钉端面与接线端口板表面配合关系设为重合，如图 4-150 所示。

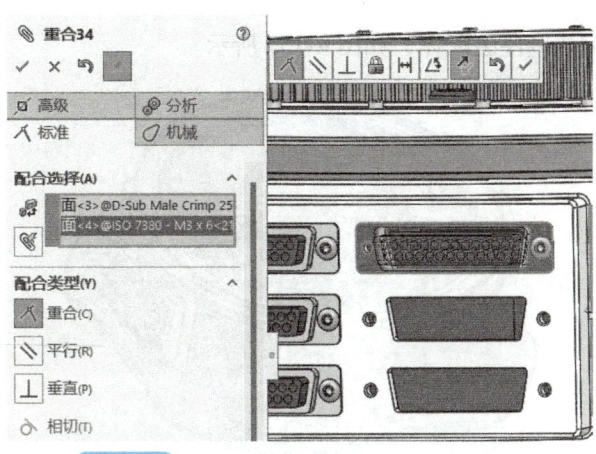

图 4-150　螺钉端面与接线端口板表面重合

201

步骤72 单击"镜像零部件",在"镜像基准面"下选择 D-Sub Male Crimp 25CKT 零件的右视基准面,在"要镜像的零部件"下选择 ISO 7380-M3×6 螺钉,如图 4-151 所示。

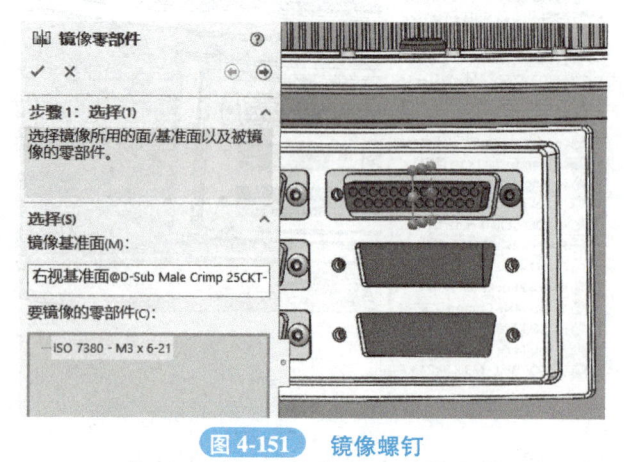

图 4-151 镜像螺钉

步骤73 单击"线性零部件阵列",在"方向 1"(向下)下将间距设为 18mm,实例数设为 3,在"要阵列的零部件"下选择 D-Sub Male Crimp 25CKT 接线端子和 ISO 7380-M3×6 螺钉,如图 4-152 所示。

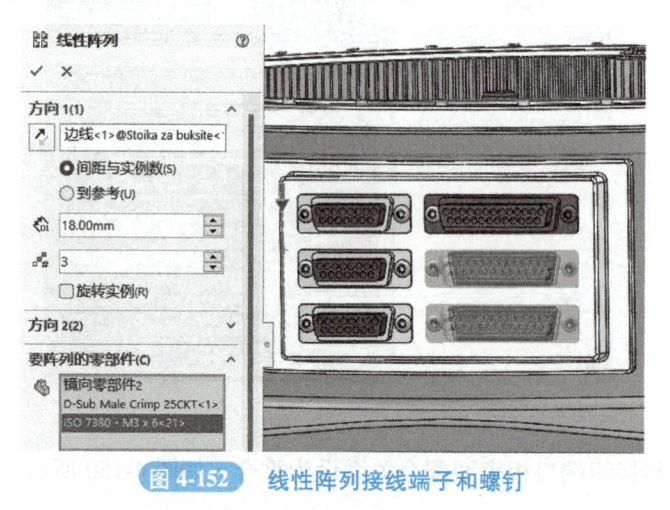

图 4-152 线性阵列接线端子和螺钉

单击"确定",完成基座装配体,如图 4-153 所示。

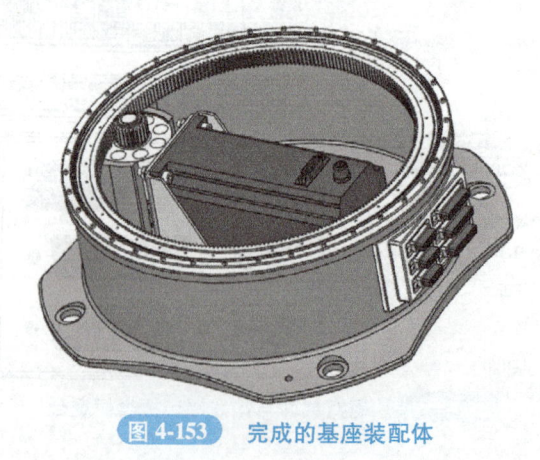

图 4-153 完成的基座装配体

步骤 74 单击"保存",将"基座 J1-1. sldasm"装配体保存到指定位置。

任务小结

本任务是完成基座 J1-1 的装配,是根据实际生产安装顺序来完成各零部件的装配工作。通过零部件的虚拟装配,可以检验工业机器人基座 J1 轴的电机、锥齿轮、传动轴、基座关节大齿圈等零件在装配体中是否存在"干涉问题"。同时,通过基座装配体,可以对基座 J1 轴进行后续的仿真运动和设计优化。

任务 3　齿轮组运动仿真

在 SolidWorks 2023 中完成机器人装配后,用户可以让机器人运动起来,模拟机器人抓取物件等操作。

本任务以锥齿轮组(即 Bevel Gears. sldasm 文件)为基础进行运动和仿真相关功能的演示。

任务目标:
了解干涉检查、碰撞检查的功用。
了解物理动力学模拟、简单运动模拟的功用。

技能训练:
练习新建装配体。
练习齿轮组装配体的干涉检查。
练习齿轮组装配体的碰撞检查。
练习齿轮组装配体的物理动力学模拟。
练习齿轮组装配体的运动模拟。

一、干涉检查

在 SolidWorks 2023 中,用户打开装配体模型后,即可使用"装配体"中的干涉检查功能。用户可以使用干涉检查功能进行整个装配体或部分零件之间的静态干涉检查。

步骤 1　打开 Bevel Gears. sldasm 文件(文件在教材配套电子资料中),如图 4-154 所示。

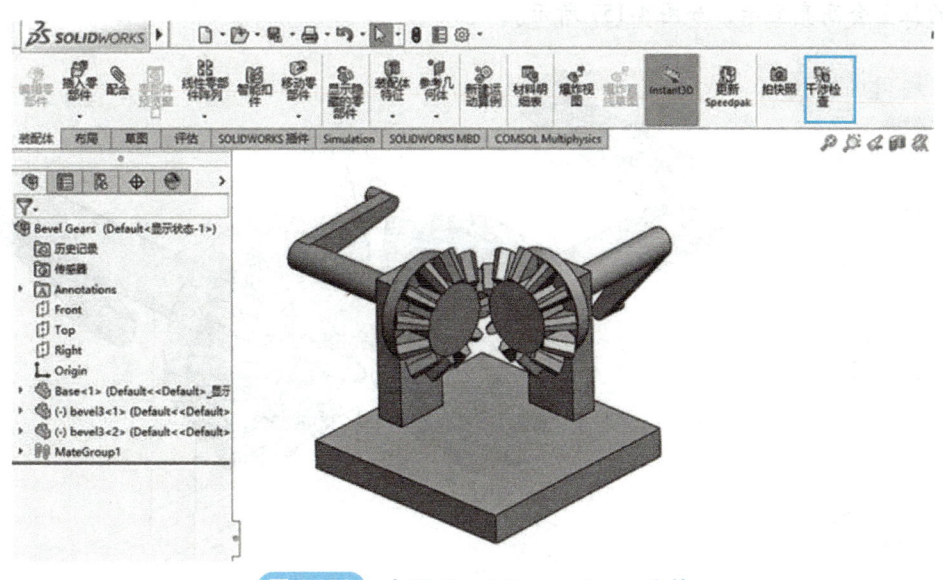

图 4-154　打开 Bevel Gears. sldasm 文件

步骤 2 单击工具栏中的"干涉检查",或在菜单栏上依次单击"工具"→"评估"→"干涉检查",如图 4-155 所示。

步骤 3 在"干涉检查"页面中,在"所选零部件"下选择"Bevel Gears.SLDASM",单击"计算",即可计算出装配体中干涉的零部件,以及干涉的位置、干涉的体积等,如图 4-156 所示。

图 4-155 打开干涉检查

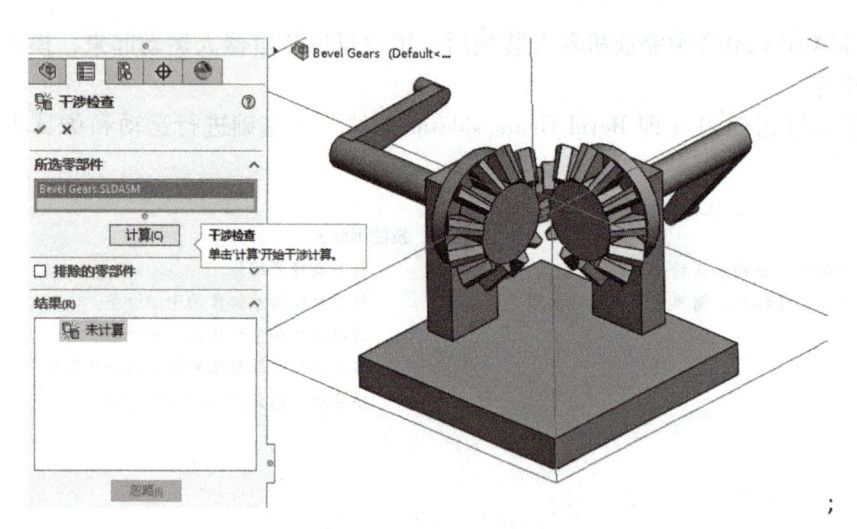

图 4-156 干涉计算

注意: SolidWorks 将干涉的零件进行透明化处理,将未干涉的零件进行线框化处理,干涉的位置会高亮显示,如图 4-157 所示。

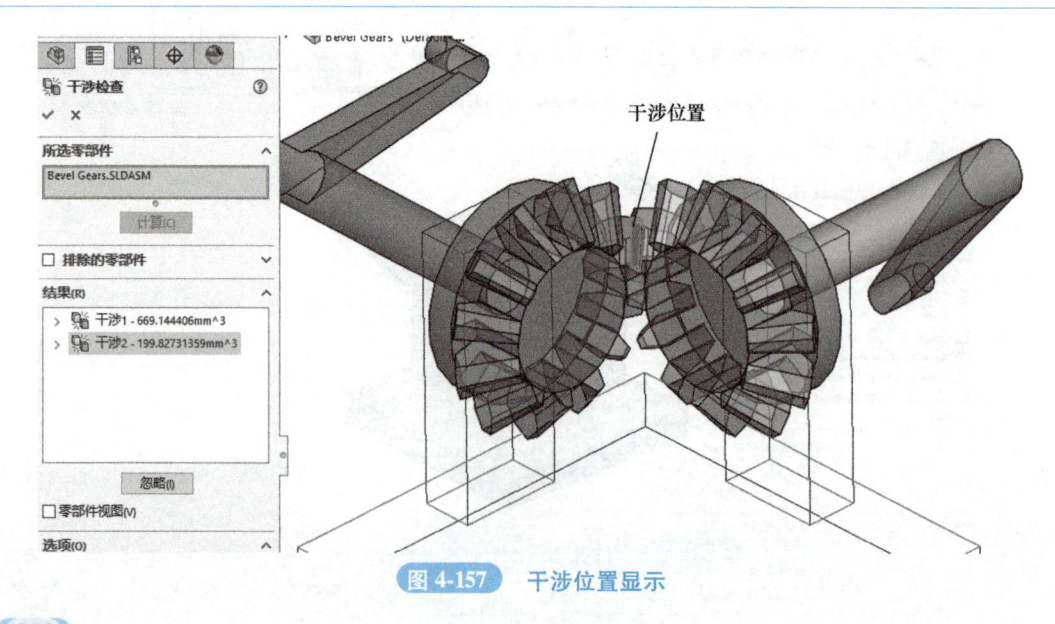

图 4-157 干涉位置显示

二、碰撞检查

在 SolidWorks 2023 中，用户打开装配体模型后，即可使用"装配体"中的碰撞检查功能。用户可以使用"移动零部件"或"旋转零部件"实现零件在运动过程中的碰撞检查。碰撞检查可以模拟零件在运动过程中产生的碰撞。碰撞发生以后，零件停止运动，并且碰撞的面会高亮显示，SolidWorks 也会发出提示音。和干涉检查一样，碰撞检查也可以选择计算部分零件之间的碰撞或者整个装配体的碰撞。值得注意的是，针对整个装配体的碰撞检查计算可能会耗费比较多的时间和使用较多硬件资源。

碰撞检查时，用户可以单击齿轮的端面并按住左键不放，上下移动鼠标，即可拖动齿轮模型旋转，将齿轮旋转至不干涉的位置。

步骤 4 单击工具栏中的"移动零部件"或"旋转零部件"，如图 4-158 所示。

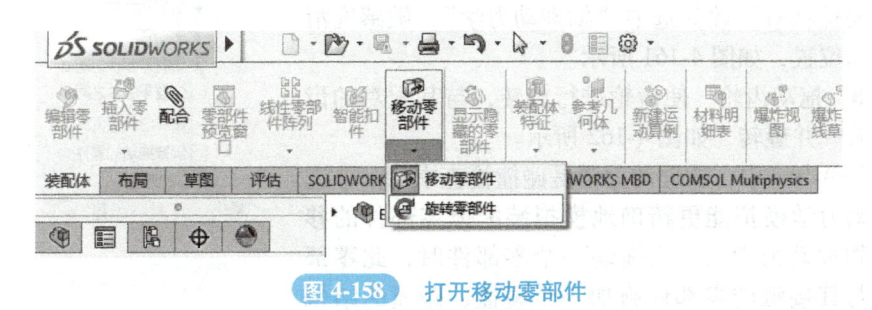

图 4-158　打开移动零部件

步骤 5 在"移动零部件"页面中，在"选项"下选中"碰撞检查"，并勾选"碰撞时停止"，如图 4-159 所示。

步骤 6 拖动齿轮的手柄，齿轮仅能在小范围内运动，在发生碰撞后，齿轮的运动将停止，且在发生碰撞的位置，齿轮的面会高亮显示，如图 4-160 所示。另外，在碰撞发生时，SolidWorks 会发出报警的声音。

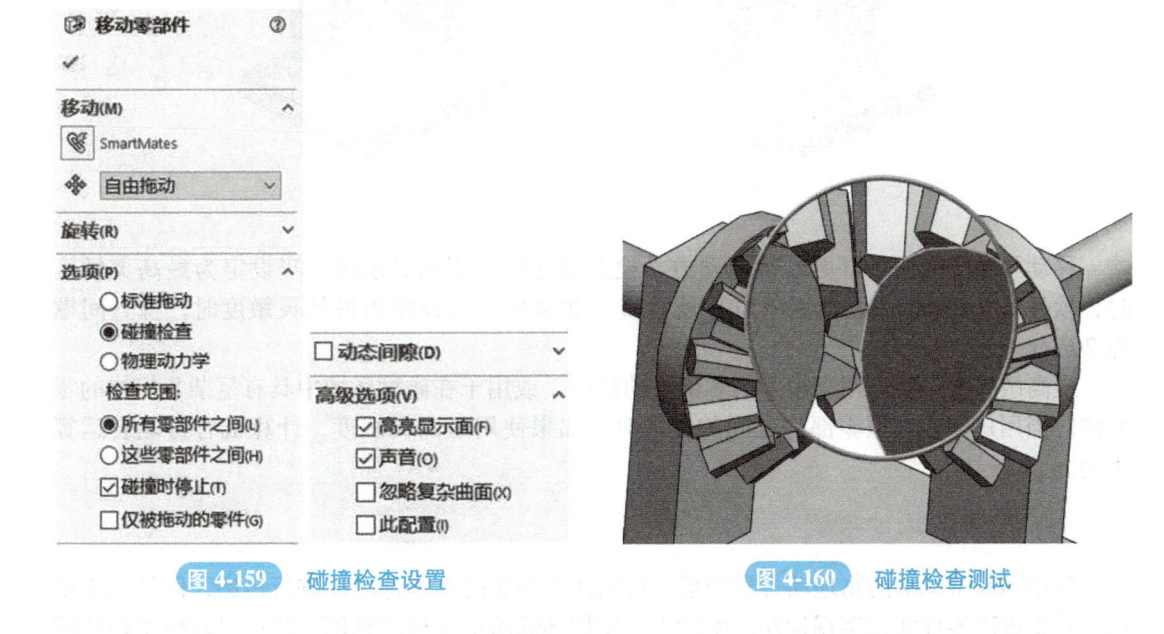

图 4-159　碰撞检查设置

图 4-160　碰撞检查测试

三、物理动力学模拟

在 SolidWorks 2023 中，用户打开装配体模型后，即可使用"装配体"中的物理动力学模拟功能。在齿轮组模型中，左右齿轮都可以自由旋转。但是在碰撞检查中，齿轮在运动过程中一旦发生碰撞，即便配对的齿轮没有阻碍运动的配合存在，齿轮的运动也将停止，这和现实情况明显不一致。如果要实现旋转其中一个齿轮时，配对的齿轮也会随着运动，在不添加额外齿轮配合的情况下，使用"物理动力学"可以模拟这个运动过程。

步骤 7 在"移动零部件"页面中，在"选项"下由选中"碰撞检查"改为选中"物理动力学"，敏感度滑块调至中间位置，如图 4-161 所示。

步骤 8 拖动齿轮，使齿轮进行旋转，与其配对的齿轮可以随着一并旋转，如图 4-162 所示。

在 SolidWorks 中，物理动力学是碰撞检查中的一个选项，物理动力学模拟能更精确地模拟装配体零部件的移动。启用物理动力学后，当拖动一个零部件时，此零部件就会向与其接触的零部件施加一个碰撞，碰撞的结果为该零部件会在所允许的范围内移动或旋转。

图 4-161 物理动力学设置

图 4-162 齿轮旋转测试

移动灵敏度滑块可以更改物理动力学检查碰撞所使用的灵敏度。当设定为最高灵敏度时，软件每 0.02mm（以模型单位）就检查一次碰撞；当设定为最低灵敏度时，检查间歇为 20mm。

最高敏感度一般仅用于很小的零部件的碰撞，或用于在碰撞区域中具有复杂几何体的零部件。当用户检查大型零部件之间的碰撞时，如果使用最高灵敏度，计算机有可能会运算缓慢。

四、简单的运动模拟

利用 SolidWorks 的物理动力学模拟，可以让力在装配体零件之间进行传递，但是这需要用户手动拖动零件才能实现运动。实际上，使用 SolidWorks 运动算例功能可以轻松实现装配

体的运动模拟动画。

步骤 9　单击 SolidWorks 窗口底侧的"运动算例 1",将算例类型设为"基本运动",如图 4-163 所示。

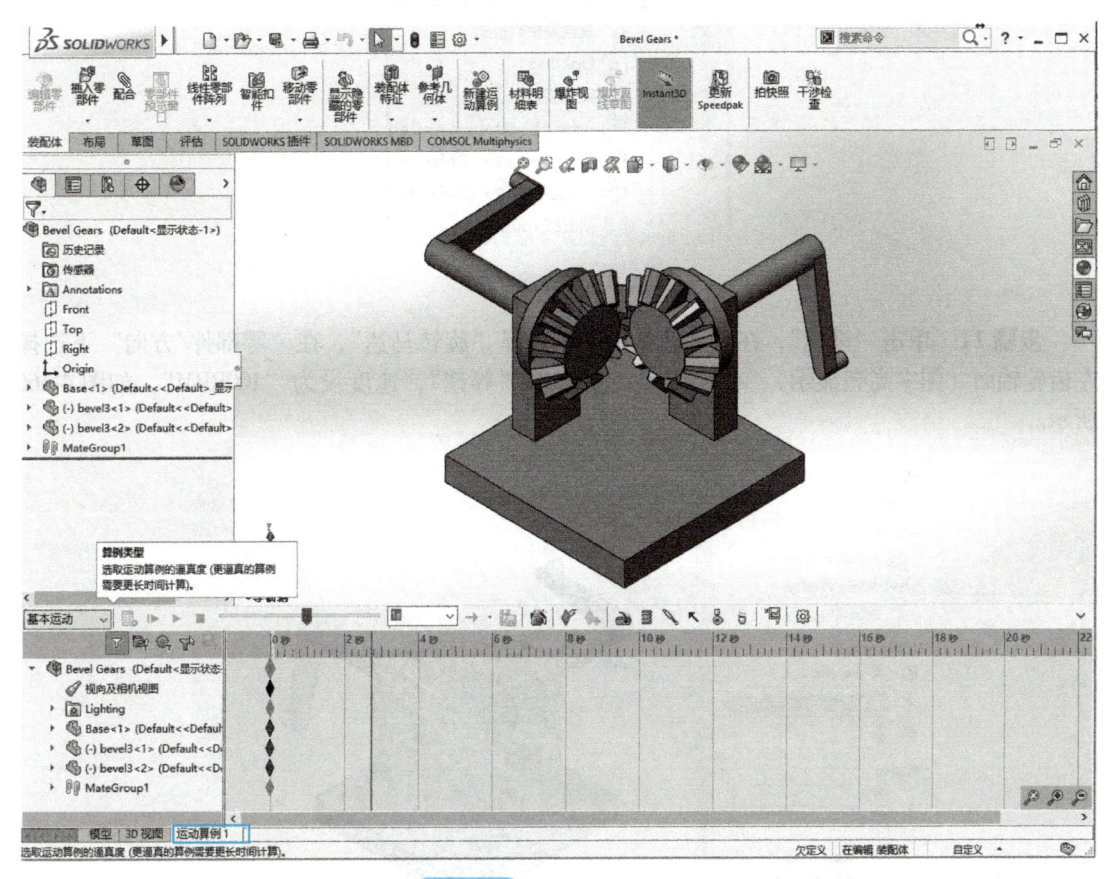

图 4-163　齿轮组运动算例

步骤 10　单击"接触",进入接触的设定,并选择两个齿轮,如图 4-164 所示。

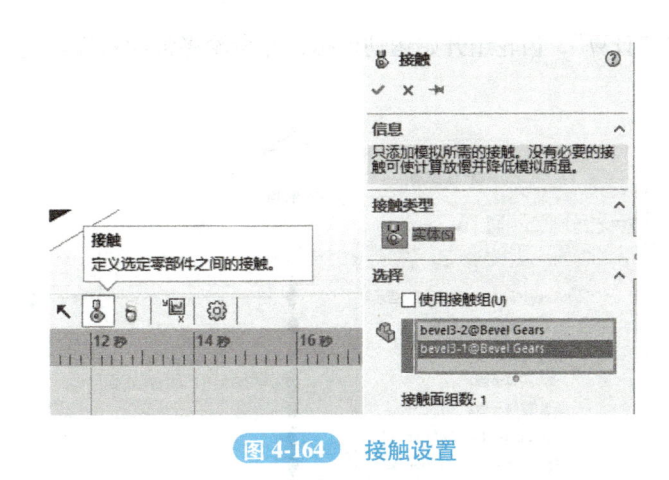

图 4-164　接触设置

接触生成后,模拟运动的特征树中会出现接触特征,如图 4-165 所示。

图 4-165 接触特征

步骤 11 单击"马达",在"马达类型"下选择"旋转马达",在"零部件/方向"下选择左齿轮轴面(图中高亮显示),在"运动"下选择"等速",速度设为"100RPM",如图 4-166 所示。

图 4-166 马达设置

步骤 12 单击"计算",齿轮组开始运动模拟,左齿轮将带动右齿轮进行旋转,如图 4-167 所示。

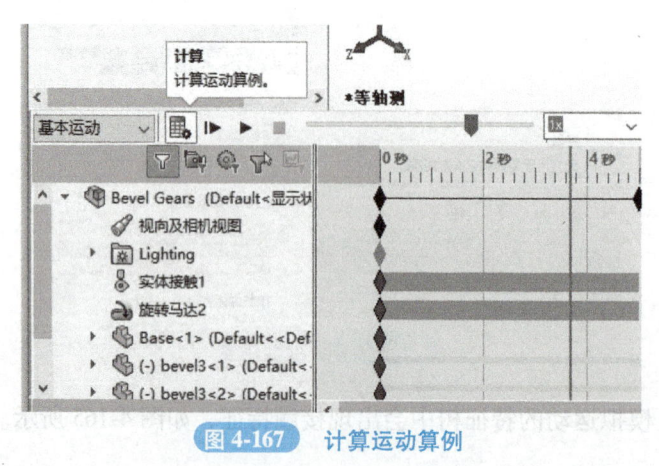

图 4-167 计算运动算例

步骤 13　计算完毕后，单击"播放"，即可在 SolidWorks 中播放齿轮组旋转的动画。单击"保存动画"，将动画保存为 avi 格式的动画文件，如图 4-168 所示。

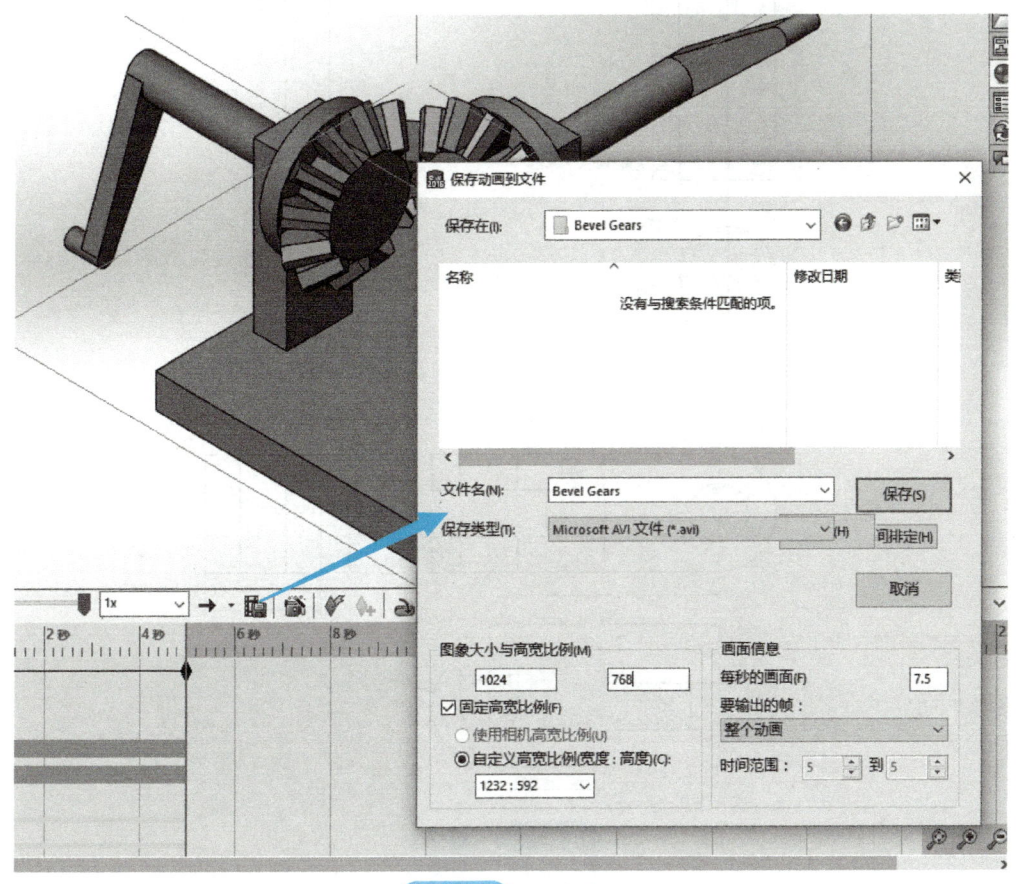

图 4-168　保存动画

任务小结

运动仿真既可以对静态零部件装配体进行检验，也有助于进一步提高产品的设计水平。本任务对齿轮组进行了干涉检查、碰撞检查、物理动力学模拟、简单的运动模拟。通过测试，可以更加全面地了解与掌握 SolidWorks 软件的功能。

练习与提高

1. 根据工程图，完成零件建模和装配。

（1）完成图 4-169、图 4-170 和图 4-171 所示零件的建模。

（2）创建图 4-172 所示的链条装配体，若 $A=25°$，$B=125°$，$C=130°$，求装配体的质心位置坐标。

条件：它包含 2 个长销钉、3 个短销钉和 4 个链条，销钉与链条孔的配合关系为同轴心（无间隙），销钉端面与链条侧面的配合关系为重合。

要求：装配体原点在长销钉原点处，单位选择"MMGS（毫米、克、秒）"，计算结果保留 2 位小数。

图 4-169　短销钉

图 4-170　长销钉

图 4-171　链条

图 4-172　链条装配体

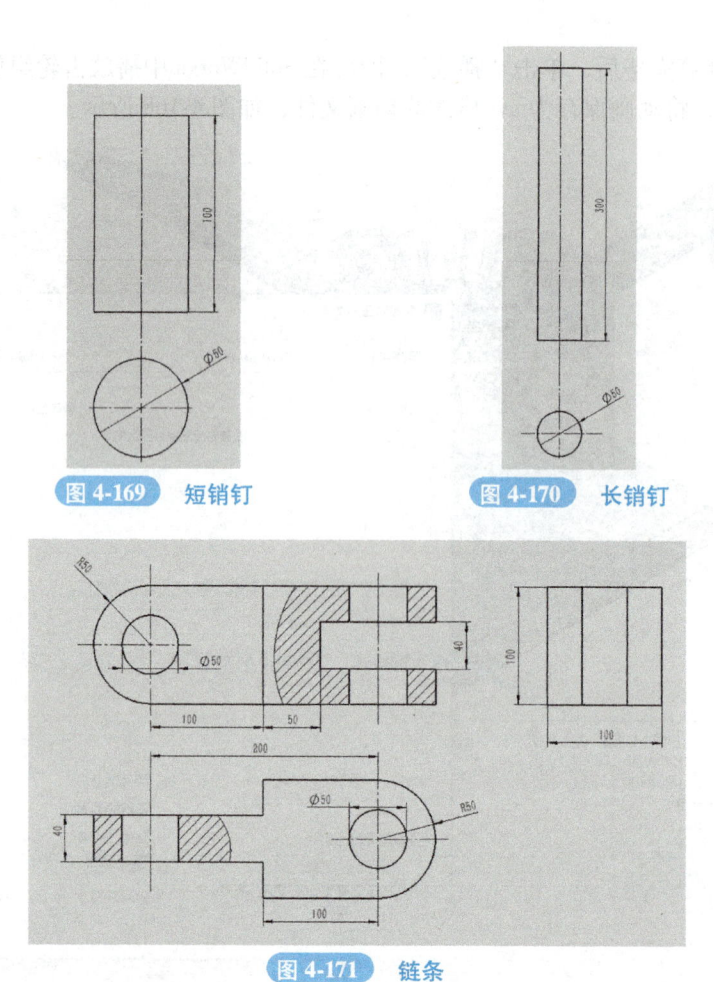

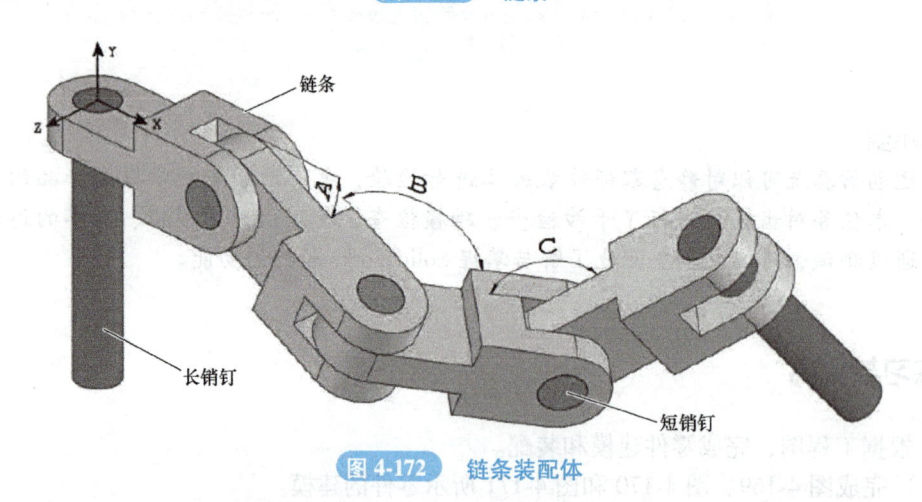

2. 根据工程图，完成零件的建模、装配和运动仿真。

连杆滑块装置是最常见的机构，该装置通过连杆的转动与滑块的上下移动，实现动力与运动形式的转换。

（1）完成图 4-173～图 4-178 所示各零件的建模。

（2）以基座为基础，创建连杆滑块装配体，如图 4-179 所示。

（3）以短连杆为运动件，对连杆滑块装置进行运动仿真，如图 4-180 所示。

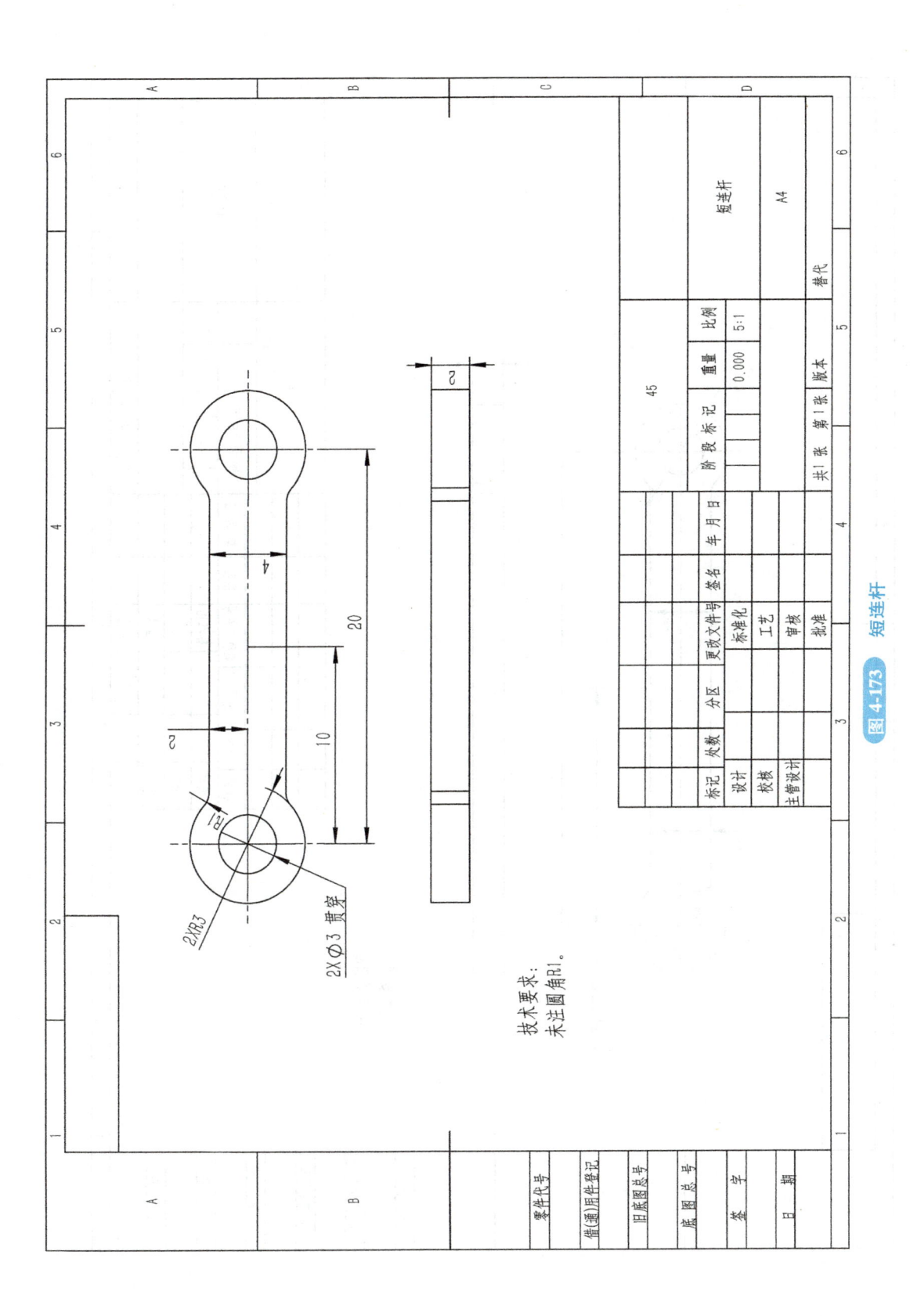

项目4 典型装配体设计及运动仿真

技术要求：
未注圆角R1。

图 4-173 短连杆

图 4-174 中连杆

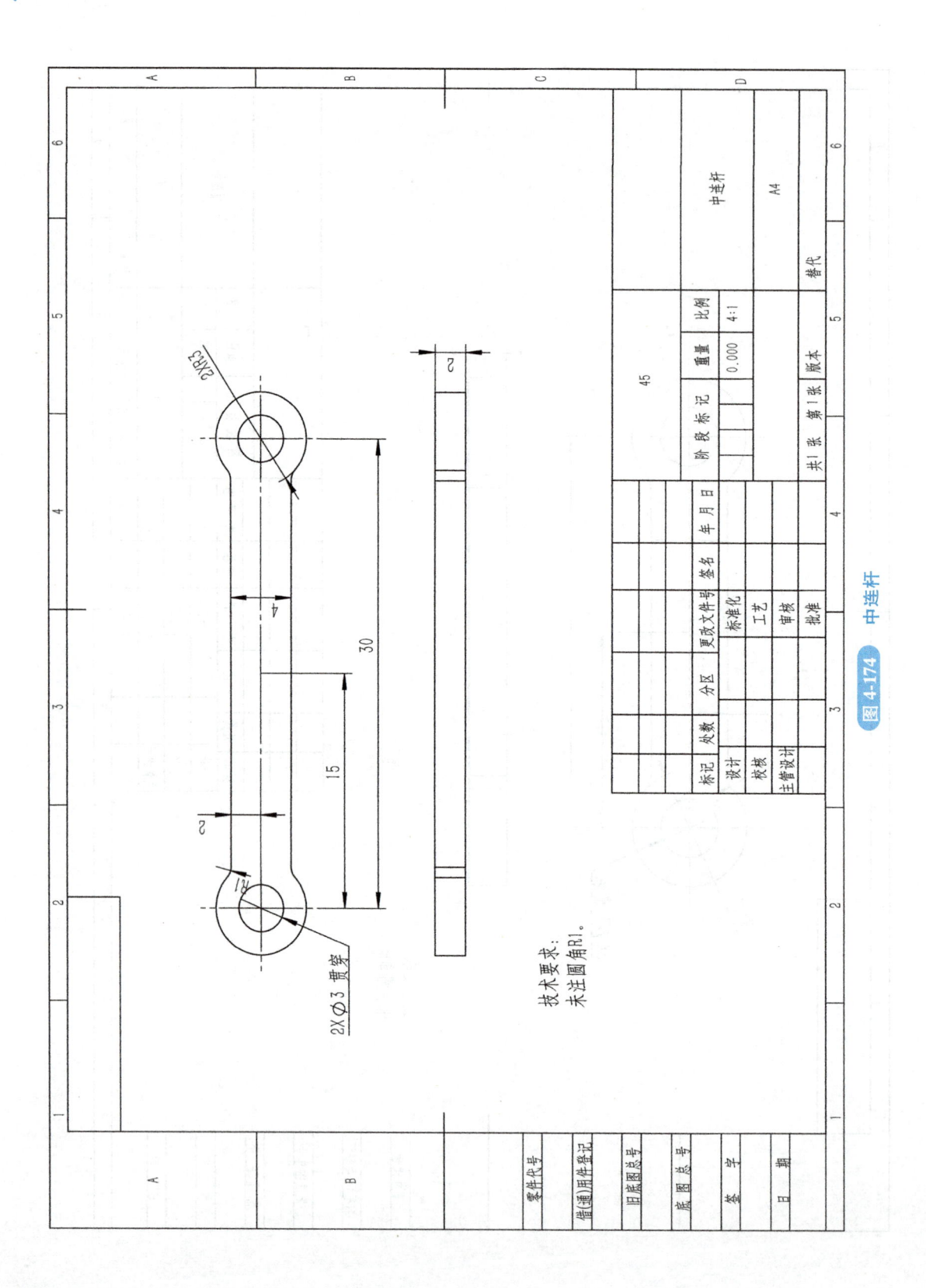

技术要求：
未注圆角R1。

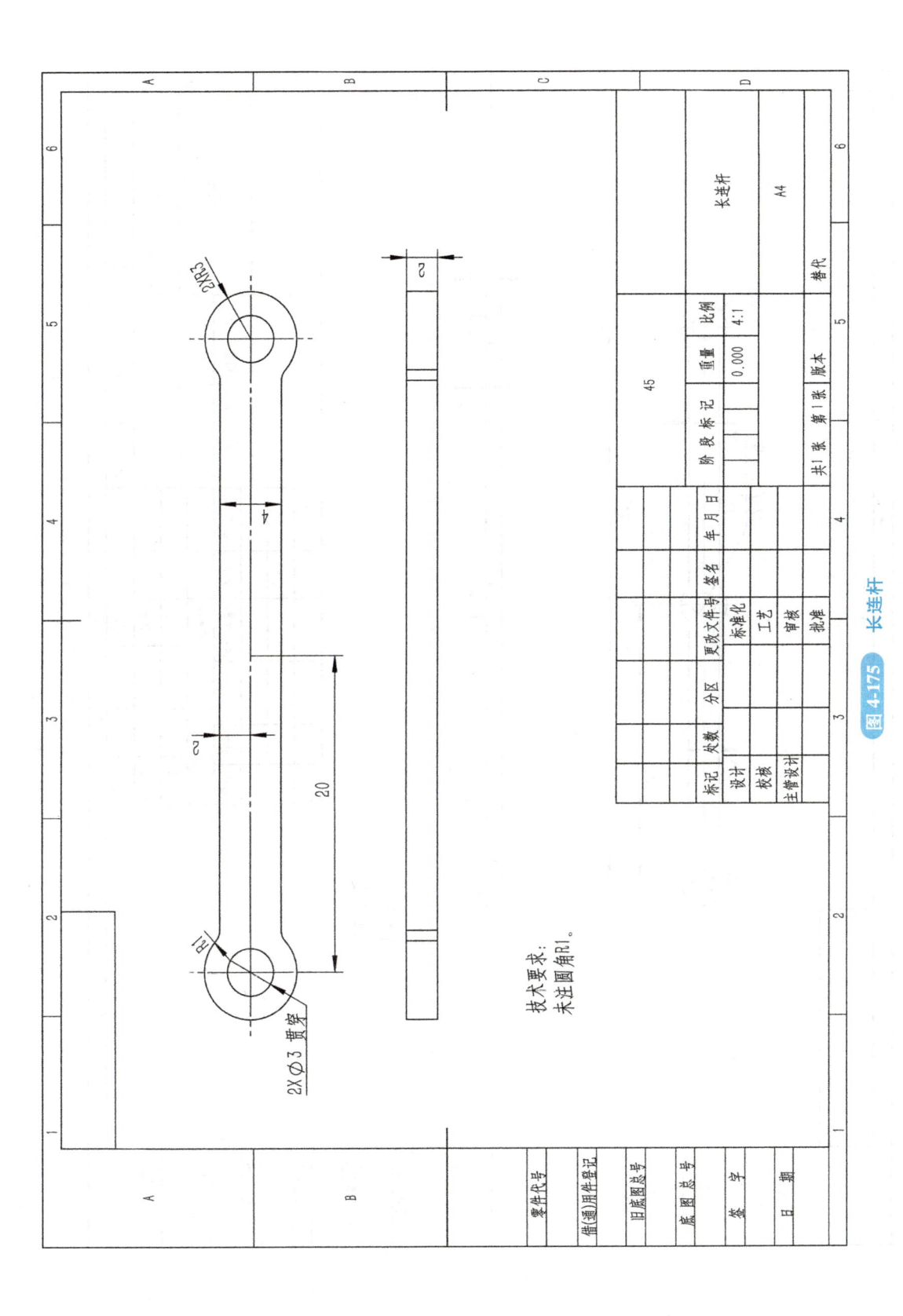

图 4-175 长连杆

图 4-176 三孔连接杆

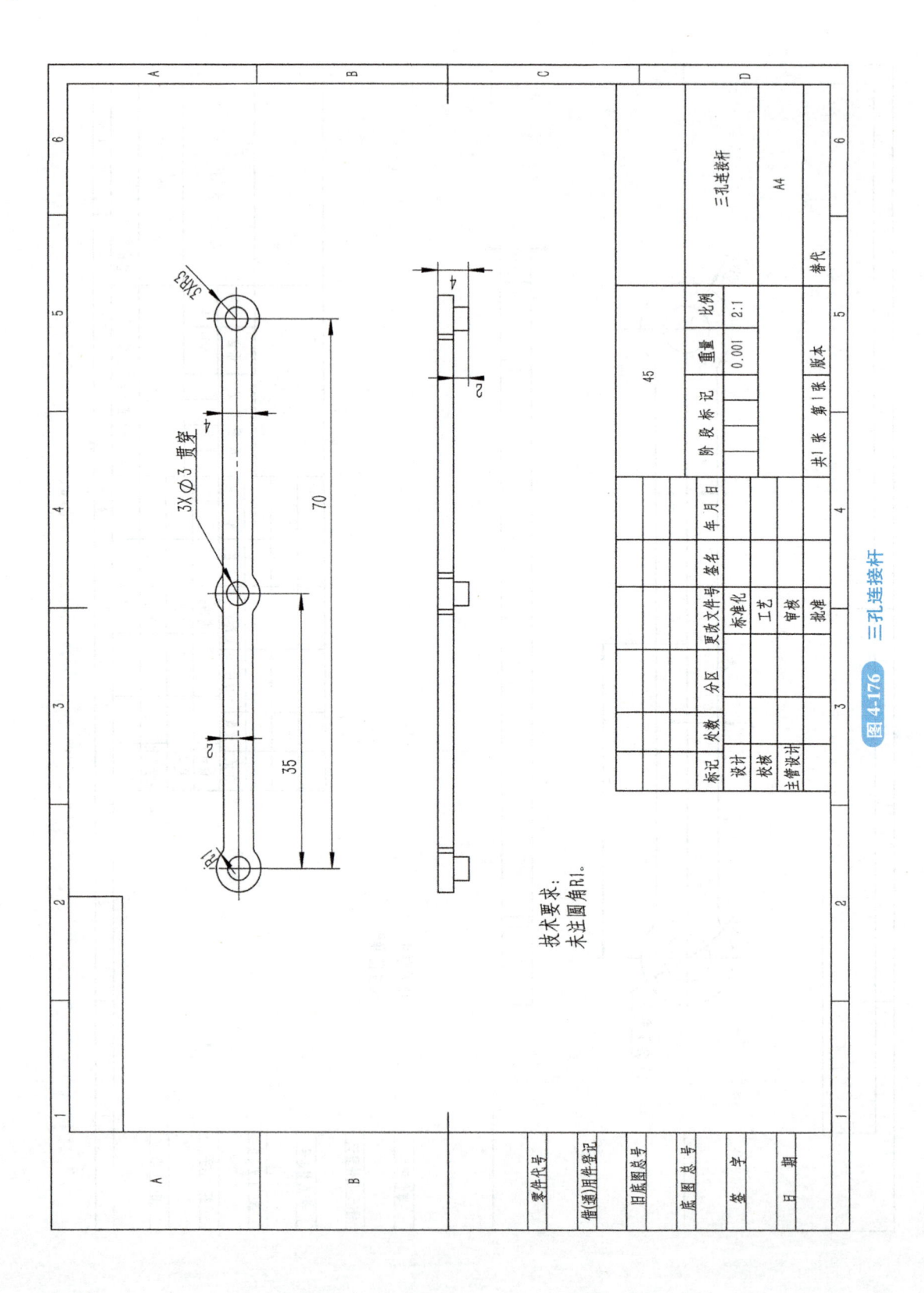

图4-177 滑块

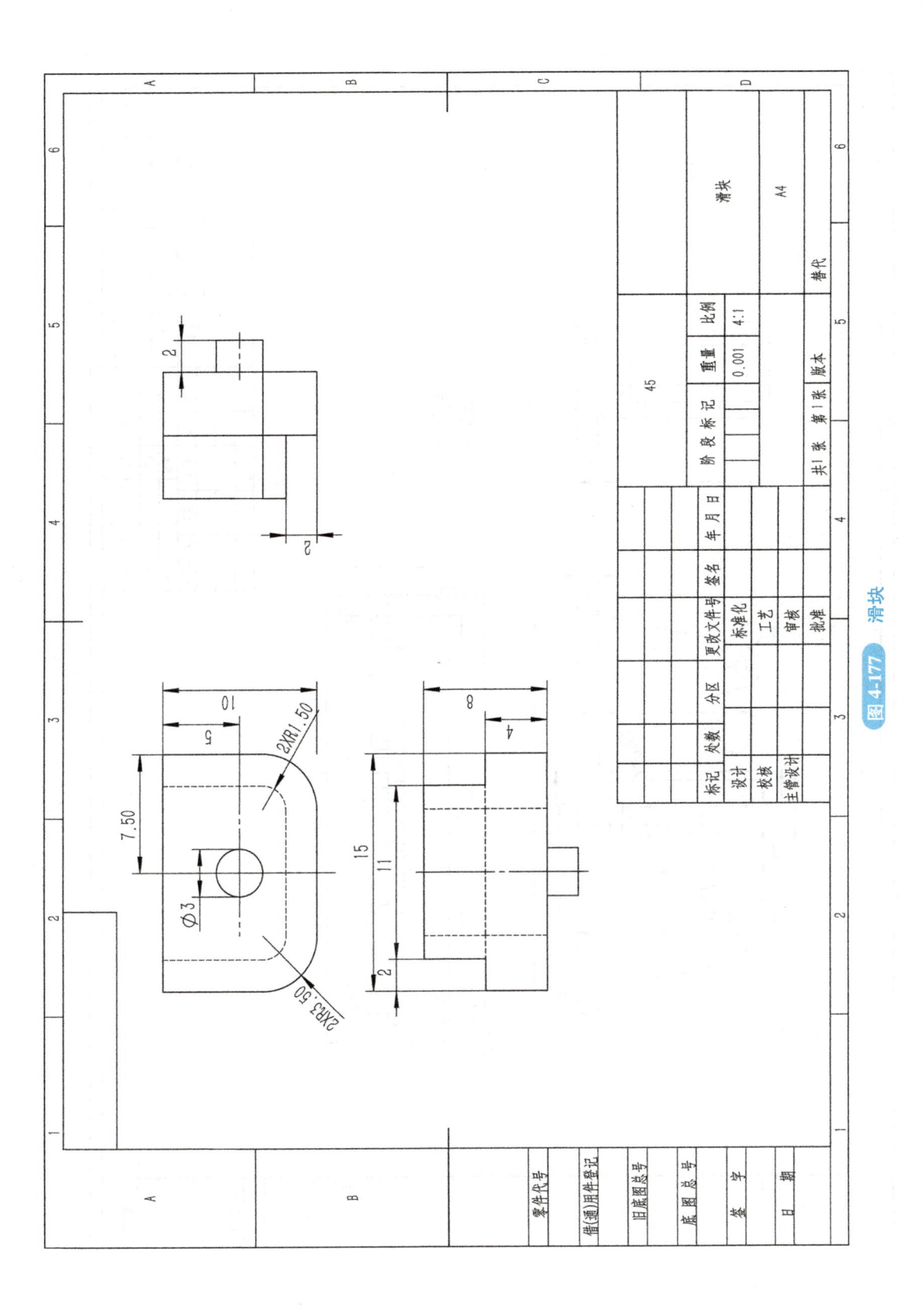

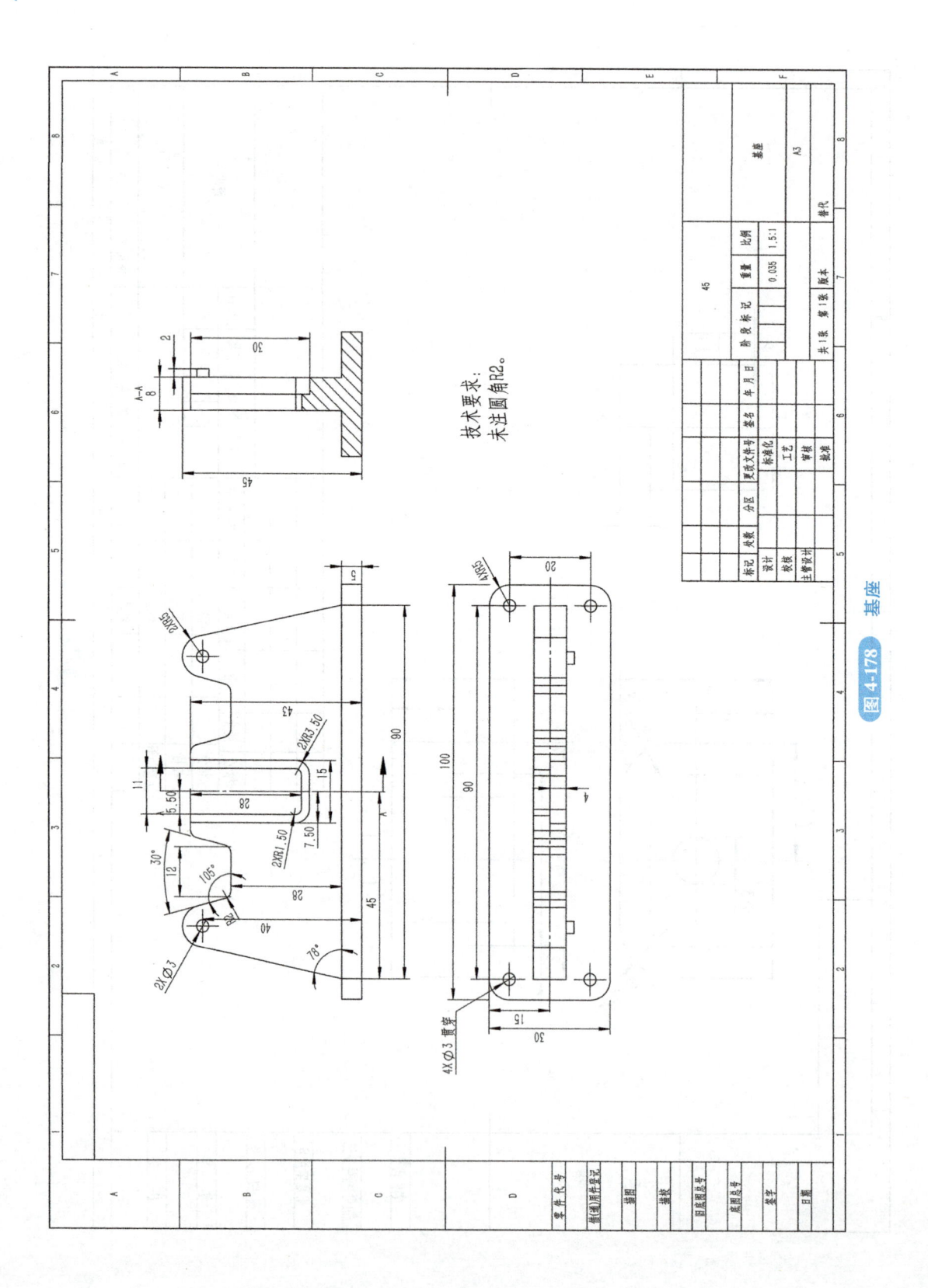

图 4-178 基座

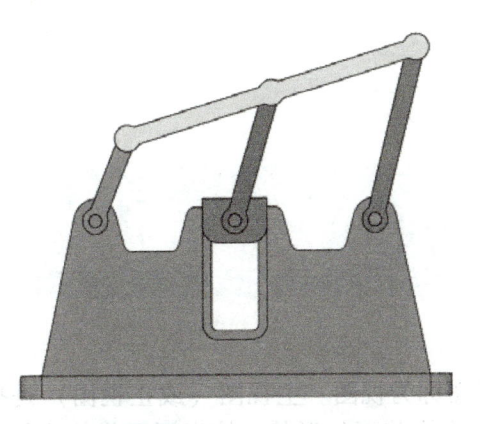

图 4-179　连杆滑块装配体

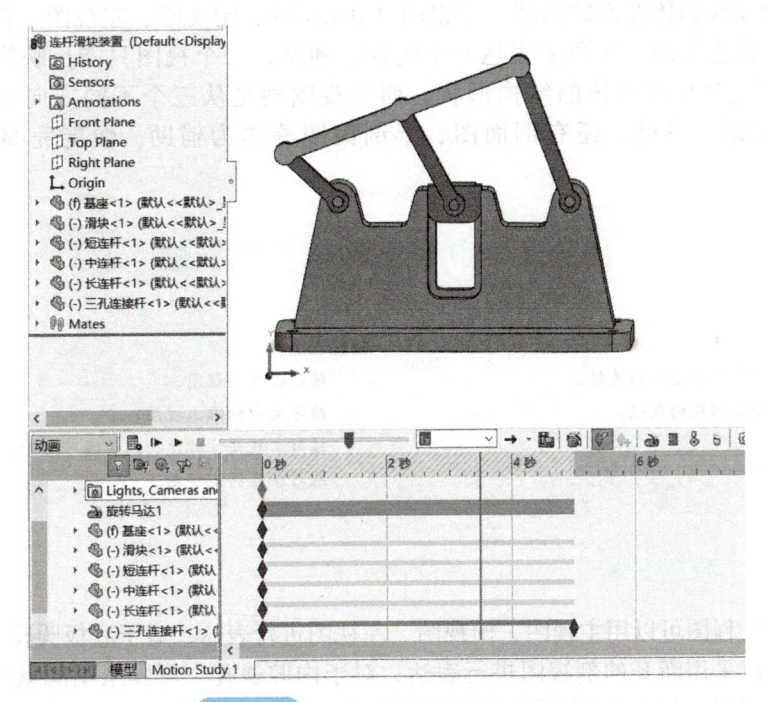

图 4-180　连杆滑块装置的运动仿真

项目 5

工程图创建

工程上,习惯将投影图称为视图。主视图(或正视图)是指从物体的前面向后面投射所得的视图,它能反映物体前面的形状;俯视图是指从物体的上面向下面投射所得的视图,它能反映物体上面的形状;左视图(侧视图)是指从物体的左面向右面投射所得的视图,它能反映物体左面的形状。主视图(正视图)、俯视图、左视图(侧视图)称为三视图,在工程上常用三视图来表达一个物体。通常,一个视图只能反映物体一个方位的形状,不能完整反映物体的结构形状,而三视图则是从三个不同方向对同一个物体进行投射的结果。另外,还有剖面图、半剖面图等作为辅助,便能完整表达物体的结构。

任务1 中等零件工程图创建

任务目标:
了解工程视图与三维图形的关联。
掌握中等零件工程图的表达。

技能训练:
练习新建工程图。
练习生成标准三视图。
练习工程尺寸标注、隐藏线可见等。
练习断开的剖视图。

一、零件工程图分析

中等零件工程图可以用主视图、俯视图、左视图进行表达;对于底板圆孔、前面小孔等局部特征,可以采用断开的剖视图进行表达;对于内腔通孔,可以采用隐藏线可见进行表达。中等零件工程图如图 5-1 所示。

二、工程图创建过程

该零件工程图创建步骤如下:

步骤1 在 SolidWorks 软件中,单击工具栏中的"新建",单击"工程图",如图 5-2 所示。

步骤2 单击左下角的"高级",选择"gb_a3"图纸,如图 5-3 所示。
单击"确定",进入工程图设计界面。

步骤3 在"模型视图"页面中单击"浏览",找到并选中中等零件,单击"打开",如图 5-4 所示。

步骤4 在左侧的"标准视图"下选择"前视图"(默认视图设置),在"显示样式"下选择"消除隐藏线",其他选项保持默认设置,如图 5-5 所示。

项目5 工程图创建

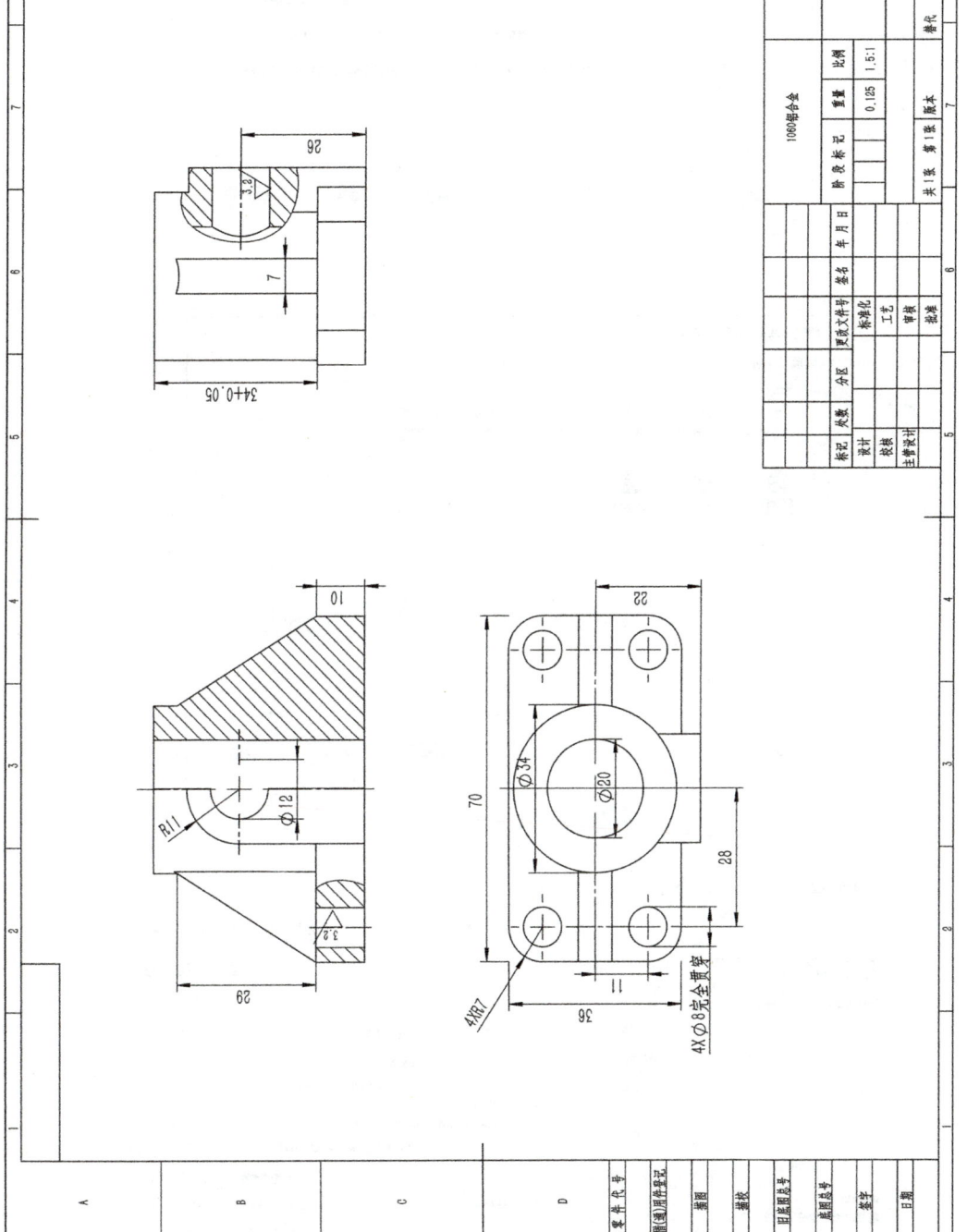

图 5-1 中等零件工程图

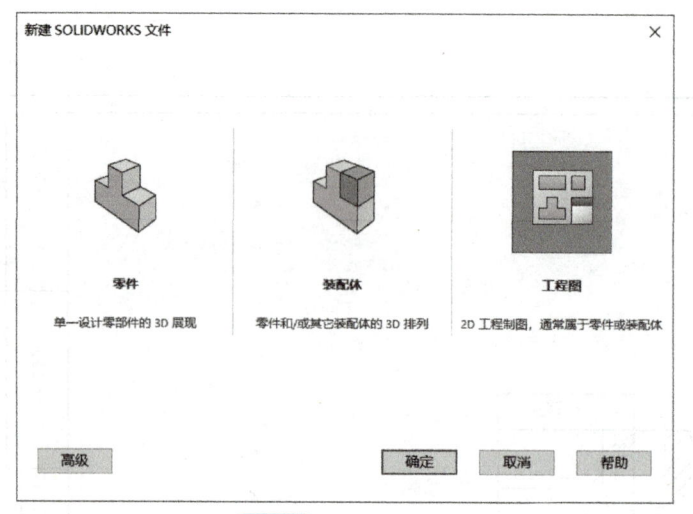

图 5-2　新建工程图

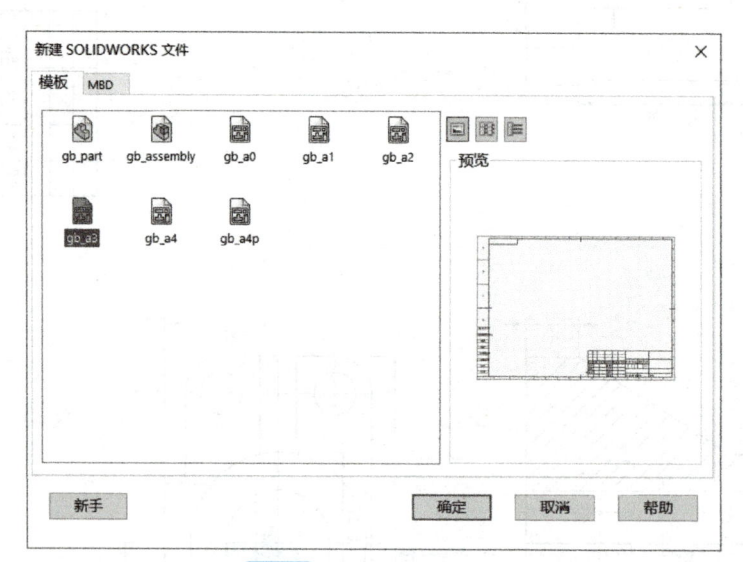

图 5-3　工程图高级选项

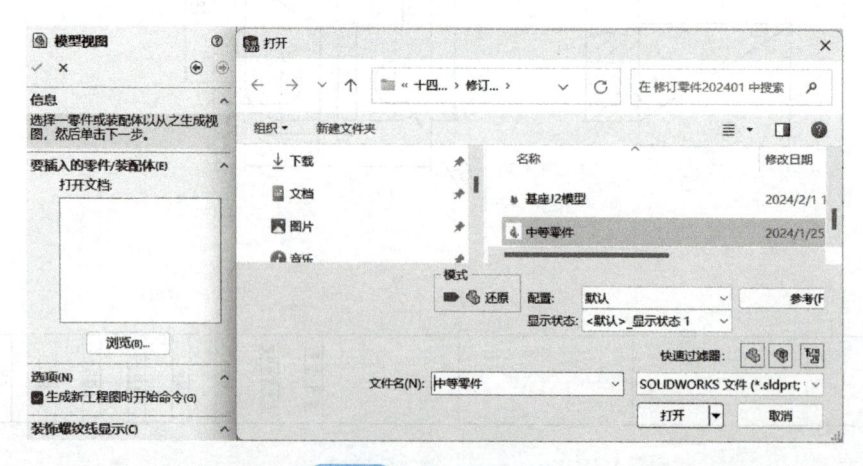

图 5-4　打开中等零件

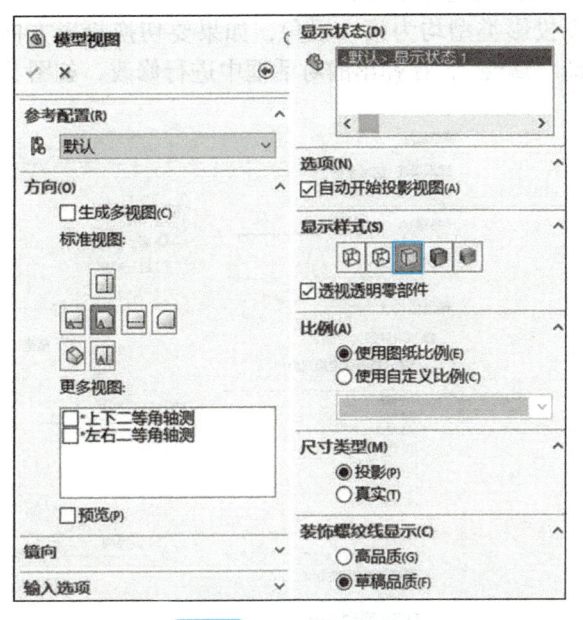

图 5-5 模型视图设置

步骤 5 将鼠标指针移动到窗口区域，注意此时鼠标指针变为，同时可以看到会有矩形的框跟随鼠标指针一起移动。将鼠标指针移至图纸左上方，单击，生成第一个视图；将鼠标指针向右拖动，生成第二个视图；将鼠标指针移动至第一个视图，然后向下拖动，会在合适的位置生成第三个视图，如图 5-6 所示。

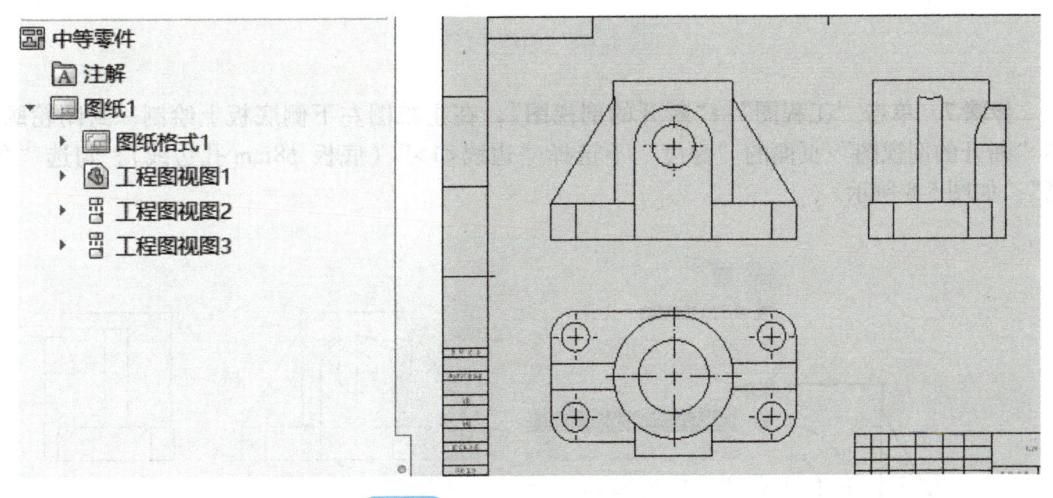

图 5-6 生成中等零件的三视图

步骤 6 在单击选中某视图后，按住鼠标左键不放，可以拖动该视图进行移动。按住 <Shift> 键不放，拖动视图，可以使视图整体移动。

如果想要精准地拖动视图，可以使用方向键来调整视图位置，方法是先选中要移动的视图，当出现虚线框时，按相应方向键调整视图至合适位置。本任务使用的模板默认的键盘移动增量为 10mm，如果需要修改该数值，单击"工具"→"选项"→"系统选项"→"工程图"→

"键盘移动增量",在相应位置进行修改。

本书中讨论的视图投影类型均为第一视角,如果要切换投影方向,可在设计树中选中"图纸1",右击,选择"属性",在弹出的对话框中进行修改,如图5-7所示。

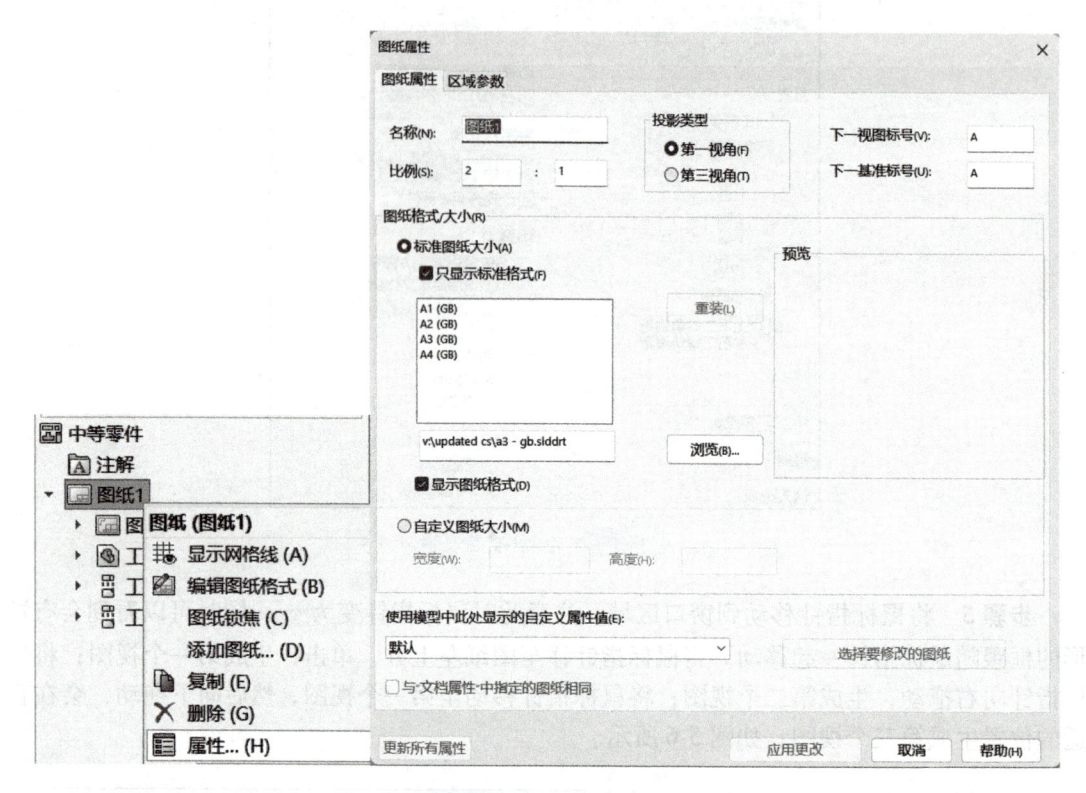

图 5-7 图纸属性设置

步骤7 单击"工程图"→"断开的剖视图",在主视图左下侧底板上绘制一封闭轮廓;在"断开的剖视图"页面的"深度"下选择"边线<1>"(底板 $\phi 8mm$ 孔边线),勾选"预览",如图5-8所示。

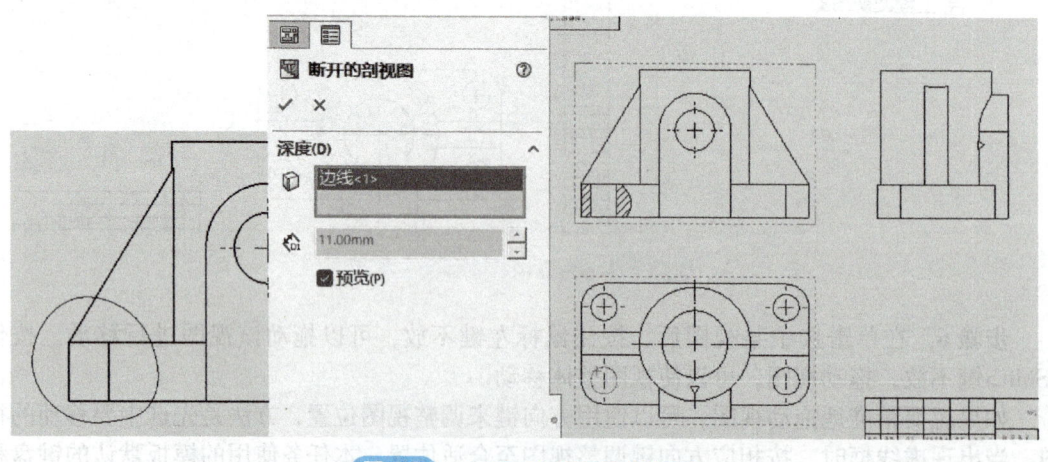

图 5-8 主视图中断开的剖视图

步骤 8 单击"注解"→"中心线",选择主视图左侧底板上 ϕ8mm 孔边线,如图 5-9 所示。

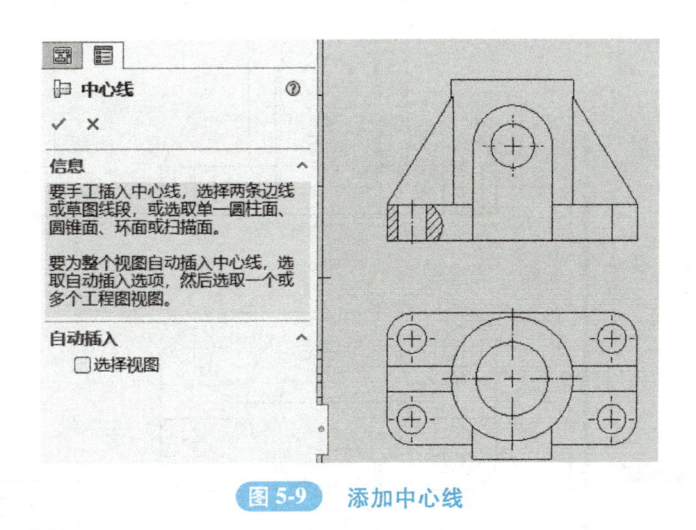

图 5-9　添加中心线

步骤 9 用相似的方法,完成左视图中断开的剖视图,如图 5-10 所示。

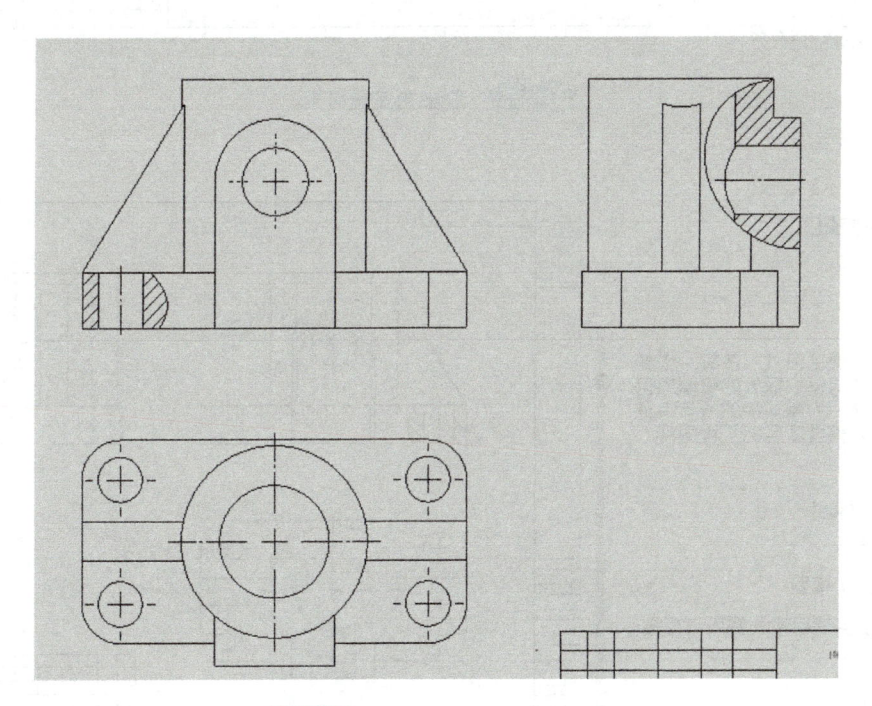

图 5-10　左视图中断开的剖视图

步骤 10 如果需要看清零件的整体结构,选中"工程图视图 1"(主视图)并进入其设置页面,在"显示样式"下选择"隐藏线可见",如图 5-11 所示。

步骤 11 单击"注解"→"模型项目",在"来源/目标"下选择"整个模型",在"尺寸"下选择"工程图标注",如图 5-12 所示。如果在"来源/目标"下选择"所选特征",则 SolidWorks 工程图将根据所选模型中的特征来标注特征尺寸。

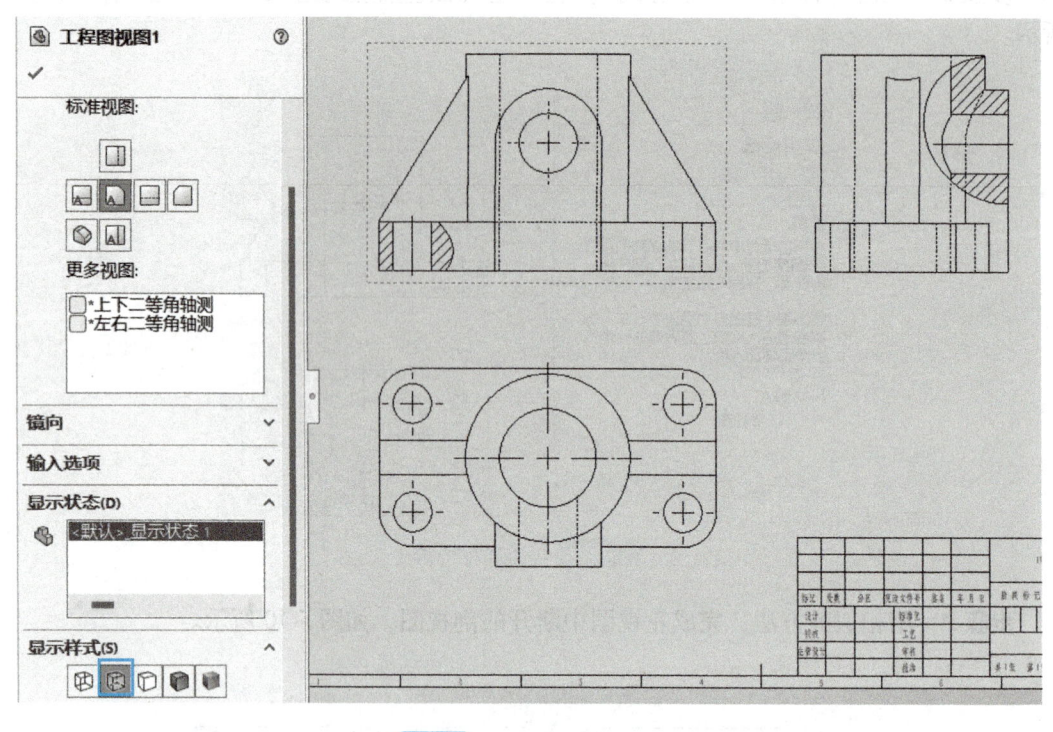

图 5-11　视图隐藏线可见

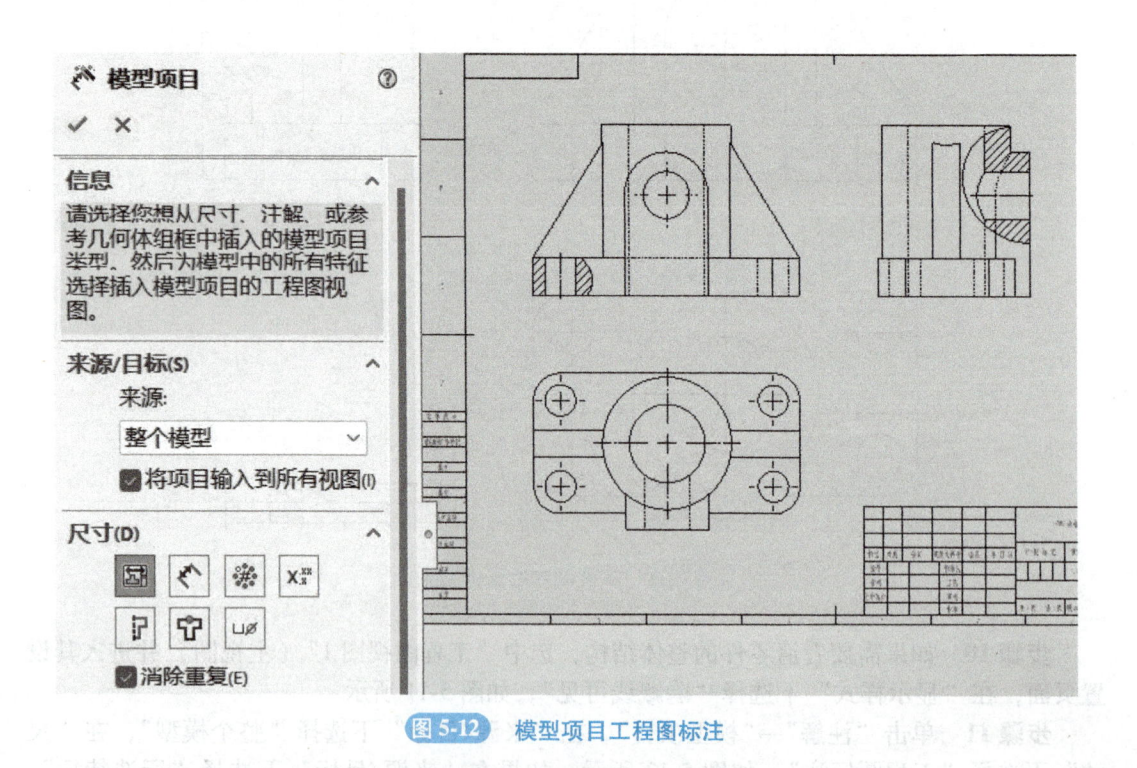

图 5-12　模型项目工程图标注

单击"确定",所有尺寸将会自动标注,如图 5-13 所示。

图 5-13 自动生成工程图尺寸

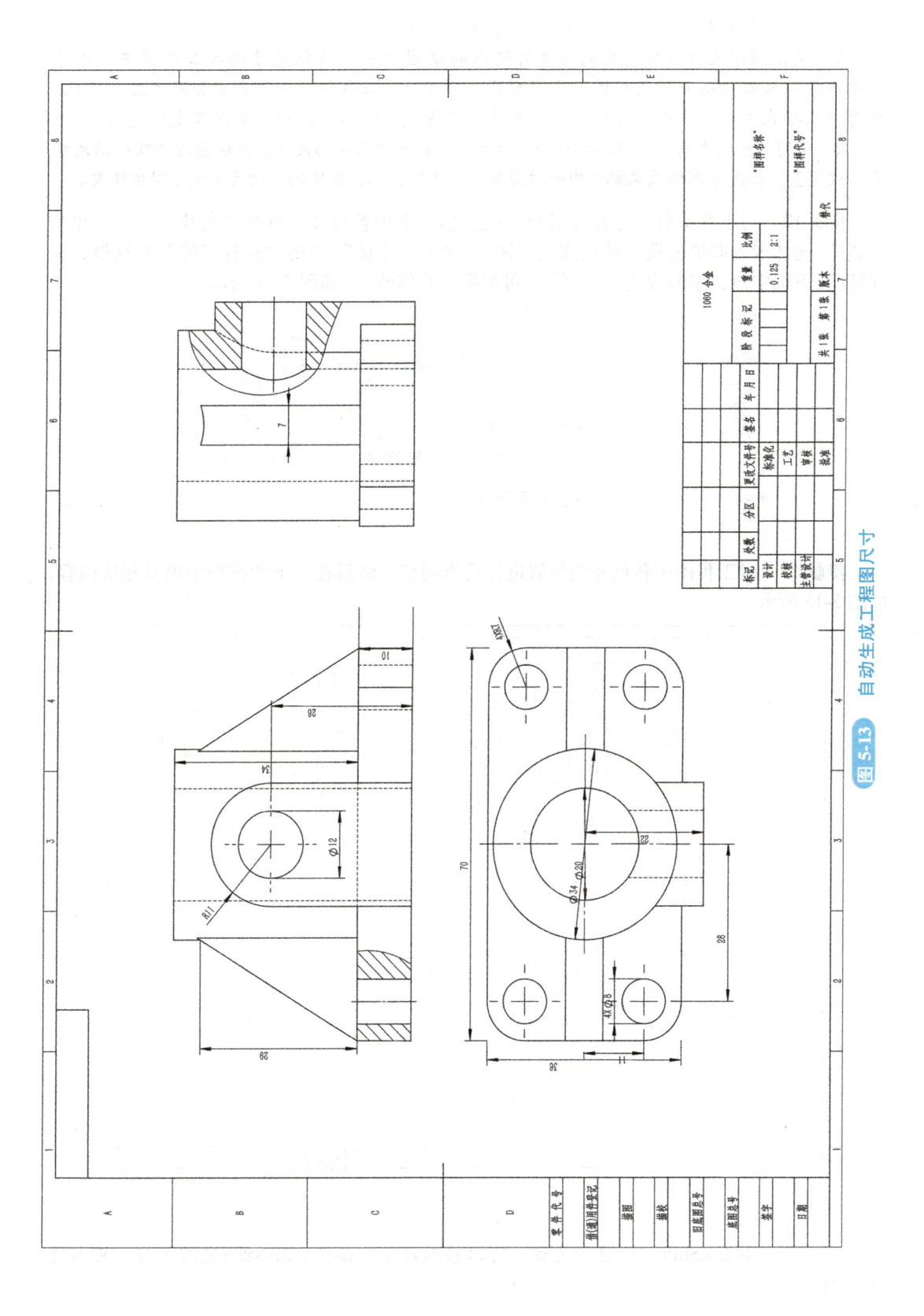

> **小提示**：SolidWorks 工程图尺寸标注有两种方法。
> 1) 使用模型尺寸直接将绘制零件时使用的草图尺寸和特征尺寸插入工程图中，也可以选择插入所有视图或所选视图。当模型尺寸改变时，工程视图中的尺寸会同步发生变化。也可以直接在工程图中双击并修改模型尺寸，零件或装配体中的模型会同步发生更改。
> 2) 也可以使用参考尺寸在工程图中标注尺寸，该尺寸为从动尺寸。无法通过修改从动尺寸来修改模型，但是当零件或装配体中的模型发生变化时，工程图中的从动尺寸也会同步修改。

步骤 12 对工程图各尺寸标注进行修改。框选图中各尺寸，打开"尺寸"页面，单击"其它"选择卡，取消勾选"使用文档字体"，单击"字体"弹出"选择字体"对话框，在"高度"下选中点，字号设为"二号"（可根据需要修改），如图 5-14 所示。

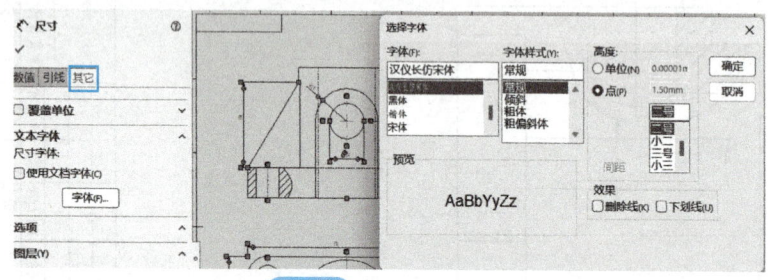

图 5-14 修改标注字体

步骤 13 对工程图中各尺寸的位置进行适当调整，然后在右下角图框中填写相应内容，如图 5-15 所示。

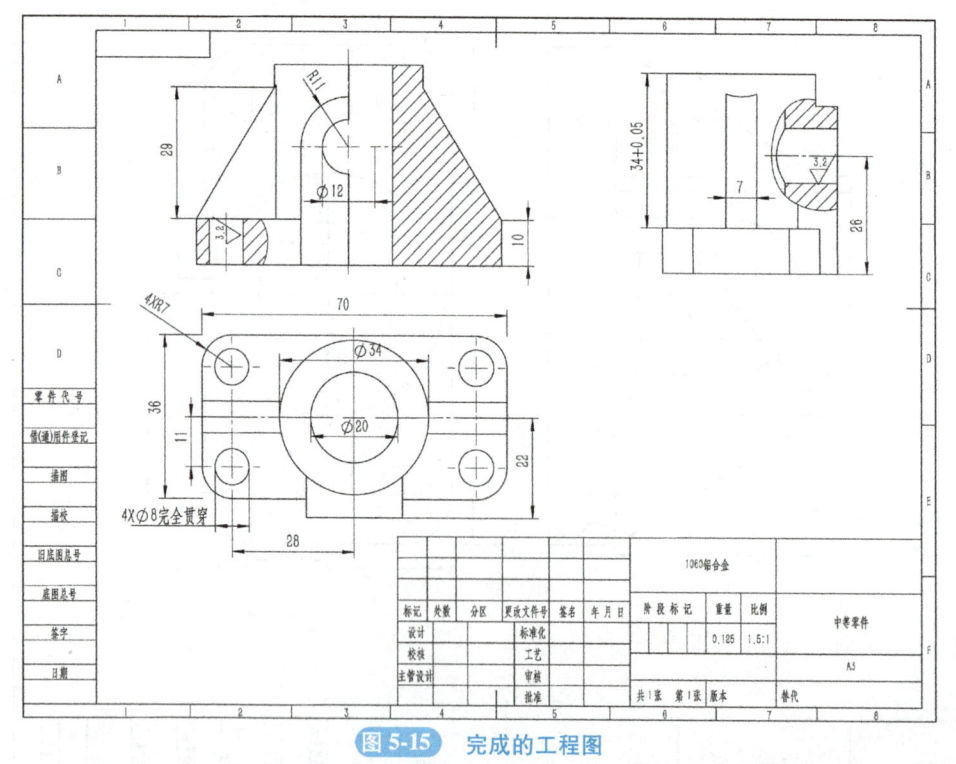

图 5-15 完成的工程图

> **小提示**：按住<Shift>键+鼠标左键，可以移动尺寸；按住<Ctrl>键+鼠标左键，可以复制尺寸。

步骤14　单击"保存",将该工程图命名为"中等零件.slddrw"并保存在指定文件夹。

任务小结

在 SolidWorks 软件中创建工程图,只需将零件的三维模型插入工程图文件中,通过投影生成三视图,不需要手动绘制。但是设计者需要根据实际情况,适当地进行手动调整。对比模型中的草图尺寸和工程图中标注的尺寸,可以看出工程图中自动生成的尺寸标注和草图中的尺寸标注是相同的。使用模型尺寸进行标注就是直接使用零件建模时草图和特征的尺寸。因此,在进行零件设计时,应尽可能使草图尺寸的标注更加合理,放置尺寸尽量美观,这样在工程图中就可以方便地调用了。

本任务创建了中等零件工程图,并在模型视图中生成标准三视图,还在此基础上增加了"断开的剖视图",来表达底板和前面局部孔特征。

任务2　底座零件工程图创建

任务目标:
了解工程视图与三维图形的关联。
掌握底座零件工程图的表达。

技能训练:
练习工程图视图选择。
练习工程图的尺寸标注、技术要求标注等。
练习局部视图。

一、零件工程图分析

底座是千斤顶装配体中的重要零件,其主要功能在于提供广泛的支撑面积,确保设备的稳定性和安全性,减少千斤顶在使用中的翻倒和下滑等危险。底座零件工程图如图 5-16 所示。

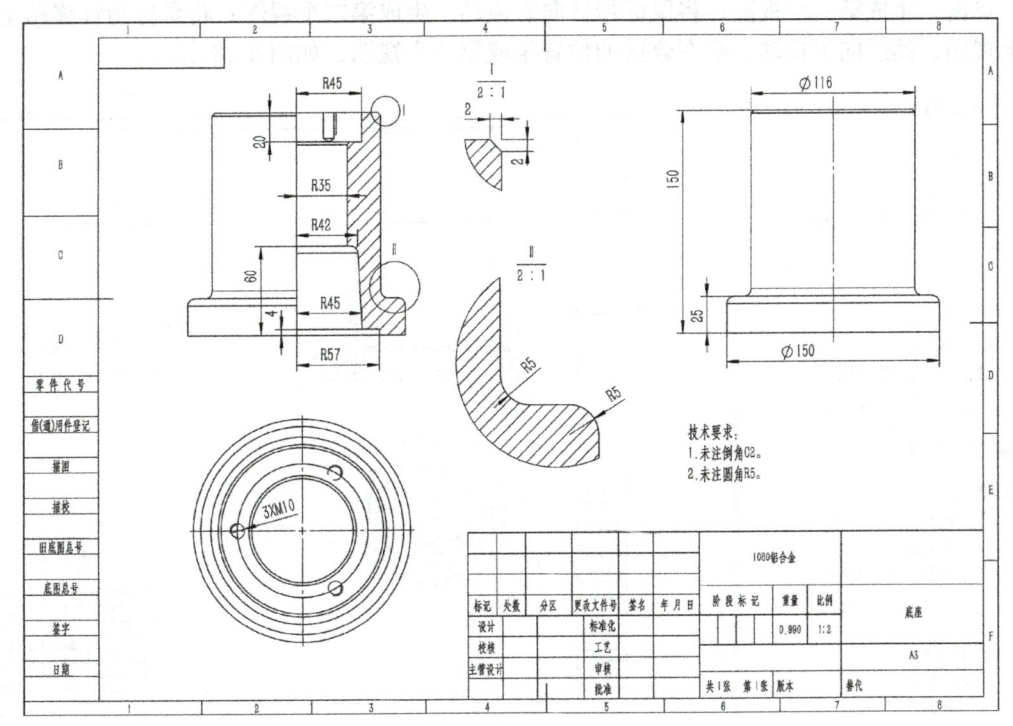

图 5-16　底座零件工程图

二、工程图创建过程

步骤 1 在 SolidWorks 软件中，单击"新建"，单击"工程图"，单击"高级"，在"模板"中选择"gb_a3"图纸，单击"确定"，进入工程图设计界面。

步骤 2 在"模型视图"页面中单击"浏览"，找到底座零件并打开，如图 5-17 所示。

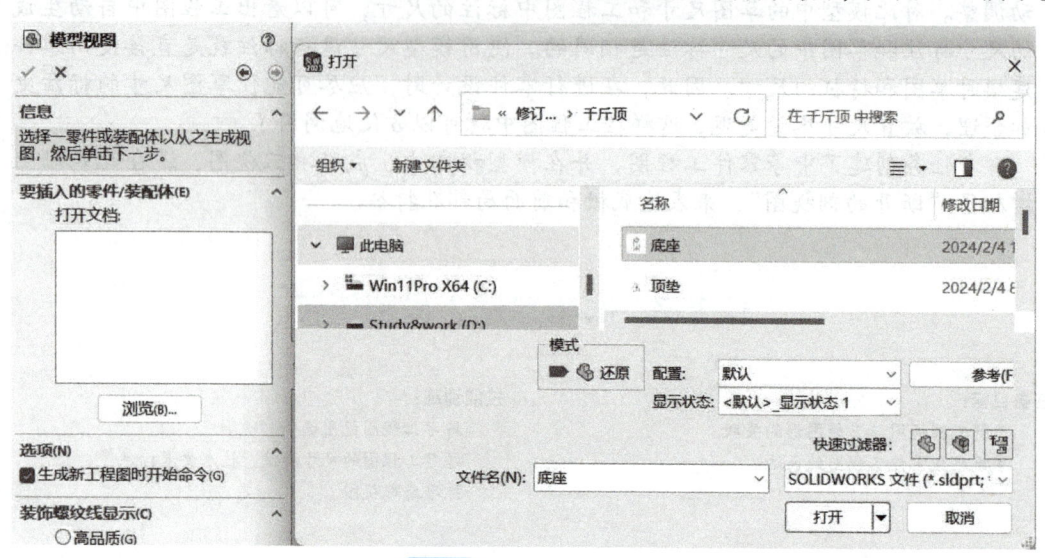

图 5-17　打开底座零件

步骤 3 在"投影视图"页面，在"标准视图"下选择"前视图"（默认视图设置），在"显示样式"下选择"消除隐藏线"，其他选项保持默认设置。将鼠标指针移至图纸左上方，单击，生成第一个视图；将鼠标指针向右拖动，生成第二个视图；将鼠标指针移动至第一个视图，然后向下拖动，会在合适的位置生成第三个视图，如图 5-18 所示。

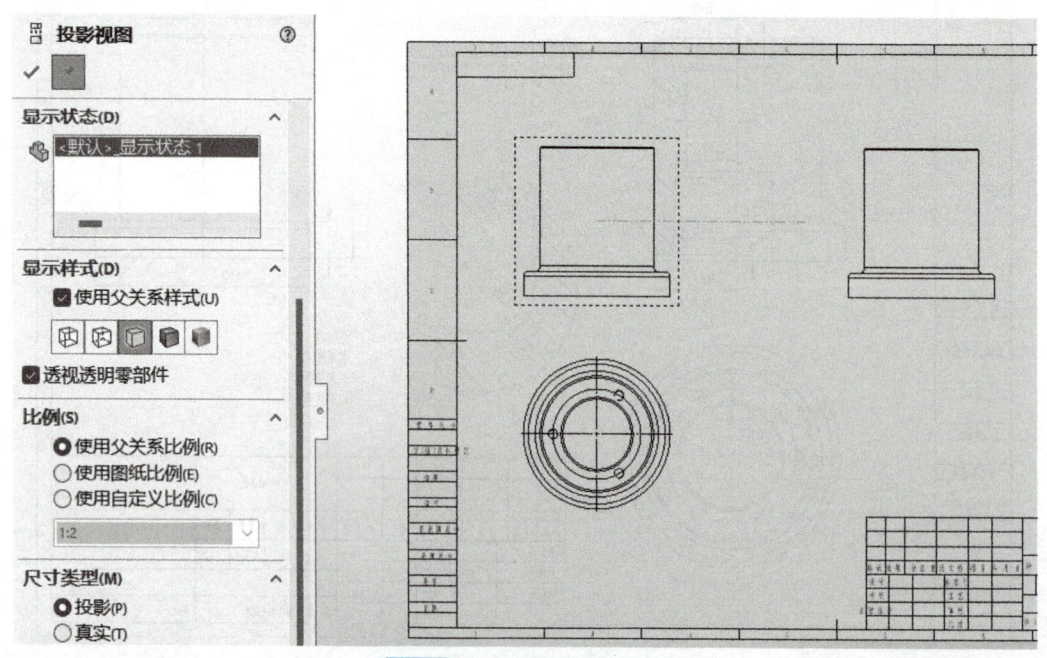

图 5-18　生成底座的三视图

步骤 4 如果需要，选择"图纸 1"，右击，选择"属性"，在弹出的对话框中可以修改比例、图纸大小、投影类型等，如图 5-19 所示。

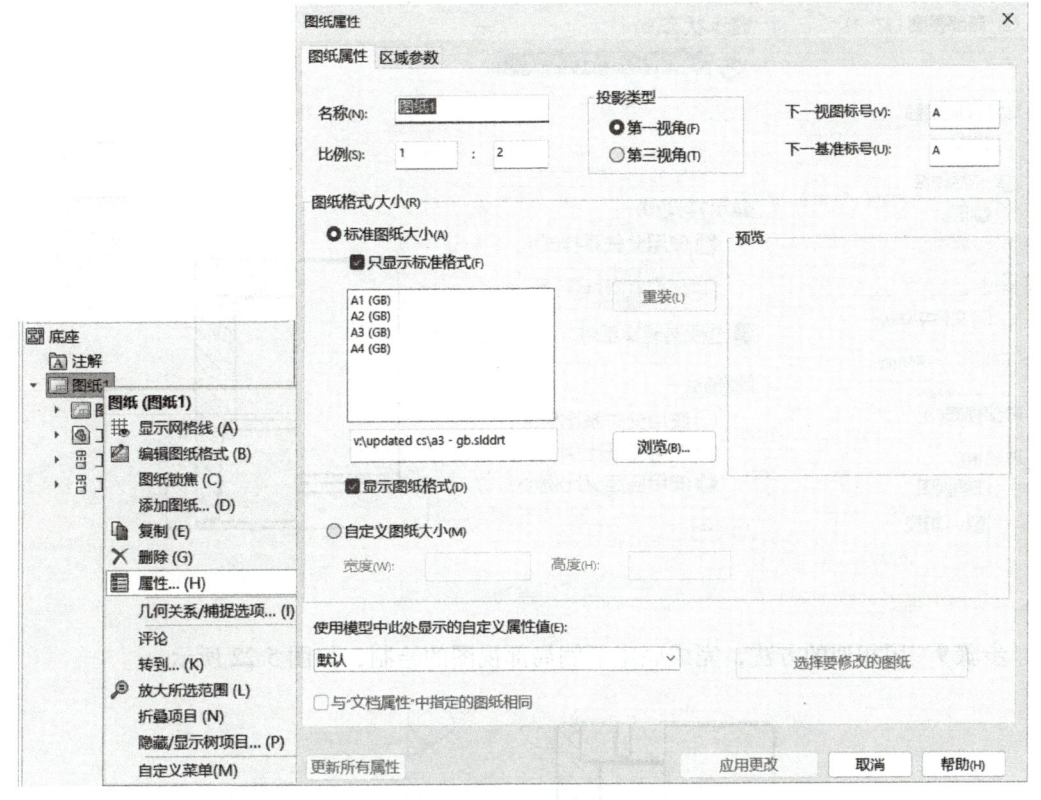

图 5-19 图纸属性设置

步骤 5 单击"注解"→"中心线"，可以给主视图和左视图添加中心线。
步骤 6 单击"草图"→"边角矩形"，在主视图上自中心线向右侧画一矩形。
步骤 7 单击"工程图"→"断开的剖视图"，在"深度"下选择"边线<1>"（圆边线），如图 5-20 所示。

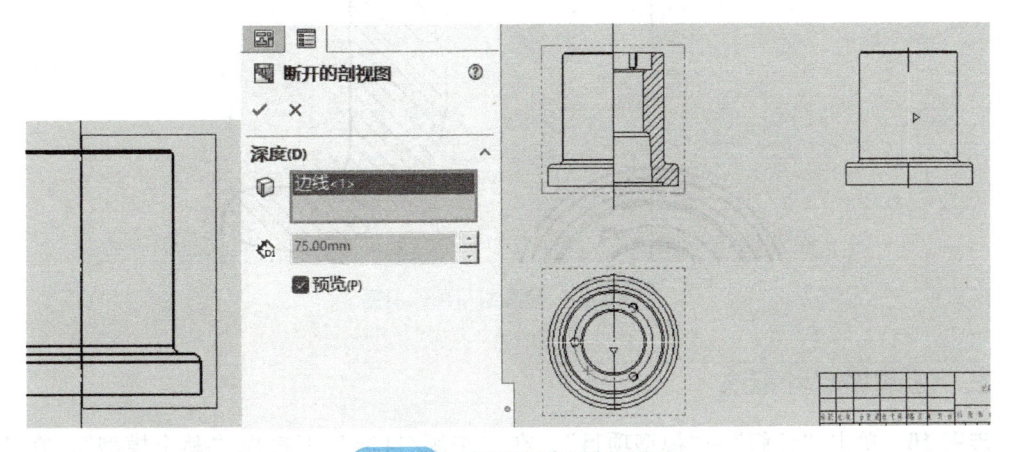

图 5-20 主视图断开的剖视图

步骤 8 单击"工程图"→"局部视图",先在主视图 C2 倒角处绘制一小圆,将局部视图放置在适合处。如图 5-21 所示。

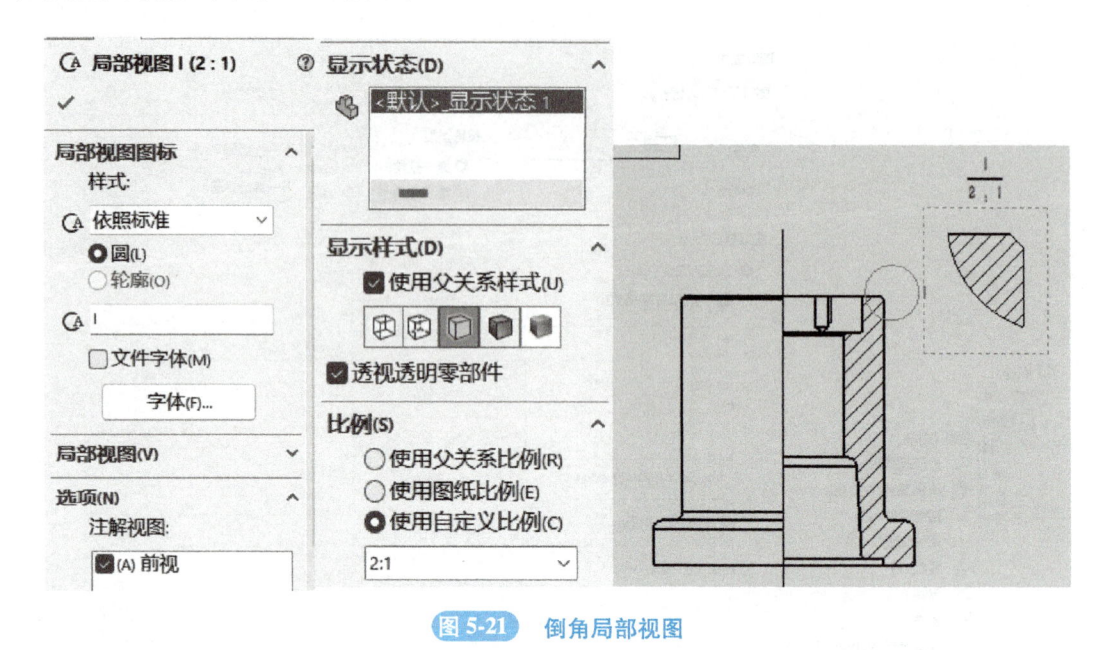

图 5-21 倒角局部视图

步骤 9 用相似的方法,完成底座下侧局部视图的绘制,如图 5-22 所示。

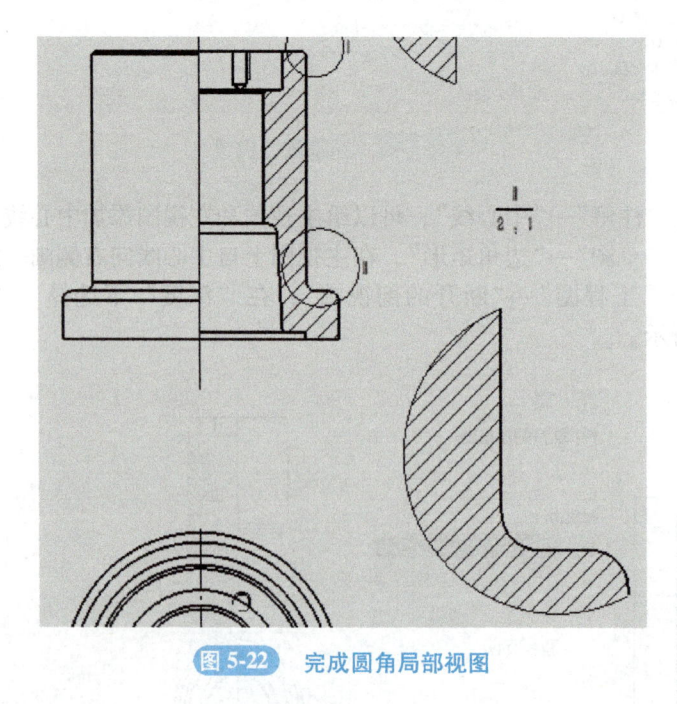

图 5-22 完成圆角局部视图

三、工程图尺寸标注

步骤 10 单击"注解"→"模型项目",在"来源/目标"下选择"整个模型",在"尺寸"下选择"为工程图标注",单击"确定",所有尺寸将会自动标注,如图 5-23 所示。

图 5-23 自动生成工程图尺寸

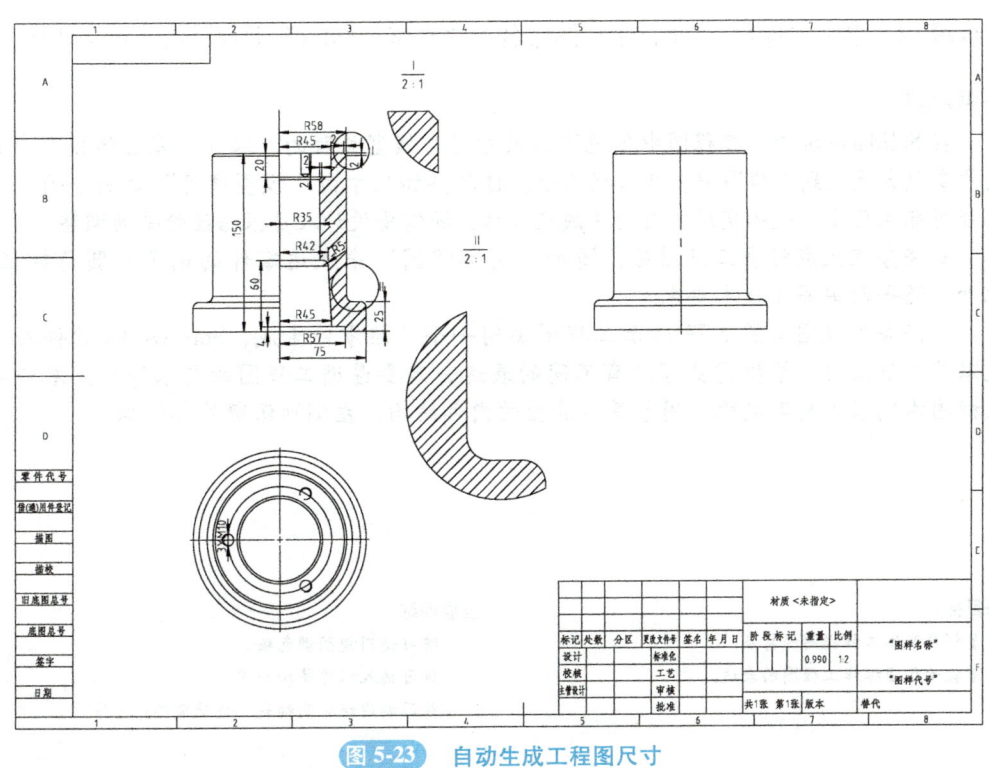

步骤 11 对工程图中各尺寸标注及其位置进行适当调整，然后在图纸空白处写上技术要求，最后在右下角图框中填写相应内容，如图 5-24 所示。

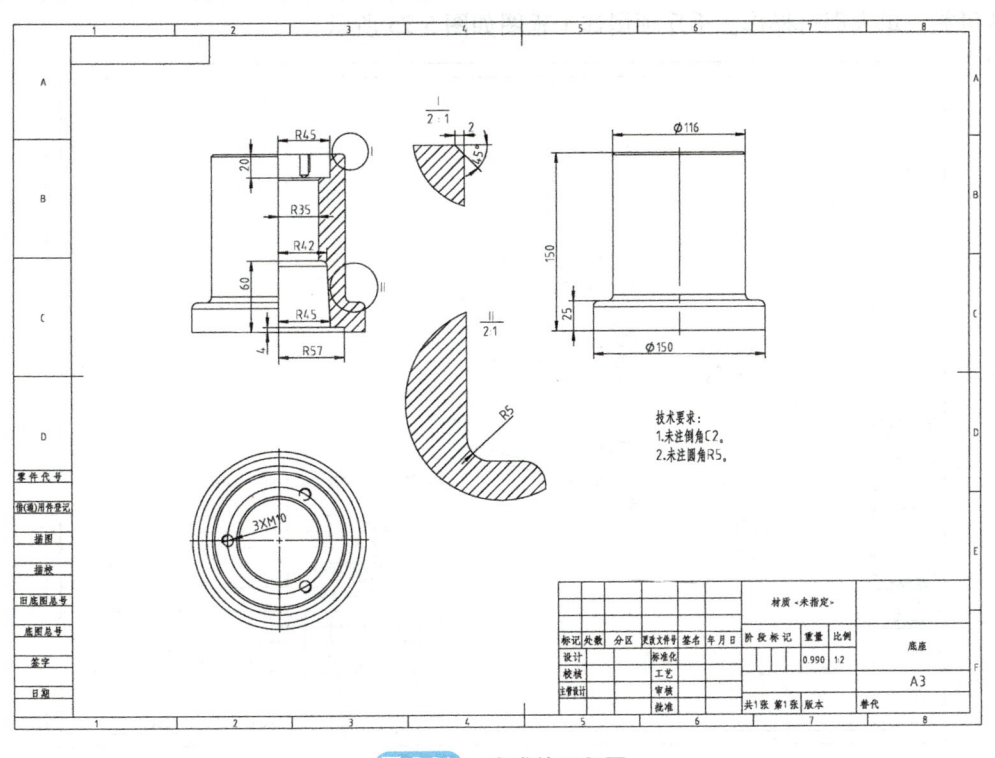

图 5-24 完成的工程图

步骤 12　单击"保存",将该工程图命名为"底座.slddrw"并保存在指定文件夹。

任务小结

在 SolidWorks 中,工程图中各视图的尺寸是与模型关联的,零件或装配体模型中的尺寸变更会反映到工程图中。在工程图中,自动添加尺寸由"模型项目"页面中的"为工程图标注尺寸"选项实现,自动生成尺寸后,还需要设计人员根据经验手动调整。

本任务在生成标准三视图后,增加"局部视图"来表达零件的倒角与圆角特征。此外,还手动编写了技术要求。

本任务工程图与图 2-73 所示工程图由同一个三维零件生成,SolidWorks 软件在生成零件工程图时,根据需要可以有不同的表达,只要遵循工程图的要求即可。本任务主视图右侧采用局部剖视,用于展示底座的内部结构,左侧则保留外部结构。

任务 3　千斤顶爆炸工程图创建

任务目标:
了解装配体工程视图的特点。
掌握千斤顶爆炸工程图的表达。

技能训练:
练习使用视图调色板。
练习插入爆炸等轴测图。
练习调用材料明细表、自动零件序号等。

一、装配体工程图分析

千斤顶装置是通过顶部的顶垫在小行程内顶开重物的小巧起重设备。千斤顶结构简单、灵活可靠,单人即可操作。千斤顶爆炸工程图如图 5-25 所示。

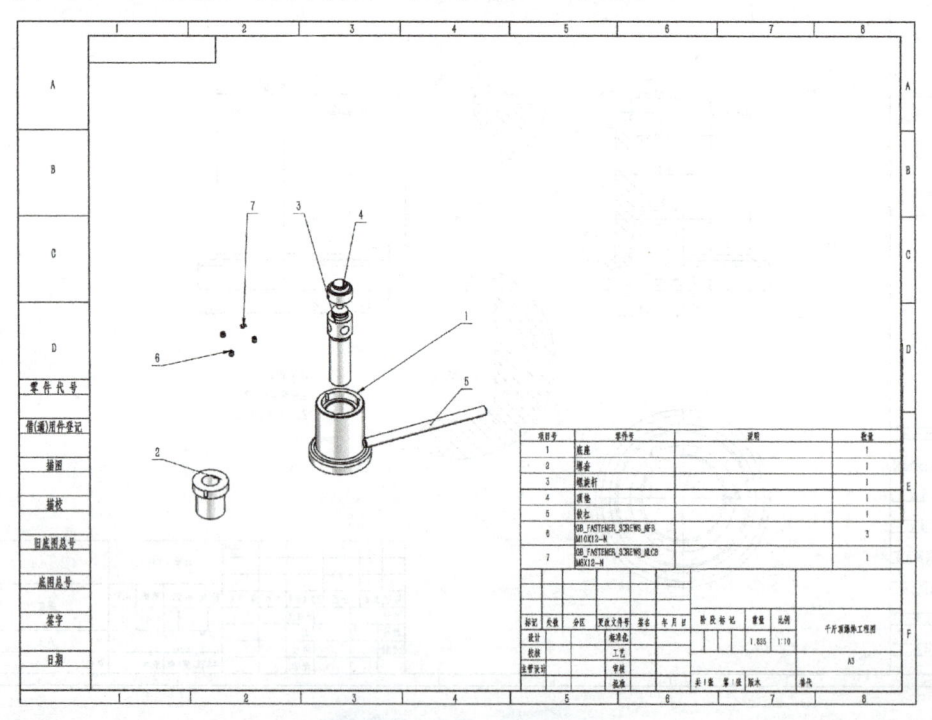

图 5-25　千斤顶爆炸工程图

项目5 工程图创建

二、装配体工程图创建过程

步骤 1 新建一工程图文件。

步骤 2 单击右侧的"视图调色板",单击"浏览以打开文件"(三点图标),找到并打开之前保存的"千斤顶装配体.sldasm"文件,然后在右下角的视图预览框中选择"爆炸等轴测",如图 5-26 所示。将视图拖入工程图中。

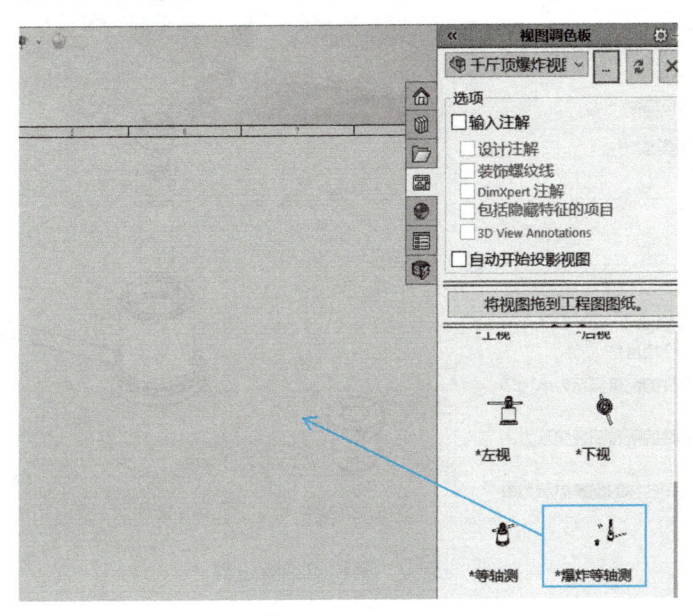

图 5-26 视图调色板

步骤 3 在"工程图视图 1"页面中,显示状态为"默认显示状态 1",在"显示样式"下选择"带边线上色",在"比例"下选中"使用自定义比例",并选择"1∶5",如图 5-27所示。

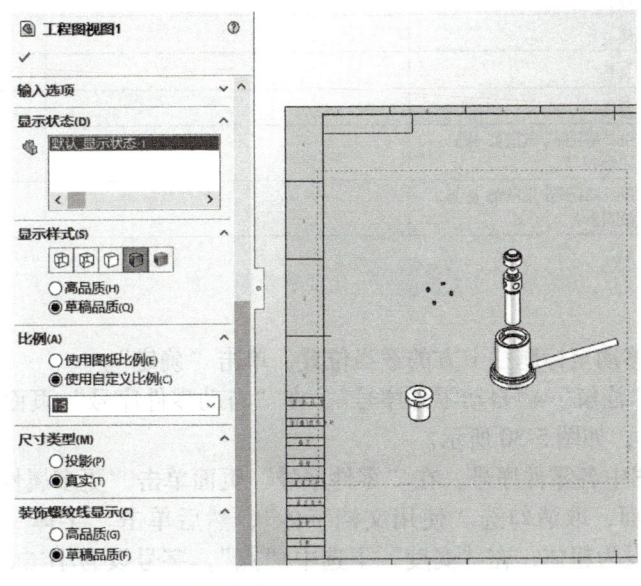

图 5-27 工程图视图设置

步骤4 单击"注解"→"表格"→"材料明细表",在"材料明细表类型"下选中"仅限零件",如图 5-28 所示。

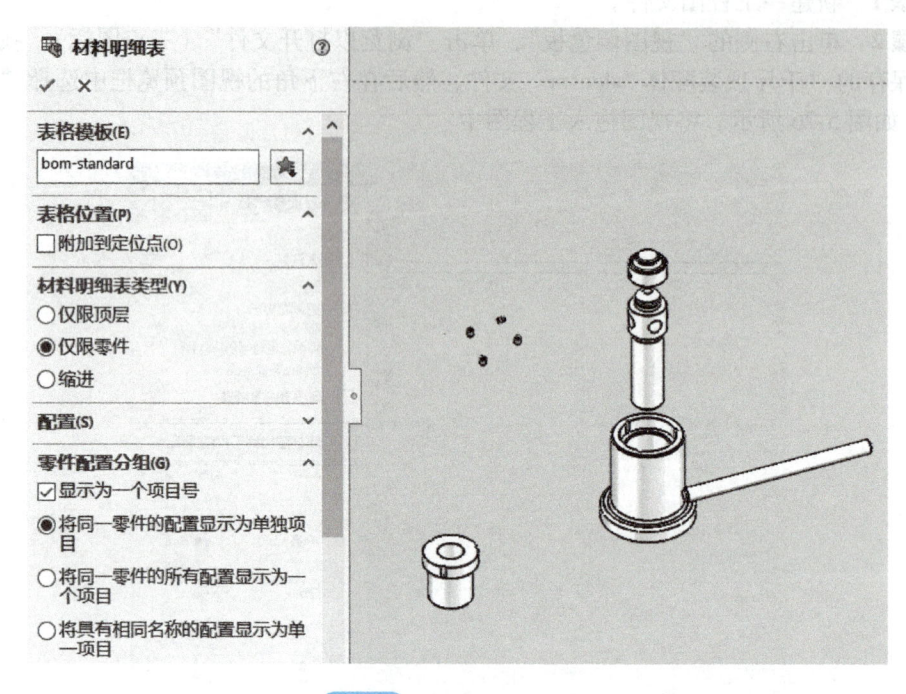

图 5-28　材料明细表设置

单击"确定",生成零件明细表,如图 5-29 所示。

项目号	零件号	说明	数量
1	底座		1
2	螺套		1
3	螺旋杆		1
4	顶垫		1
5	铰杠		1
6	GB_FASTENER_SCREWS_NFB M10X12-N		3
7	GB_FASTENER_SCREWS_NLCB M8X12-N		1

图 5-29　生成零件明细表

将零件明细表移动至标题栏上方的适当位置,单击"确定"。

步骤5 单击"注解"→"自动零件序号",在"自动零件序号"页面中将项目号的起始设为1,增量设为1,如图 5-30 所示。

步骤6 选中图中各零件序号,在"零件序号"页面单击"更多属性"。

在"注释"页面,取消勾选"使用文档字体",然后单击"字体"打开"选择字体"对话框,字体样式设为粗体,在"高度"下选中"点",字号设为小二,单击"确定",如图 5-31 所示。

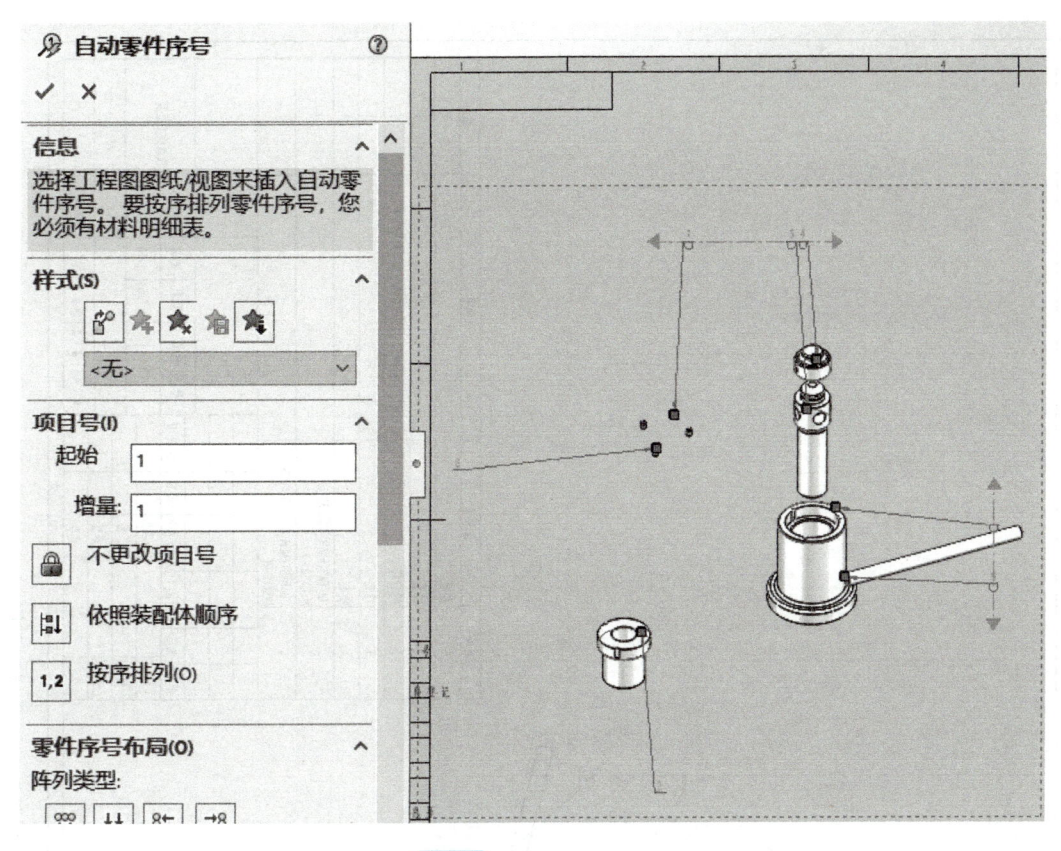

图 5-30 自动零件序号

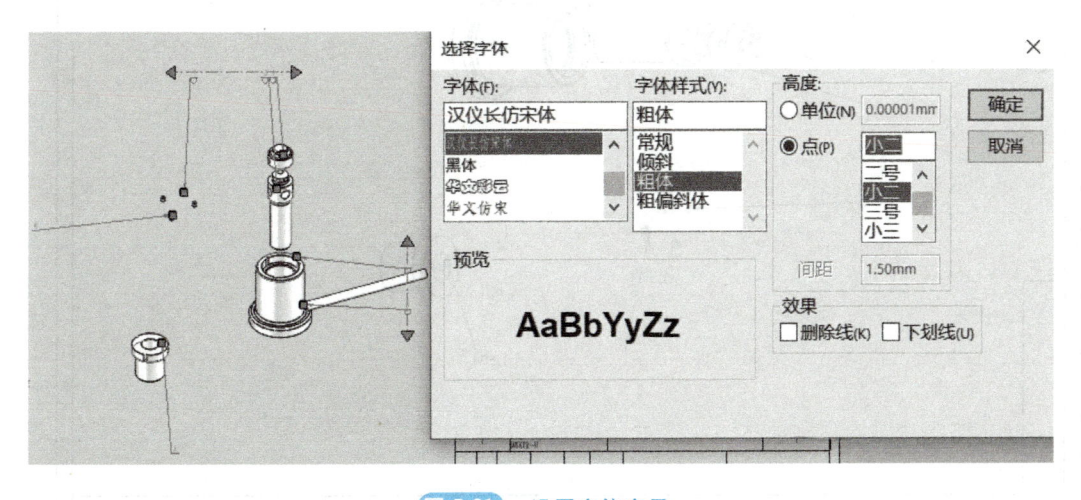

图 5-31 设置字体字号

单击"确定",将序号位置适当调整,完成爆炸工程图的设计,如图 5-32 所示。

步骤7 单击"保存",将工程图"千斤顶装配体.slddrw"保存在指定位置。

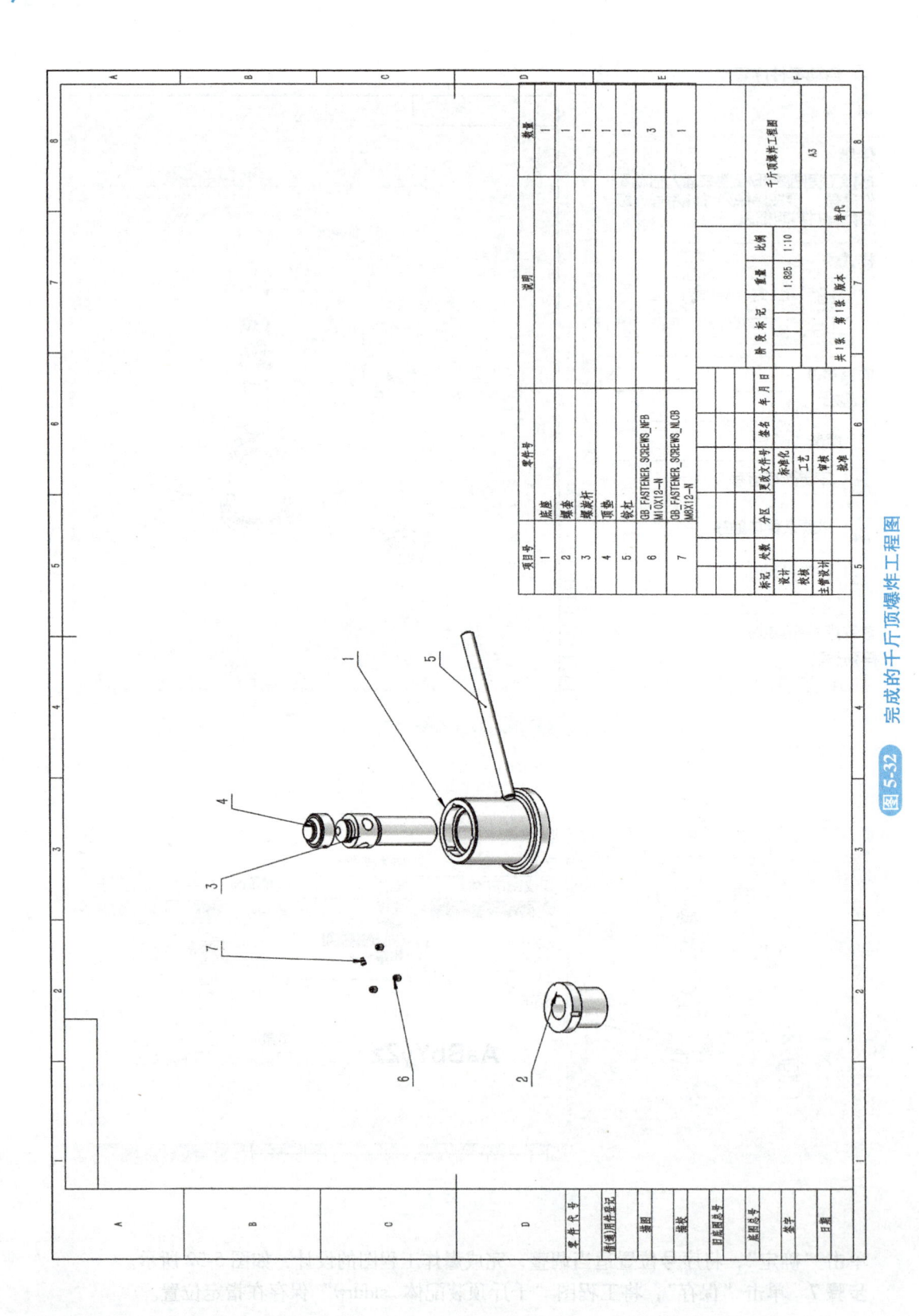

图 5-32 完成的千斤顶爆炸工程图

任务小结

　　实际工作中，要绘制高质量的工程图，设计人员不仅需要精通二维图纸的专业知识，还应致力于使图纸表达简洁明了、易于理解。

　　本任务是千斤顶爆炸工程图的创建，爆炸工程图通过"视图调色板"插入，重点演示了生成材料明细表、插入自动零件序号、适当调整序号位置及大小等操作。

练习与提高

1. 根据图 2-17 所示的"简单零件.sldprt"源文件，创建图 2-1 所示的工程图。
2. 根据图 2-107 所示的"顶垫.sldprt"源文件，创建图 2-100 所示的工程图。

参 考 文 献

[1] DS SOLIDWORKS 公司，戴瑞华. SOLIDWORKS 零件与装配体教程：2022 版［M］. 杭州新迪数字工程系统有限公司，编译. 北京：机械工业出版社，2022.

[2] DS SOLIDWORKS 公司，戴瑞华. SOLIDWORKS 工程图教程：2022 版［M］. 杭州新迪数字工程系统有限公司，编译. 北京：机械工业出版社，2022.

[3] DS SOLIDWORKS 公司，戴瑞华. SOLIDWORKS 高级教程简编：2023 版［M］. 上海新迪数字技术有限公司，编译. 2 版. 北京：机械工业出版社，2023.

[4] 张明文. 工业机器人基础与应用［M］. 北京：机械工业出版社，2018.

[5] 叶晖. 工业机器人典型应用案例精析［M］. 2 版. 北京：机械工业出版社，2022.